"十三五"国家重点图书出版规划项目
体系工程与装备论证系列丛书

U0723246

基于 ABMS 的体系计算实验方法及应用

李 群 黄建新 朱一凡 李瑞军 雷永林 著

电子工业出版社·
Publishing House of Electronics Industry
北京·BEIJING

内 容 简 介

采用 ABMS（Agent Based Modeling and Simulation，基于 Agent 的建模与仿真）方法对武器装备体系对抗过程进行合理抽象，建立规范的体系效能仿真评估应用过程，开发有效的体系效能仿真评估系统，进行体系对抗仿真实验，是武器装备体系效能评估的重要发展方向。本书以武器装备体系作战效能评估为背景，重点介绍基于 Agent 的体系计算实验方法、相关工具和应用示例。针对体系论证分析对计算实验的需求，本书从实验过程、模型设计、仿真运行机制、实验设计与分析方法等方面介绍了基于 ABMS 的体系计算实验方法，并对国外典型案例进行了复现和剖析研究，希望能够为国内武器体系装备论证工作中的应用实践提供一些有益的借鉴。

全书共 7 章，内容包括体系与体系计算实验、基于 ABMS 的体系计算实验方法、可组合的体系仿真模型框架、基于进程的 Agent 体系仿真、近正交拉丁超立方实验设计、基于决策树的体系计算实验分析、航母无人舰载机作战效能分析。

本书可供军事理论和武器装备论证等领域的军事指挥人员和系统分析人员阅读，也可作为高等院校的系统工程、军用仿真、军事运筹等有关专业师生的参考用书。

图书在版编目（CIP）数据

基于 ABMS 的体系计算实验方法及应用 / 李群等著. —北京：电子工业出版社，2018.7

（体系工程与装备论证系列丛书）

ISBN 978-7-121-34468-8

Ⅰ．①基…　Ⅱ．①李…　Ⅲ．①体系工程－实验方法　Ⅳ．①TB-33

中国版本图书馆 CIP 数据核字（2018）第 125597 号

策划编辑：陈韦凯

责任编辑：郝黎明　　　　特约编辑：张燕虹

印　　刷：三河市鑫金马印装有限公司

装　　订：三河市鑫金马印装有限公司

出版发行：电子工业出版社

　　　　　北京市海淀区万寿路 173 信箱　邮编 100036

开　　本：787×1 092　1/16　印张：15.75　字数：403 千字

版　　次：2018 年 7 月第 1 版

印　　次：2018 年 7 月第 1 次印刷

定　　价：89.00 元

体系工程与装备论证系列丛书
编委会

体系工程与装备论证系列丛书

总序

1990 年，我国著名科学家和系统工程创始人钱学森先生发表了《一个科学新领域——开放的复杂巨系统及其方法论》一文。他认为，复杂系统组分数量众多，使得系统的整体行为相对于简单系统来说可能涌现出显著不同的性质。如果系统的组分种类繁多，并具有层次结构，它们之间的关联方式又很复杂，就成了复杂巨系统；再如果复杂巨系统与环境进行物质、能量、信息的交换，接收环境的输入、干扰并向环境提供输出，而且还具有主动适应和演化的能力，就要作为开放复杂巨系统对待了。在研究解决开放复杂巨系统问题时，钱学森先生提出了从定性到定量的综合集成方法，这是系统工程思想的重大发展，也可以看作对体系问题的先期探讨。

从系统研究到体系研究涉及很多问题，其中有三个问题应该首先予以回答：一是体系和系统的区别，二是平台化发展和体系化发展的区别，三是系统工程和体系工程的区别。下面，我引用国内两位学者的研究成果讨论对前面两个问题的看法，然后再谈谈我自己对后面一个问题的看法。

关于系统和体系的区别。有学者认为，体系是由系统组成的，系统是由组元组成的。不是任何系统都是体系，但是只要由两个组元构成且相互之间具有联系就是系统。系统的内涵包括组元、结构、运行、功能、环境，体系的内涵包括目标、能力、标准、服务、数据、信息等。系统最核心的要素是结构，体系最核心的要素是能力。系统的分析从功能开始，体系的分析从目标开始。系统分析的表现形式是多要素分析，体系分析的表现形式是不同角度的视图。对系统发展影响最大的是环境，对体系形成影响最大的是目标要求。系统强调组元的紧密联系，体系强调要素的松散联系。

关于平台化发展和体系化发展的区别。有学者认为，由于先进信息化技术的应用，现代作战模式和战场环境已经发生了根本性的转变。受此影响，以美国为首的西方国家在新一代装备发展思路上也发生了根本性转变，逐渐实现了装备发展由平台化向体系化的过渡。武器装备体系化的重要性已为众所周知，起始于 35 年前的一场战役。1982 年 6 月，在黎巴嫩战争中，以色列和叙利亚在贝卡谷地展开了激烈空战，这次战役的悬殊战果对现代空战战法研究和空战武器装备发展有着多方面的借鉴意义，因为采用任何基于武器平台分析的指标进行衡量，都无法解释如此悬殊的战果。以色列空军各参战装备之间分工明确，形成了协调有效的进攻体系，是取胜的关键。自此以后，空战武器装备对抗由"平台对平台"向"体系对体系"进行转变，为世界周知。同时，一种全新的武器装备发展思路——"武器装备体系化发展思路"逐渐浮出水面。这里需要强调的是，武器装备体系概念并非始于贝卡谷地空战，当各种武器共同出现在同一场战争中，执行不同的作战任务时，原始的武器装备体系就已形成，但是这种武器装备体系的形成是被动的；而武器装备体系化发展思路应该是一种以武器装备体系为研究对象和发展目标的武器装备发展建设思路，是一种现代装备体系建设的主动化发展思路。因此，武器装备体系化发展思路是相对于一直以来武器装备发展主要以装备平台更新为主的发展模式而言的。以空战装备为例，人们一般常说的三代战斗机、四代战斗机都是基于平台化思路的发展和研究模式的，是就单一装备的技术水平和作战性能进行评价的。可以说，传统的武器装备平台化发展思路是针对某类型武器平台，通过开发、应用各项新技术，研究制造新型同类产品以期各项性能指标超越过去同类产品的发展模式。而武器装备体系化发展的思路则是通过对未来战场环境和作战任务的分析，并对现有武器装备和相关领域新技术进行梳理，开创性地设计构建在未来一定时间内最易形成战场优势的作战装备体系，并通过对比现有武器装备的优势和缺陷确定要研发的武器装备和技术。也就是说，其研究的目标不再是基于单一装备更新，而是基于作战任务判断和战法研究的装备体系构建与更新，是将武器装备发展与战法研究充分融合的全新的装备发展思路，这也是美军近三十多年装备发展的主要思路。

关于系统工程和体系工程的区别。我感到，系统工程和体系工程之间存在着一种类似"一分为二、合二为一"的关系，具体体现为分析与综合的关系。数学分析中的微分法（分析）和积分法（综合），二者对立统一的关系是牛顿-莱布尼兹公式。它们构成数学分析中的主脉，解决了变量中的许多问题。系统工程中的"需求工程"（相当于数学分析中的微分法）和"体系工程"（相当于数学分析中的积分法），二者对立统一的关系就是钱学森的"从定性到定量综合集成研讨方法"（相当于数学分析中的牛顿-莱布尼兹公式）。它们构成系统工程中的主脉，解决和正在解决着大量巨型复杂开放系统的问题。我们称之为系统工程 Calculus。

总之，武器装备体系是一类具有典型体系特征的复杂系统，体系研究已经超出传统系统工程理论和方法的范畴，需要研究和发展体系工程，用以指导体系条件下的武器装备论证。

在系统工程理论方法中，系统被看作具有集中控制、全局可见、有层级结构的整体，而体系是一种松耦合的复杂大系统，已经脱离了原来以紧密的层级结构为特征的单一系统框架，表现为一种显著的网状结构。近年来，含有大量无人自主系统的无人作战体系的出现使得体系架构的分布、开放特征愈加明显，正在形成以即联配系、敏捷指控、协同编成为特点的体系架构。以复杂适应网络为理论特征的体系，可以比单纯递阶控制的层级化复杂大系统具有更丰富的功能配系、更复杂的相互关系、更广阔的地理分布和更开放的边界。以往的系统工程方法强调必须明确系统目标和系统边界，但体系论证不再限于刚性的系统目标和边界，而是强调装备体系的能力演化，以及对未来作战样式的适应性。因此，体系条件下装备论证关注的焦点在于作战体系架构对体系作战对抗过程和效能的影响，在于武器装备系统对整个作战体系的影响和贡献率。

回顾 40 年前，钱学森先生在国内大力倡导和积极践行复杂系统研究，并在国防科学技术大学亲自指导和创建了系统工程与数学系，开办了飞行器系统工程和信息系统工程两个本科专业。面对当前我军武器装备体系发展和建设中的重大军事需求，由国防科学技术大学王维平教授担任主编，集结国内在武器装备体系分析、设计、试验和评估等方面具有理论创新和实践经验的部分专家学者，编写出版了"体系工程与装备论证系列丛书"。该丛书以复杂系统理论和体系思想为指导，紧密结合武器装备论证和体系工程的实践活动，积极探索研究适合国情、军情的武器装备论证和体系工程方法，为武器装备体系论证、设计和评估提供理论方法和技术支撑，具有重要的理论价值和实践意义。我相信，该丛书的出版将为推动我军体系工程研究、提高我军体系条件下的武器装备论证水平做出重要贡献。

汪浩

2017 年 5 月
湖南长沙

序

以信息技术为核心的高新技术的迅猛发展以及在军事领域的广泛应用，引发了一场迄今人类历史上影响最为深刻的新军事变革，这是人类文明由工业时代向信息时代转变的产物。纵观这场军事变革发展的过程，可以清楚地看到，高新技术是推动新军事变革最活跃的因素，高技术武器装备是促进新军事变革的重要物质基础，武器装备成体系发展、建设和应用是实现新军事变革的最突出特点。

武器装备体系是为满足作战体系对抗需要，以完成一定作战任务为目的，由在功能和作用上相互联系与制约、互为补充的各类武器装备所构成的一个整体。从系统论的角度看，武器装备体系是一类典型的复杂巨系统，既具有复杂巨系统的一般特征，如复杂性、涌现性、自适应性等，也具有其特有的特征，如层次性、对抗性、开放性等。开展武器装备体系研究，既要根据复杂巨系统理论方法把握其一般的研究方法，也要针对其独特的应用领域和研究目的，创新研究的理论、方法和工具，提升研究的针对性、有效性。

开展武器装备体系的研究，总体上需要研究其体系结构及其演化过程，分析体系结构的变化对体系整体行为的影响，还要研究体系在对抗过程中的能力和效能，分析评估体系的薄弱环节或短板。作为一个特定军事领域的复杂巨系统，这些问题的研究十分复杂，不仅缺乏可借鉴的理论方法，在实践中还涉及武器装备的种类、部署规模、作战编组、战术使用，以及相互支撑、相互制约的复杂关系。

近十多年来，学术界十分重视武器装备体系研究方法的探索，取得了许多成果。开展武器装备体系研究的方法大体上可以分为两大类：一类是从体系设计开发的角度开展研究，典型的方法有美国国防部公布的"国防部体系结构框架"，提出了体系结构开发顶层的、系统的框架和概念模型，主要用于体系结构开发、使用和维护，为体系结构全寿命周期各阶段提供指南、原则、方法和技术，以支撑跨领域、跨部门、跨层级决策支持过程；另一类是从体系分析评估的角度开展研究，重点关注武器装备体系在特定作战环境下体系对抗中的能力和效能，以此评估武器装备体系完成作战任务的程度，通常采用建模仿真、解析计算、数据分析等一系列方法。

武器装备体系分析与评估的难点在于如何从整体上对体系的能力和效能进行分析评价。从系统论的角度看，体系的整体性难以通过独立分析其各部分的行为来确定，也不能在有限资源条件下对其整体行为进行大尺度的预测。解析计算、数据分析等方法，只能通过对体系进行简化与抽象找出各部分之间的相互关系，建立模型或对数据进行分析，难以反映体系的实际运行过程；建模仿真方法能够解决用解析方法、数据分析难以解决的十分复杂的问题，可以反映体系的动态过程。但是，仿真模型的检验、校核比较困难。对于一个具体的、小规模的、具备实际运行条件的实体，可以通过实际运行获取的数据来检验、校核模型。对于不能实际运行的实体，模型的检验、校核就缺乏有效的手段。而武器装备体系作为作战体系的核心，进行实际的作战对抗几乎是不可能的，加上现代战争的信息域和社会域的作用，使评估工作更加复杂困难，因此如何采用建模仿真的方法分析评估武器装备体系就成为学术界需要探索研究的重要问题。

计算实验是在复杂系统控制领域仿真方法基础上提出的，其核心思想是，建立所要研究的实际系统的模型，并将计算机作为实际系统模型运行控制的实验室。计算实验不要求计算模型完全再现实际系统的行为，而把计算模型作为一种可能的存在。与计算仿真不同的是，计算机仿真要求仿真模型不断逼近实际系统，然而证明计算机模型的有效性与等价性，但是在研究复杂系统时往往难以实现。还有一种解决办法是不追求计算模型的有效性，在假设计算模型无法验证的前提下进行分析，尝试挖掘计算模型所隐含的潜在结论，并与实际系统的行为进行对比分析，找出有借鉴意义的分析结论。对于无法通过系统实际运行的武器装备体系，计算实验应该是一种较为有效的研究方法。

本书作者自 2000 年开始就进行体系效能仿真评估的相关研究与实践，在近年来承担的研究课题中，又将计算实验方法应用在武器装备体系分析评估中，在理论方法、实际应用上进行了有意义的探索。本书是基于 Agent 建模仿真的体系计算实验方法、技术和经验的概括和总结，反映了作者在体系效能仿真评估领域中积累的成功经验。体系计算实验方法是理论和实践都很强的一种方法，作者用 SEAS 介绍概念、仿真框架及与 SEAS 兼容的体系效能仿真平台原型，并用一个完整的案例作为结束，增加了本书的可读性。我相信书中介绍的体系计算实验方法对我国的装备体系论证研究具有积极的借鉴意义，该书的出版必将有力促进我国装备体系论证的实践和应用，推动装备系统工程的科学发展。

费爱国

2018 年 4 月

前　言

　　一般武器装备的作战效果可以通过装备作战效能进行评估，作战效能评估也一直是装备论证中需要解决的核心问题之一。同样，武器装备体系的作战效果也需要通过体系效能进行定量分析。体系效能评估是装备体系论证的重要工作内容，是武器装备体系发展与建设工作中不可缺少的一环。通过面向武器装备体系的计算实验可以计算不同武器装备结构方案对作战结果的影响，评估不同体系结构方案的作战效能，能够有效支持武器装备体系效能评估工作。然而，武器装备体系的复杂性也为体系计算实验应用带来了诸多挑战。本书以武器装备体系论证为背景，重点介绍基于 Agent 的体系计算实验方法、相关工具和应用示例。针对体系论证分析对计算实验的需求，本书从实验过程、模型设计、仿真运行机制、实验设计与分析方法等方面介绍了体系计算实验方法，并对国外无人机编队作战等典型案例进行了剖析研究，希望为国内相关武器体系装备论证中的应用实践提供一些有益的借鉴。

　　在计算机和信息技术的推动下，计算实验方法已经在很多领域得到了广泛应用。体系计算实验是计算实验方法在体系分析中的应用，然而体系的复杂性使得我们不可能建立一个完善的体系计算实验环境，而必须通过对系统进行合理的简化和抽象建立体系模型，在计算机技术、仿真技术、军事等多领域人员的密切配合下才能形成可用的研究成果。显然，我们不能冀望体系效能评估能最终解决体系问题，而是通过体系效能评估工作发现问题。同样，我们也应该抱着发现问题的态度去使用相关的体系计算实验模型，尽量发现体系发展中存在的问题和短板，减少体系发展建设中的潜在风险，而不是一味通过真实性去排斥这些方法和应用，否则我们可能陷入无方法和模型可用的窘境，这也是我们从基本的"计算实验"出发，在本书中将其称为"体系计算实验"，而不是"体系仿真"的原因。

　　本书对体系计算实验进行了系统性的总结和介绍，是著者多年的理论方法、技术研究和实际应用探索的总结。体系计算实验的应用性和实践性要求很高，本书的相关内容借鉴了国内外成熟的体系模型框架、实验设计与分析方法，著者所在课题组经过多年 Agent 仿真系统、仿真应用模型的设计开发和应用实验，通过实际应用课题和国外相关应用的复现研究检验了相关体系计算实验方法的有效性。

　　本书在出版过程中得到了电子工业出版社的大力支持和帮助，特别是徐静编辑和陈韦凯编辑为本书的出版倾注了大量的心血，在此表示衷心的感谢。

　　感谢实验室的侯红涛、王超、贾全、赵彦博、黄其旺、周威、范蕾等博士研究生和硕士研究生，在书稿的形成过程中帮助收集了大量资料，并对书稿进行了认真仔细的校对。

　　最后，感谢所有关心和支持本书编写和出版的朋友。

　　本书涉及的领域非常广泛，错误在所难免，书中不当之处敬请读者批评指正。

著　者

2018 年 4 月于长沙

目　　录

第1章 体系与体系计算实验

在构建适应信息化战争和履行使命要求的武器装备体系过程中，需要坚持体系建设思想，以作战体系的贡献率为评价标准，考虑和安排武器装备发展，强化顶层设计，搞好统筹兼顾，填补空白、补齐短板，以重点的突破来促进武器装备体系结构的完善和优化。那么什么是体系和武器装备体系？如何完善和优化武器装备体系呢？

1.1 体系与体系论证

1.1.1 体系

当前，国内外对体系及体系问题开展了大量研究，但是，对体系尚没有统一的概念和定义。在武器装备论证领域中，对于体系的认识和理解也存在很多的观点和描述。在美国国防部，体系被广泛地用于描述如何将许多武器平台、武器系统和指挥控制通信系统有机地结合起来，以完成某一作战目标。一般意义上，体系（System of Systems，SoS）属于一类特殊的系统。美国国防部《体系系统工程指南》中将体系列为一类特殊的系统。其中将系统定义为：

A functionally, physically, and/or behaviorally related group of regularly interacting or interdependent elements；that group of elements forming a unified whole.（在功能、物理和/或行为上相互交互和依赖的多个元素的集合所构成的一个整体。）

将体系定义为：

A set or arrangement of systems that results when independent and useful systems are integrated into a larger system that delivers unique capabilities.（一个体系定义为多个系统的集合和配置，这种配置使得当独立和有用的系统被集成为更大的系统时将形成特有的能力。）

在系统工程中，存在整体与部分的关系以及整体大于部分叠加之和等思想，同样体系和其中单个系统的关系也遵循同样的概念。体系虽然是一种系统，但不是所有系统都是体系。类似于不同版本的系统定义，在国内外众多的文献中也涌现出不同的体系概念，很多学者从特定的应用和视角对体系进行了定义和分析，我们也能从中更深刻地理解体系与系统的差异。表 1.1 给出了大量体系定义或描述中的 6 种典型定义。

表 1.1　体系的 6 种典型定义

语言　　定义	英文	中文
定义 1	Enterprise systems of systems engineering (SoSE) is focused on coupling traditional systems engineering activities with enterprise activities of strategic planning and investment analysis	企业体系工程（SoSE）关注与企业战略规划相关的传统系统工程活动和投资分析的结合
定义 2	System-of-systems integration is a method to pursue development, integration, interoperability, and optimization of systems to enhance performance in future battlefield scenarios	体系集成是一个将开发、集成、互操作和优化等作为持续追求提升系统在未来战场行动中性能的方法
定义 3	Systems of systems exist when there is a presence of a majority of the following five characteristics: operational and managerial independence, geographic distribution, emergent behavior, and evolutionary development	与系统相比，体系呈现下列特点：运行与管理的独立性；地理上的分布性；涌现行为以及演化发展
定义 4	Systems of systems are large-scale concurrent & distributed systems comprised of complex systems	体系是由复杂系统组成的大规模并行和分布式系统

语言 定义	英文	中文
定义5	In relation to joint war-fighting, system of systems is concerned with interoperability and synergism of Command, Control, Computers, Communications, and Information (C4I) and Intelligence, Surveillance, and Reconnaissance（ISR）Systems	对联合作战来说，体系关注指挥、控制、计算机、通信和信息（C^{4}I）与情报、监视和侦察（ISR）系统的互操作及协同
定义6	SoSE involves the integration of systems into systems of systems that ultimately contribute to evolution of the social infrastructure	体系工程就是把系统的集成变成最终支持社会基础设施发展演化的体系

上述体系的定义根据不同的背景和应用反映了体系的不同特点，虽然各有侧重，但都认为体系是由多个系统所组成的，是一类具有特殊性质的大系统。通过对体系问题的特征描述，可以使人们对体系的认识更加清晰明了，对军事领域的体系研究有着较好的推动作用。现有体系定义和准则存在较大差异的主要原因是，各研究者的研究对象处于不同层次和不同的角度。上述的体系描述是根据不同的研究对象所提出的，即使根据特征来描述体系的概念，它们也并不能准确地给出体系的确切定义。

在体系定义中，Jamshidi 的定义更具有典型性。随着体系研究的不断深入，同系统工程的发展一样，体系研究也在系统工程的基础上逐步向体系工程发展。2007 年和 2008 年，针对体系工程的发展，Jamshidi 主编出版了两部体系工程论文集。其中，Jamshidi 将体系总结为：

体系是大规模的系统集成，其中的系统自身具有异构性和运行上的独立性，但这些系统按照一个公共的目标被网络化地联系在一起。这些公共的目标可能与费用、性能、稳健性等因素相关。

体系一般具有以下一般特征：

● 包含大量的变量和元素。
● 元素之间具有丰富的交互关系。
● 难以确定属性及关联的涌现特征。
● 元素之间的交互属于松耦合交互。
● 与系统的确定行为相反，体系行为则表现出概率特征和不确定性。
● 体系会随时间发展不断进化和涌现。
● 体系中的子系统或实体会有目的地追求不同的目标。
● 行为影响或干预会导致体系产生不同的结果。
● 会在系统边界和环境之间产生大量开放的资源转移。

1.1.2　武器装备体系

武器装备体系面向军事装备应用领域，国外文献一般使用军事体系（Military System of Systems）、联合系统（Joint Systems）或武器体系（Weapon Systems）等词组。自 20 世纪 90 年代以来，军事装备体系或武器装备体系研究引起了国内外越来越多的关注，但是对武器装备体系概念内涵的表述存在许多不同的观点。据不完全统计，国内关于武器装备体系的定义有十余种。比较有代表性的观点有：武器装备体系是由功能上相互关联的各类武器装备系统构成的有机整体；《中国军事百科全书》认为，现代武器装备体系是武器装备从机械化迈向信息化过程所出现的新形态，是武器装备在高度机械化基础上，通过网络化、数字化及系统集成等高新技术的改造，整体结构与功能实现一体化的结果；具有明显信息化特征的现代武器装备体系，由战斗装备、综合电子信息系统装备、保障装备三个部分构成。

有些研究认为：武器装备体系是在国家安全和军事战略指导下，按照建设信息化军队、打赢信息化战争的总体要求，适应一体化联合作战的特点和规律，为发挥最佳的整体作战效能，而由性能上相互联系、功能上相互补充的各种武器装备系统，按一定结构综合集成的更高层次的武器装备系统。也有专家认为：武器装备体系是作战体系中的主体，是作战体系中为完成一定作战任务，而由功能上相互联系、相互作用，火力和信息力密不可分、软硬一体的各种武器装备及其系统组成的更高层次的大系统，是作战体系的物质基础。还有的学者认为：武器装备体系是在一定的战略指导、作战指挥和保障条件下，为完成一定的作战任务，由功能上互相联系、互相作用的各类武器系统组成的更高层次的系统。这些观点虽然不尽相同，但内涵大同小异，主旨基本相同。

另外，武器装备体系还可以根据实际存在的状态进行描述，如按装备配备的部队编制（集团军级、师级、团级武器装备体系等）描述，也可按遂行的作战任务描述，如区域防空武器装备体系、反航母装备体系等。

1.1.3　装备体系效能评估

武器装备体系结构的完善和优化是武器装备论证的一项核心工作内容，作战效能是评估其有效性的基本尺度。经过系统工程的长期研究和发展，在武器装备论证领域已经涌现出专家法、经验法、解析法、仿真法等多种装备体系效能评估方法并进行了成功应用。由于体系本质上也属于一种特殊的系统，可以将体系问题看作大系统问题，根据与现有系统论证的相似性，在开展武器装备体系论证工作时也可以改进、借鉴这些方法。然而，由于体系的复杂性，现有的武器装备系统论证方法虽然有一定的参考价值，但还不能从根本上解决装备体系效能评估工作中面临的一些新挑战。

在信息化战争条件下设计和规划武器装备体系，要从武器装备体系能力需求出发，综合分析战争装备与相关保障装备、信息装备的能力需求，确保同步协调发展。此外，由于战略环境、使命任务、作战对手等诸多外部环境，以及体系结构和组成系统等体系内部的不确定性因素存在，武器装备体系与一般的体系一样，其能力需求具有动态演化和时变性特征。

面向武器装备体系能力的需求分析（或基于能力的规划）是在体系规模范围内，根据可能面临的军事威胁，在综合考虑战略目的、作战样式、作战对象、作战环境和人员素质等各种因素的条件下，通过评估不同武器装备体系完成预期目标的作战效果或作战效能，回答不同武器装备体系方案是否能够应对武器装备体系建设所提出的使命要求。

一般武器装备的作战效果分析可以通过装备作战效能进行评估，作战效能评估也一直是装备论证中需要解决的核心问题之一。同样，武器装备体系的贡献率问题也需要通过体系效能进行定量分析，因此装备体系效能评估也是武器装备体系论证的重要工作内容，是武器装备体系发展与建设工作中不可缺少的一环。在作战效能评估中，作战效能用于验证武器装备能否完成作战任务。类似地，在体系层次上，武器装备体系作战效能也是武器装备体系是否满足作战需求的衡量标准，也是体系效能评估的起点和终点。通过武器装备体系效能评估，可以将抽象的战略目标、作战能力等军事需求，转变为具体的武器装备体系能力需求，指导武器装备体系的结构优化和合理配置。

显然，武器装备体系能力与组成体系的各个武器装备能力之间是一种非线性的关系，不能用各个系统能力指标的简单组合（如加性或拟加性函数）来表示整体能力指标，而应充分考虑组成系统的相互作用，特别是体系作战中军事信息系统所起的聚合作用。针对具体使命任务对各武器装备系统按能力编组、按需要组合，实现武器装备能力的一体化聚合和综合集成是形成体系能力的关键，也是武器装备体系效能评估的重点。为此，有效的武器装备体系效能评估研究应该满足如下要求：

（1）直接反映战场对抗体系的不确定性——体系作战能力评估的需求

武器装备体系在未来作战时所处的战场对抗体系面临不同的威胁环境，作战能力需求论证的结果应该建立在对这些威胁分析的充分研究基础之上。虽然不同时期的军事战略和目标可能不同，但在以贡献率为评价标准的体系问题研究中，需要根据当前军事战略目标，通过定量化的方法定义和明确衡量体系作战能力的效能指标。

（2）反映武器装备体系与作战概念的相互关系——一般论证评估的需求

武器装备体系与兵力结构、作战条令是相互关联的。先进的传感器系统、指控系统、武器系统与新的战术、战法的有机融合，是体系对抗的根本特征。在进行体系能力需求论证时，必须在体系效能评估中反映武器装备体系中相关要素的影响关系、作战概念中相关装备作战运用的时序关系。

（3）反映武器装备体系的多种作战使命——体系问题特性的需求

能力需求论证需在不同的作战使命条件下评估武器装备体系的作战能力。这种评估的广度，要求评估人员根据武器装备体系在不同使命任务下的作战能力，以及不同使命任务下作战能力的稳健性对武器装备体系进行优化分析。

缺乏有效的实验手段和实验方法是当前武器装备体系效能评估面临的主要挑战。武器装备体系效能评估一般可以基于武器系统的工程原理建立交战级的作战效能实验分析环境，评价现有和新研制的武器装备在完成不同典型作战任务中的作战效果，为武器装备论证工作提供依据。与武器装备体系效能评估相比，武器装备体系涉及范围大、层次多、要素全、综合性强，大大增加了建立武器装备体系实验分析环境的难度，使得论证分析人员难以开展有效的效能评估工作，很多情况下，在有限时间压力下只能借助传统的定性方法对武器装备体系的作战效能进行评估分析。

1.2　一个计算实验示例

早在 1992 年，兰德公司就组织了"Conference on Variable-Resolution Combat Modeling"会议。在此会议上，Horrigan 在"The Configuration Problem and Challenges for Aggregation"文章中通过仿真计算实验分析了武器装备部署配置对作战建模的影响，指出武器装备部署配置是影响作战建模的基本因素，传统的作战数学模型在聚集过程中简化或忽略了武器装备部署配置的影响，导致计算结果会产生较大的偏差。2005 年，美国空军的系统效能分析仿真（System Effectiveness Analysis Simulation，SEAS）工作组在解释 SEAS 的研究动机时对该示例进行了扩展研究，通过引入 ISR 表示信息优势对作战结果的影响。

该想定面向单个防空阵地的防空问题。该防空阵地可以部署于防空走廊的任意位置，另外想定中设置有 100 架飞机随机进入该防空走廊。图 1.1 中给出了该想定示意图。

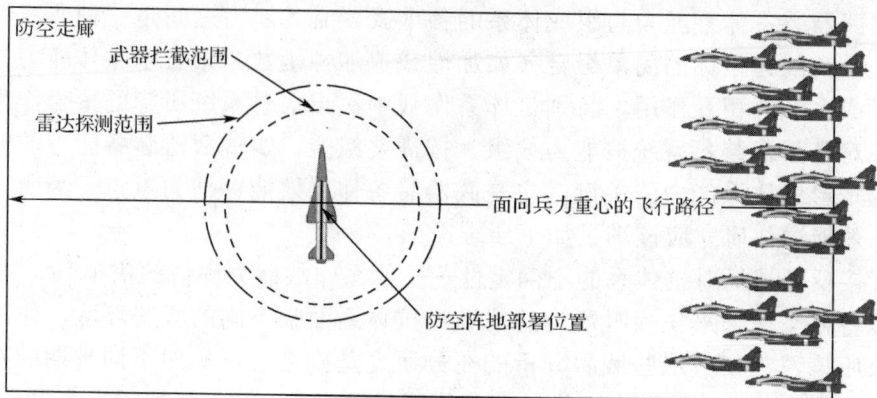

图 1.1　想定示意图

我们一般关心的问题是：防空阵地雷达的探测概率固定且武器的毁伤概率确定的条件下通过该防空走廊的飞机损失数量。对于一批通过防空走廊的飞机来说，该问题的答案显然依赖于防空阵地的部署位置，但我们如何表示防空阵地所有可能部署位置条件下的飞机损失数量呢？

一般在数学模型中倾向于以空间聚集的形式计算飞机损失数量，即简单地将防空阵地部署于防空走廊的中心，设置有效的 P_k、P_d 后即可计算出飞机损失数量值。显然，该飞机损失数一般应该等于将防空阵地在防空走廊进行大量随机部署实验后所产生的平均飞机损失。

对于当前的研究问题来说，如果这是一个合理的假设，则可以显著降低问题的维度。即我们不必在蒙特卡罗实验中随机改变防空阵地的位置，在大大减少实验次数的前提下获得一定置信水平的输出指标。这实际上是说防空阵地相对于进入防空走廊飞机的位置变化不会显著影响我们感兴趣的输出指标，导致该指标显著偏离进入防空走廊飞机的平均损失数。

为此，可以开展两种计算实验验证这种观点是否正确。

（1）将一个聚集的防空阵地部署于防空走廊的中心，随机起飞 100 架飞机通过该防空走廊。

（2）将防空阵地在防空走廊中进行随机部署，随机起飞 100 架飞机通过该防空走廊。

SEAS 工作组分别针对上述两种情况采用 Agent 仿真进行 5000 次实验，然后统计获得飞机的损失分布图进行对比分析（如图 1.2 所示）。

我们发现虽然两次实验结果的统计平均值都是 50，但损失分布图完全不同。这说明原先假设的聚集方法（防空阵地部署于空间中心）在统计均值上与防空阵地随机部署情况下产生的均值相同，但飞机的损失统计分布完全不同。

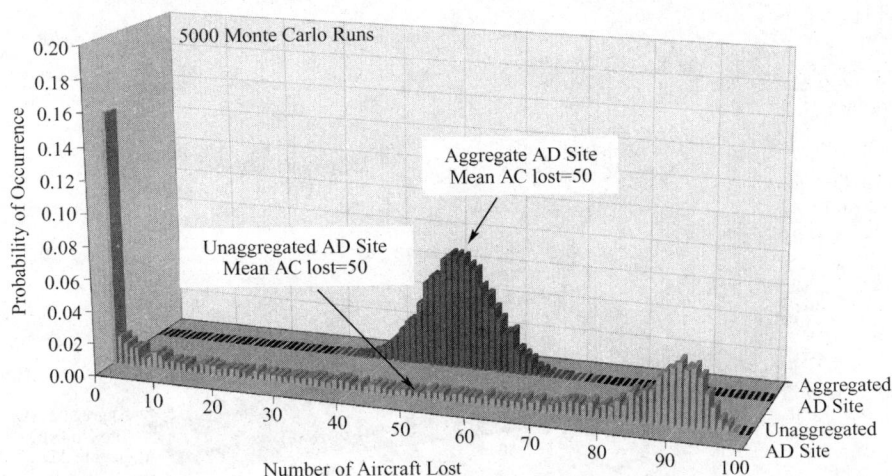

图 1.2　聚集与随机部署条件下的飞机损失直方图

实际上，网络中心战中的 ISR（Intelligence, Surveillance and Reconnaissance，情报、监视、侦察）对效能的统计分布影响更大。SEAS 工作组在前面想定问题中增加了 ISR 影响，观察 ISR 对作战效能的影响。如图 1.3 所示，可以在前述想定基础上假设增加一些蓝方的 ISR 能力，在进入防空走廊时允许蓝方飞机感知当前防空阵地的部署位置，蓝方飞机编队根据防空阵地的部署位置可以选择到达 A、B、C 三点的三条航线；蓝方飞机根据三条航线与防空阵地的距离（航线与防空阵地的角度差）选择与防空阵地距离最远的航线。

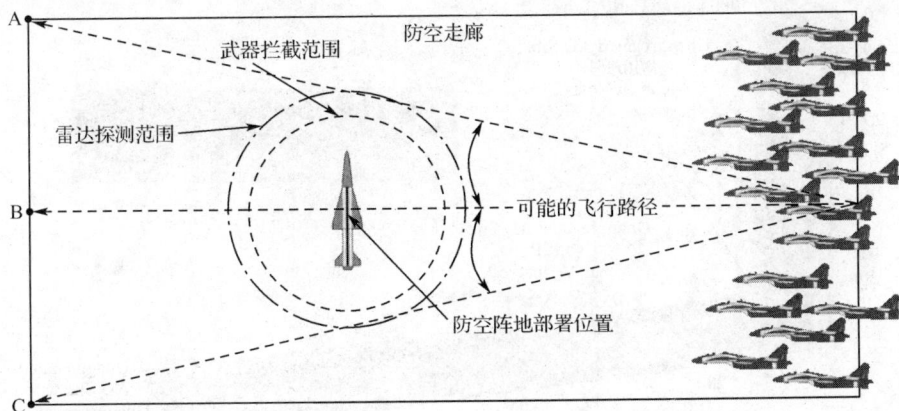

图 1.3　ISR 影响下的飞机航线选择

在上述 ISR 影响下，我们可以考察防空阵地相对于进入防空走廊飞机的位置变化是否会显著影响我们感兴趣的输出指标，导致该指标显著偏离进入防空走廊飞机的平均损失数。为此，可以重复前面的两个实验。

（1）将一个聚集的防空阵地部署于防空走廊的中心，随机起飞 100 架飞机采用上述航线规避方法通过该防空走廊。

（2）将防空阵地在防空走廊中进行随机部署，随机起飞 100 架飞机采用上述航线规避方法通过该防空走廊。

图 1.4 给出了第一类实验的 5000 次仿真实验的损失分布，并与没有 ISR 条件的统计结

果进行了对比。

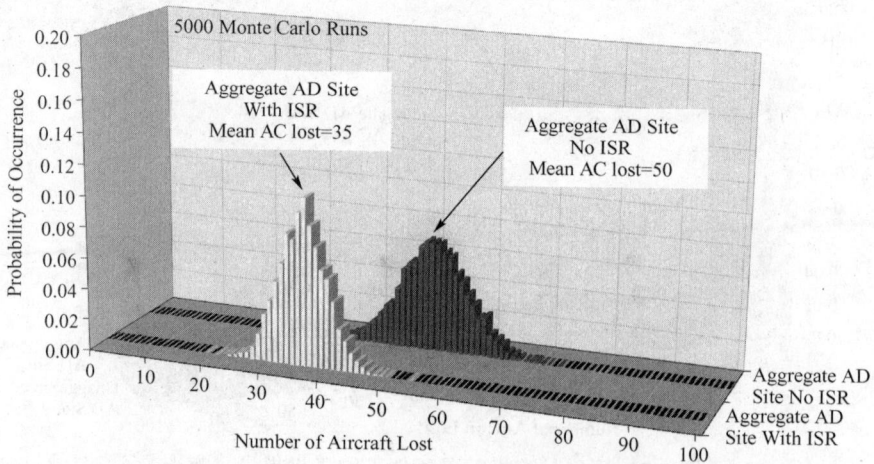

图 1.4　ISR 影响下聚集防空阵地条件下的飞机损失直方图

　　和前面未考虑 ISR 影响的实验结果进行对比，我们可以发现：飞机损失平均值已经从 50 下降到 35，据此人们可能有理由推断这种简单的 ISR 影响已经可以减少 15 架飞机的损失或提高 30%的作战效能。然而，如果防空阵地随机部署，是否也会减少同样比例的飞机损失呢？图 1.5 给出了第二类实验的 5000 次仿真实验的损失分布，并与没有 ISR 条件的统计结果进行了对比。

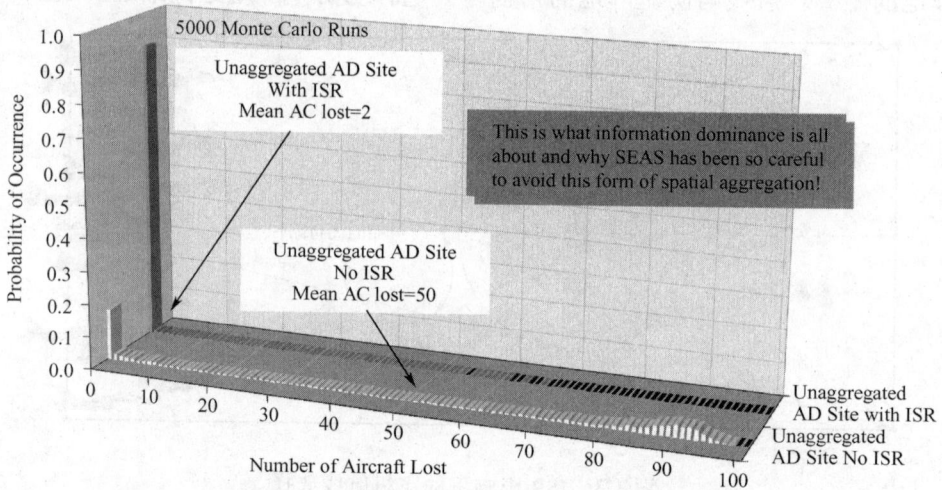

图 1.5　ISR 影响下防空阵地随机部署条件下的飞机损失直方图

　　和前面未考虑 ISR 影响时的结果进行对比，我们可以发现：飞机损失平均值已经从 50 下降到了 2，所以这种简单的 ISR 影响已经可以减少 48 架飞机的损失或提高 96%的作战效能。

　　通过上述实验，我们发现：在 ISR 影响下，如果仅采用简单的聚集方法进行分析，可能会预测飞机的损失平均值为 35，而正确答案是 2。所以在评估 ISR 影响时，基于聚集思想的解析方法将会发生数量级级别的误差！所以采用空间聚集方法进行简化的模型（已有的很多战役层次模型一般采用这种简化方法）很可能严重低估了 ISR 对作战结果的影响。

　　上述示例说明，在当前计算机和信息技术的支持下，通过开展大量的计算实验能够对实验进行更多的实验配置和参数设置，可以发现和揭示更多的系统内在规律。实际上，自20世纪90年代开始，基于Agent的仿真就为军事复杂系统研究提供了一种计算实验手段，也涌现出了EINSTein、MANA、WISDOM等Agent仿真平台。这种计算实验的意义在于发现误差、找到影响因素，即便不能够彻底规避误差，但在不断的实验过程中找到影响变量及其内在的变化规律仍具有现实的科学意义。

1.3 武器装备体系论证的计算实验需求

1.3.1 计算实验方法

显然，武器装备体系的论证、分析与作战运用离不开定量化的计算实验分析。《孙子兵法》最早就强调了军事分析中计算的决定性作用。

> 夫未战而庙算胜者，得算多也；
> 未战而庙算不胜者，得算少也。
> 多算胜，少算不胜，而况于无算乎？
> 吾以此观之，胜负见矣。
>
> ——《孙子兵法》计篇

这种"庙算"可以理解为对敌我双方装备、兵力、作战运用等方面的计算和估计，只是不同的年代使用的技术和方法不同而已。以往，指挥员们可以在地图和沙盘上制定作战计划、指挥部队行动，新的战术原则也可以通过沙盘推演和实兵演习进行分析、设计和验证，其中的"庙算"一般采用敌我兵力和装备的对比和简单的估算方法进行计算分析。然而，随着现代科学技术的不断进步，武器装备的高新技术含量大大增加，信息化程度不断提高，探测、通信、决策、行动和毁伤过程变得异常复杂，传统的计算方法已不能适应新型装备和装备信息化的需要。进入21世纪，计算机、仿真和人工智能等新技术的发展和应用为信息时代的"庙算"方法带来了新的技术支持。例如：

（1）可以利用作战仿真系统，分析战役组织的最佳兵力结构和兵力部署，研究兵力资源消耗、预备队使用、后勤支援保障等诸多问题，并通过对战役态势的权衡分析，辅助指挥员制定最佳的作战方案。

（2）利用指挥训练仿真系统，可以针对各级、各类指挥人员进行作战模拟训练。利用作战仿真推演系统，可以将军事作战指挥与武器装备运用有机地结合起来，对武器装备发展建设、作战运用和部队训练演习方案等进行科学的分析、论证、评估和决策，也可以对战争的胜负以及武器装备的数量和作战能力需求进行合理的推算和研判。

（3）在武器装备研制的各个阶段，可以从不同视角和不同层次进行仿真实验分析。例如，在给定的作战需求背景下，从工程研制的角度分析和评估单个武器装备（或其分系统和部件）的设计性能以及与性能有关的其他技术指标；也可以在战术行动想定下分析评估某一型号武器系统对特定目标的作战效能，或在战役行动想定下分析评估使用多种武器系统完成特定作战任务的整体效能，乃至在战区行动想定下分析评估联合作战任务的综合效能等。

值得注意的是，这种计算实验不一定仅仅通过仿真方法来实现，我们可以将这种计算实验理解为一种基于计算模型的实验活动，也就是根据研究目的，建立系统的计算模型（或程序），针对研究问题进行实验设计，并通过模型计算（自动化计算）产生实验结果，进而通过实验分析认识系统并发现系统运行规律的过程。其中，系统是计算实验的对象和问题的本源，实验是解决问题、达到研究目的的手段，而计算模型则是连接系统和试验（问题和手段）的桥梁。在装备体系论证过程中，装备体系一般还处于建设阶段，相关的装备可能正处于设想发展阶段，相关的作战概念也可能处于探索阶段，采用计算实验方法可以提前发现体系中存在的问题并提供相关装备的贡献率指标，进而可以大大减少相关系统在研制、开发和使用上的风险。

计算实验中的模型不仅可以是面向过程的仿真模型，也可以是基于统计数据的概率模型或面向解析计算的数学方程。我们可以通过相关模型和仿真的定义发现其中的细微差别。例如，美国国防部 DoDD 5000.59 指令中将模型定义为：一个模型是一个系统、现象或过程的物理、数学或逻辑的表示。而仿真则具有两方面的作用：模型随时间运行的实现方法；采用真实系统或由模型再现的概念系统支持测试、分析或训练的技术。仿真更强调随时间能够再现系统行为的技术，如离散、连续、并行和分布式仿真技术等。从这种意义上来说，仿真实验只是一种当前流行的计算实验方法，计算实验并不等于仿真实验。

计算实验并不是一个新概念，它只是一个朴素的基于可计算模型的分析方法。如果相关的计算模型可以在计算机上进行程序实现，并通过计算机执行，实现实验过程的自动化，就可以支持更加复杂的计算实验分析。计算实验中，模型是计算实验的核心，然而通过实验设计和实验分析才能最终解决实际问题。由于模型设计开发的复杂性，当前很多的实验更加关注模型的设计、开发和运行，一般采用简单的实验设计和实验分析方法，导致问题的研究缺乏深度。体系的复杂性必然会增加实验的复杂性，我们在面向体系问题的计算实验中不能忽视实验设计和实验分析的巨大作用。

1.3.2　体系计算实验面临的挑战

通过面向武器装备体系的计算实验（以下简称体系计算实验）可以计算不同武器装备结构方案对作战结果的影响，评估不同体系结构方案的作战效能，从而确定不同装备结构和配置方案的合理性。当前，在计算机和信息技术的推动下，武器装备体系效能评估迫切需要通过体系计算实验进行定量分析，然而体系的复杂性也为体系计算实验研究带来了诸多挑战。

"那天在冬青茅舍中的讨论不可避免地谈到伤亡问题。再没有比通过战争的迷雾来预测伤亡人数更难的事了。最糟的情况预想是吓人的：我们的部队要进攻凭壕据守的数十万伊拉克军队，而在我军和敌军之间有一大片雷区；堑壕内灌满了原油，在我军进攻时就被点燃成熊熊大火；敌人还可能对我们使用化学生物战剂。满城的军事专家都做出了他们的预测，伤亡人员可能有 1.6 万名、1.7 万名、1.8 万名。一个受尊敬的思想库——战略与国际问题研究中心提出了美军伤亡可能达 1.5 万人的预测。当有消息传说国防部已订购了 1.5 万个运尸袋时，可怕的猜测竞赛就变得更加阴森可怕了。实际上，这批订货与"沙漠盾牌"行动毫无关系。那是国防部后勤局的一台电子计算机按不确定的未来需要运算出来的数字。切尼催问施瓦茨科普夫，而诺姆和我一样并不热衷于预测无法预测之事。但他最终提出了可能伤亡 5000 人的数字。

我绝不同意最高的估计数字。那是根据美苏两军在欧洲相互打垮对方的老的军事演习公式推算出来的。这不是我们这次的战略。首先，我们计划以空前的猛烈空袭惩罚伊拉克地面部队。空中作战之后接着是地面作战，它不是采取第一次世界大战式的步兵冲锋，而是以快速的重型装甲部队在伊拉克军队防御最薄弱的西翼实施"左勾拳"打击。我从不把像伤亡估计数字之类不可靠的事情报给总统，到那时为止，我总设法避免具体数字。但是，当被逼到墙角无路可走时，我最后提出了甚至低于施瓦茨科普夫的估计数。我估计伤亡和失踪可能在 3000 人左右。"

上述内容是鲍威尔自传《我的美国之路》中叙述 1990 年海湾战争中进行伤亡估算时的情景。战争最终结束时双方的损失如下：

伊军伤亡人数大约为 10 万人（其中 2 万人死亡），8.6 万人被俘，损失飞机 324 架，坦克 3847 辆，装甲车 1450 辆，火炮 2917 门，舰艇 143 艘，直接经济损失达 2000 亿美元。

多国部队方面伤亡 4232 人，其中美军阵亡 148 人，战斗受伤 458 人，非战斗死亡 138 人，非战斗受伤 2978 人。其他多国部队阵亡 192 人，受伤 318 人。美军损失飞机 56 架（多国部队共 68 架）、坦克 35 辆、舰艇 2 艘。

显然，战前伤亡估计（即使鲍威尔本人）结果与最终结果存在巨大的偏差。当时，美军已经开发应用了多种仿真系统（如 JTLS、Thunder 等），是这些系统不够准确或不合理导致存在巨大的预测偏差吗？我们无法完整地评价这些系统的有效性，但有一点可以确定，如果没有这些系统的支持和大量的计算实验，美军的伤亡将会更大。实际上，鲍威尔所处的困境恰恰反映了体系计算实验所面临的挑战。

1. 武器装备体系的复杂性大大增加了模型表示的复杂性

在武器装备体系效能评估中，作为评估对象的武器装备体系，是由众多武器系统组成的，不仅包括地面、空中、水上（下）等作战武器平台系统，各种导弹、弹药等打击武器系统，以及预警探测、情报侦察、指挥控制、通信、导航、战场环境信息保障等装备组成的电子信息系统，还包括兵力投送、弹药与后勤补给、工程、防化等战斗保障系统，这些系统之间的关系复杂，相互作用明显、相互制约多、相互影响大。另外，武器装备体系效能评估还与作战对手的装备情况、作战样式、地理环境、战争规模、军事战略以及复杂战场环境等多种因素有关。这些相互交织关联的复杂因素大大增加了计算模型表示的复杂度，也是武器装备体系实验环境难以建立的主要原因。

2. 武器装备体系发展的进化性需要不断更新和发展相关的模型和实验手段

进化性是武器装备体系的一个基本特征，武器装备体系的发展总是基于已有的装备体系，重新组合已有的武器装备和即将发展的新型武器装备，形成不同的体系架构方案，然后对这些装备体系方案进行权衡和分析。如果采用计算方法评估装备体系效能，那么武器装备的重新组合和新型装备的发展将会导致计算模型的频繁变化和调整。在武器装备体系论证时，新型装备往往还处于概念论证阶段，不存在详细准确的工程原理模型和相关实验数据，完全采用已有的武器装备体系效能评估仿真模型或计算模型很难适应这种分析需求。

3. 体系计算实验需要大规模的计算能力

体系计算实验必须解决体系影响因素的可变性分析，这些影响因素包括装备性能、体系结构、交互关系、装备数量等因素。由于体系的复杂性，可变的实验因素很多，如果抓不住体系的本质特征和核心能力，将不能对体系进行有效的实验和分析。在体系计算实验中，假设需要改变 10 个以上的实验因素，如果每个因素有 10 个水平值，则完全实验将需要上万亿个实验设计方案。如果采用仿真模型，为应对模型中包含的不确定性，还需要对每个方案进行批量仿真实验，这将会给体系设计和分析带来巨大的计算性能挑战。另外，在武器装备体系研究中，一般都需要从能力出发对不同体系架构方案进行权衡，使得体系设计方案能够适应不同的威胁环境和作战使命，这样就需要针对不同的想定背景进行体系计算实验研究，从而对体系计算实验能力提出了更高的计算要求。

4. 面向体系计算实验的实验设计与实验分析方法

由于体系计算实验需要对大量的影响因素进行分析和权衡，不能采用简单、暴力的完全实验进行体系实验设计，需要研究面向几十个甚至上百个实验参数的简化实验设计方法，从而形成在计算能力上可接受的实验设计方案数量。另外，体系行为所具有的内在不确定性较之系统层要复杂得多，因此特别强调评估结果的可追溯和可探索性。为提高实验分析的有效性，能够在体系计算实验产生的大量仿真结果中发现体系中存在的问题和规律，体系计算实验分析需要利用数据挖掘方法，综合采用多种数据分析与评估方法，通过多种方法间的结果比对来提高评估结果的可信度。

5. 论证时间约束制约了相关实验手段在武器装备体系论证中的应用

武器装备体系论证任务一般需要在规定的时间内完成。针对装备体系中的实体、关系、作战过程进行分析、建模和实验本身就是一项繁重的工作任务，其工作量往往随着模型分辨率的提高呈现爆炸性增长。为此，很多装备体系问题仍采用系统级的论证评估方法，将武器装备体系的要素进行简化，或者将体系评估的问题分解成若干系统评估问题。例如，简化综合电子信息系统在武器装备体系中的作用，或者不考虑装备维修保障问题等。采用这些处理方法进行的简化计算分析，虽然在一定程度上其结果具有参考价值，但可能仍然存在很多潜在的问题和风险。

1.3.3 体系计算实验的认识

体系的复杂性及其研究所面临的挑战经常会使人们对体系计算实验产生一些不恰当的认识。这些误区阻碍了体系计算实验（体系仿真）的进一步研究与应用。

1. 体系太复杂了，我们无法建立相关的实验环境

作为一类复杂系统，体系具有先天的"测不准"特性。由于作战装备、作战环境、指挥决策的不确定性，我们很难对装备体系进行完整的测度，体系能力或体系效能也具有"测不准"特性。然而，不能因为"测不准"就不通过计算实验对其进行分析，实际上正是这种"测不准"才是我们对其持续开展计算实验的原因。因为通过计算实验的探索，我们至少可以发现体系中存在的潜在问题，可以先期以最小的代价完善和优化体系设计。针对体系复杂性和进化性的特点，我们需要以"没有最好，只有更好"的原则去开展相关的体系论证分析工作，不断完善和发展体系计算实验方法和技术，尽量使用不同的手段发现问题和解决问题。在第二次世界大战以前，在没有计算机的条件下仍然也可以通过推演和手工计算进行装备的论证与分析。随着计算机的快速发展，今天我们可以利用计算机自动化计算的优势能更快地对更复杂的态势和装备进行模拟，从而可以大大减少装备发展过程出现的问题。虽然我们不可能建立一个完善的体系计算实验环境（真正完善的体系实验环境就是实际的装备体系）去解决相关的体系研究问题，但我们依然可以像"海湾战争预测"一样，在"没有最好，只有更好"的原则下开展体系计算实验研究，不断完善和发展体系计算实验方法和技术，尽量发现体系发展中存在的问题和短板，减少体系发展建设中的潜在风险。

2. 相关的体系模型太简单了，我们无法相信它们的实验结果

在体系层次上，一般要求计算模型的分辨率较低，抽象程度也很高，否则会导致体系实验计算量过大、体系实验分析无法开展的问题。然而，抽象程度较高的模型往往会导致模型的有效性问题。爱因斯坦曾说过"Everything should be made as simple as possible, but not simpler.（凡事应尽可能简洁，但不能太过简单。）"任何模型都是在研究目标和研究范围约束下的合理简化，我们不能因为模型简单就否认相关模型的作用。例如在 JTLS 中，地空导弹拦截模型采用非常简单的单发命中概率表示，但我们不能因此否认 JTLS 在决策训练分析中的作用。当前，美军开发了很多不同层次的仿真系统，其真实度往往也存在很多问题（尤其是战役和战略层次仿真），但这些问题不能掩盖这些系统在相关领域的应用价值。美军通过应用这些有缺陷的系统，也可以尽早发现装备、作战和指挥上存在的很多问题，这也是美军近年来在很多战场上伤亡代价较小的原因之一。

显然，我们不能冀望体系效能评估能最终解决体系问题，而是通过体系效能评估工作发现问题；同样，我们也应该抱着发现问题的态度去使用相关的体系计算实验模型，而不是一味通过真实性去排斥这些方法和应用，否则我们可能将面临无方法和模型可用的窘境。这也是我们从基本的"计算实验"出发，在本书中称其为"体系计算实验"，而不是"体系仿真"的原因。当然，体系计算实验不排除高分辨率的仿真，只是更强调其合理性、实验性和发现问题的导向性，而不是执着于模型的真实性。在面对体系这样复杂的系统时，有一点是肯定的：如果我们不想方设法研究它，那肯定会出问题。为此，我们应该尽量抓住影响体系效能的主要影响因素和主要矛盾，建立可行、可用的体系论证分析的实验手段，通过这些实验手段尽量尽早发现体系中存在的问题，提高体系论证工作的有效性。

3. 我们希望建立一个自动化的体系计算实验环境，只要输入想定和任务数据，就能产生我们需要的计算结果

该认识源于对体系计算实验不切合实际的过高期望。一方面，不同的体系研究问题和研究目标的变化会影响体系计算实验模型；另一方面，体系结构的进化和发展本身就是体系研究需要解决的重要目标之一。这些特点显然会对体系模型产生很大的影响，需要我们针对研究问题不断调整计算实验模型，而不能试图仅仅通过输入想定和任务数据开展体系计算实验。恰恰相反，在体系计算实验中，对人的地位和作用提出了更高的要求。体系计算实验需要项目管理人员确定实验目标；需要模型设计开发人员分析调整计算模型；需要实验设计人员进行实验设计；需要军事人员开发想定和任务数据；需要实验分析人员开展实验分析。即使当前最成熟的仿真环境如 JTLS、JWARS、OneSAF 等实验过程也需要人的大量参与，而且随着需求的变化，这些系统也都在不断更新和发展，有些已经发展了几十年之久。这些系统及其实验环境本身也体现了体系这样的复杂系统的演化特征。

1.4　面向复杂系统研究的计算实验方法

当前在计算机和信息技术的支持下，可以采用很多计算实验方法对复杂系统进行探索和分析。由于计算实验需要基于计算模型进行计算实验，因此计算模型是计算实验方法的核心，我们可以依据计算模型的类型确定不同类型的计算实验方法。

1.4.1　基于数据的计算实验

数据代表了我们对系统的观测。通过观测数据可以对系统行为进行归纳、分析和预测，也代表了我们对系统最直观的认知。我们可以针对复杂系统的输入/输出进行数据收集和统计分析，通过各种拟合方法建立系统的行为观测模型，通过计算机可以自动处理和统计观测数据，进行拟合模型参数计算和拟合模型计算。在 Zeigler 的建模仿真理论中，基于数据的计算实验模型属于观测层次的系统抽象。当我们对复杂系统内部原理和相互作用难以了解（尤其是非工程系统）时，基于数据的计算实验方法是一种对系统进行抽象的有效方法。

基于数据的计算实验模型实际上属于黑箱模型。我们可能无法了解这些系统的机理，无法通过演绎方法建立它们的内部机理模型，我们只能通过系统观测方法归纳和表示它们的行为。最简单的数据模型定义方法是枚举所有的与不同输入所对应的输出，形成一个输入/输出数据表，将输入/输出数据表作为行为模型。然而这种方法非常麻烦。因此，更好的输入/输出行为模型是增加了认知和推理信息，能够记忆和解释大量的输入/输出关系。例如下列模型可以辅助建立输入/输出模型：

- 线性和非线性回归模型。这些模型根据收集的数据，估计不同的函数参数，使得估计函数的输入/输出关系能够匹配所采集的数据关系；
- 神经网络模型。神经网络模型通过训练，采用隐藏的神经网络层次的调整，使得神经网络模型的输入/输出关系能够匹配所采集的数据关系；
- 模糊逻辑模型。输入/输出模糊逻辑模型通过对数据的模糊化，定性地匹配所采集的数据关系，可以用于许多特定的控制操作；
- 概率统计模型。概率统计模型是根据对系统的观察结果采用统计方法建立的模型，这些模型适于表示系统中存在的不确定性。

1.4.2　基于方程的计算实验

如果我们希望探索系统的运行机理，或根据系统的运行机制探索复杂系统的控制原理时，仅采用基于数据的方法是不够的。为此，很多学者提出了基于数学的方法建立系统的数学模型，进而通过数学模型进行实验，发现实际系统的运行原理和运行规律。由于复杂系统的数学模型很难采用解析方法求解，为此可以采用数值计算方法通过计算机进行计算实验。生物学领域的捕食者—被捕食者模型、医学领域的经典传染病扩散模型以及军事领域的兰彻斯特方程都是这种方法的典型代表。

基于方程的计算模型代表了我们所关注的复杂系统观测量之间的数学关系。然而，随着目标系统越来越复杂，我们越来越难以直接通过数学推导和数学逻辑建立社会、经济、人口、生态等领域的数学模型。为此，很多学者提出了不同的基于方程的数学建模方法，其中的典型方法包括系统动力学、影响图方法和生物学领域的箱格模型等。

1. 系统动力学

系统动力学方法于 20 世纪 50 年代由美国麻省理工学院的 Forrester 教授创立，是一种以反馈控制理论为基础，以计算机仿真技术为手段，通常用于研究复杂社会经济系统的定量方法。自其创立以来，已成功地应用于企业、城市、地区、国家甚至世界规模的许多战略与决策等分析中，被誉为"战略与决策实验室"。该方法首先针对系统中的反馈结构建立系统粗略的因果关系图。因果关系图主要用于建模的初始阶段，支持非技术性的、直观的模型结构表示，便于与不熟悉系统动力学的人员进行交流。因果关系图只能描述反馈结构的基本方面，不能表示不同性质的变量的区别。在建立因果关系图之后，还应建立系统的流图模型。流图能够清晰地描述速率与状态，并区分物质流和信息链。在系统动力学模型的流图表示中，已经区分了流位、流率以及辅助变量，可以进一步写出各变量的动力学方程，并用系统动力学建模语言予以实现，支持最终的数值计算。系统动力学模型从本质上看是带时间滞后的一阶差微分方程，依然属于基于方程的数学模型，但其建模过程更加规范和直观，可以通过因果关系图、流图等自动产生数学方程，从而支持更加复杂的系统建模与分析。地球人口模型就是系统动力学的典型应用，如果采用传统的数学推导和分析将无法建立这样复杂的数学模型。

2. 影响图建模

影响图是对不确定性下的决策问题进行建模的有向无环图，是一种可用来表征和求解不确定性问题，综合反映定性、定量知识的影响（概率）网络。影响图还是信息交流的有效工具，使用影响图方法所进行的决策分析一般处于战略层次。影响图可以表示和定义随机变量和决策变量之间的各种数学关系，并通过计算机的自动计算快速发现不同决策变量对结果的影响。目前，影响图方法已经广泛用于工业控制、投资风险评价、医疗诊断、医疗技术评估及预测等众多领域，针对不同问题的各种影响图模型应运而生。影响图和系统动力学类似，都属于描述变量之间数学关系，进而自动形成系统数学模型的建模方法，只是其中变量之间数学和影响关系更加灵活。RAND 公司采用影响图方法研究了大量军事决策问题。尤其是在 2000 年的《恐怖的海峡》分析报告中，RAND 公司采用基于影响图方法的联合一体化应急模型（Joint Integrated Contingency Model，JICM）评价中国台湾的武器装备需求。JICM 是 RAND 公司为美国国防部开发的战区作战模型，可用于武器装备的预测分析和军事实力的对比分析。

1.4.3　基于仿真的计算实验

根据前面 1.3.1 节中仿真的定义，在基于仿真的计算实验中，仿真模型必须体现时间（逻辑时间和真实时间）的概念，表示随时间推进的系统状态变化。仿真方法实际上是一种面向行为过程的计算实验，这种行为过程可粗可细。当前，基于仿真的计算实验方法已经应用于几乎所有领域的不同层次的问题研究中，人们对仿真研究中需要何种细节程度的模型、需要采用何种方法描述模型以及仿真的作用等问题存在很多不同的观点。这主要是因为实际应用中存在众多不同类型的仿真应用，即使针对同一个系统的仿真或模型，人们考虑的应用和问题也可能千差万别。

一般来说，不同类型的仿真试验需要不同详细程度的模型以支持不同的仿真应用。这些模型和仿真系统使得建模与仿真应用领域具有层次性。军用仿真领域就是一个典型的多层次的仿真领域。层次较高的建模与仿真涉及国家政策和兵力结构规划，而层次较低的仿真则可能包含实际的武器系统试验。美国国防部在仿真项目的管理和组织中将建模与仿真的层次进行了如图 1.6 所示的划分，其中包含了不同层次仿真需要考虑的兵力、武器实体和系统的分解结构，并说明了不同层次的仿真所对应的系统层次和分析层次。

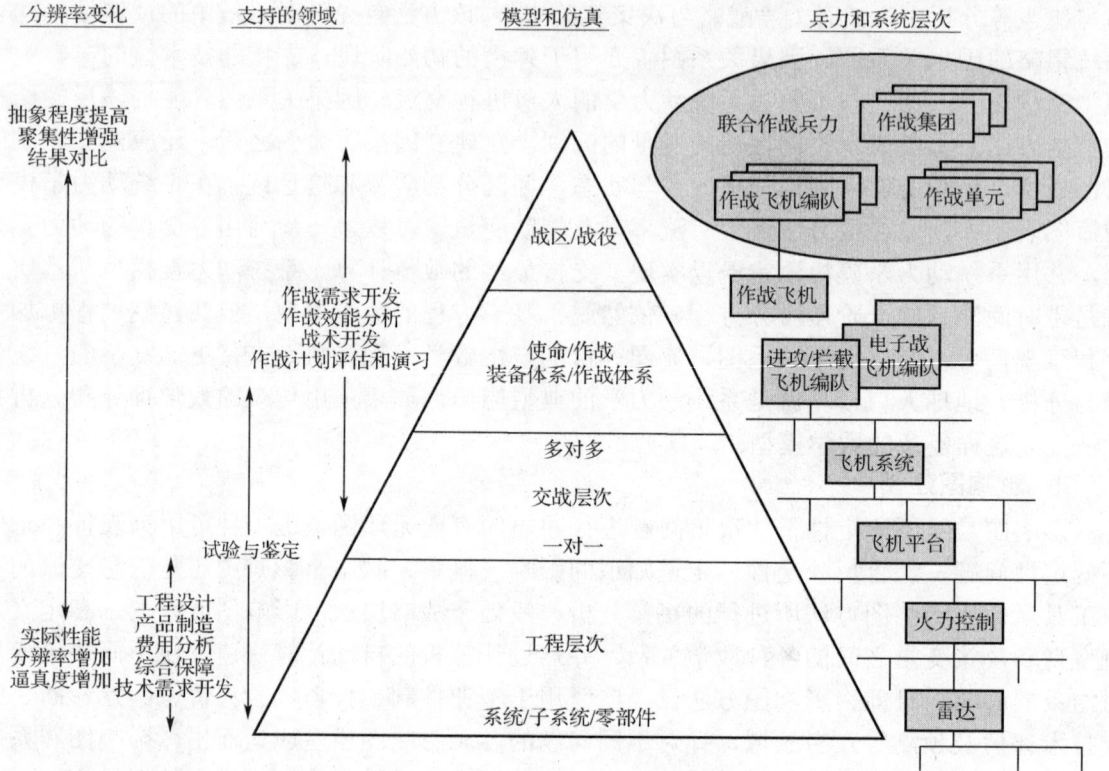

图 1.6　军用建模与仿真的层次

军用建模与仿真的层次包括以下 4 个层次。

- 工程层次（Engineering）：用于武器装备的设计、费用计算、制造和保障领域，主要支持武器装备的性能评估 MOP（Measures of Performance）；
- 交战层次（Engagement）：用于评价对抗条件下的武器系统效能，主要支持武器装备的系统对系统的效能评估（Measures of Effectiveness，MOE）；
- 使命/作战层次（Mission/Battle）：评价作战单元或多个平台执行一个特定使命的效能，主要支持兵力对兵力层次的效能评估；
- 战区/战役层次（Theater/Campaign）：用于给出战区/战役层次作战中联合作战兵力的作战结果，可以在最高战争层次上进行作战兵力价值分析和作战方案评估，有时称为战果评估（Measures of Outcome，MOO）。

工程层次仿真模型是描述单件武器装备的性能模型，有时还需要描述该武器装备与作战平台、探测器、电子对抗系统、预警系统、指挥控制系统等之间的行为和信息接口关系。交战层次的模型与仿真用于评价单个平台或武器系统与一个特定目标或敌方系统进行对抗的效能，而交战仿真模型是描述一方火力单元攻击某一目标，另一方的火力单元对进攻武器实施反击的攻防对抗过程及其结果的模型。使命层次模型与仿真反映了包含多个平台的作战单元完成特定使命目标的能力，如夺取空中优势、空中遮断或持续几个小时的空中打击等，因此使命作战层次仿真模型则是描述一方遂行特定作战任务，另一方实施反击的作战过程及其结果的模型。战区/战役层次模型与仿真用于确定主要战区或战役层次作战的长期结果，而战区/战役层次仿真模型描述一方武器装备体系在多军种作战兵力的配合下遂行特定战役任务，另一方作战兵力使用其武器装备体系实施反击作战的战役冲突过程及其结果的模型。

1.5 面向体系的计算实验

上述面向复杂系统研究的三类计算实验都可以广泛地应用到体系问题研究中，不同计算实验方法的特点也决定了其在体系问题研究中具有特定的地位和作用。

1.5.1 基于数据的体系计算实验

基于数据的计算实验方法可以基于历史数据、试验数据和装备性能数据对体系进行分析。由于装备体系中涉及种类众多的装备和技术，通过相关装备参数和技术分析研究体系能力的差异是一种最为基本、快捷的途径，其在体系问题研究中的主要优点包括：

（1）通过装备性能参数和实验数据的直接分析可以初步比较不同装备体系间的差异，而且由于直接采用第一手的装备性能和试验数据进行分析，其观测数据具有客观性，具备其他方法难以比拟的真实性和有效性，也最容易为决策人员所接受。为此，这种基于数据的分析应该是所有体系问题研究的必备方法。

（2）在互联网时代，我们可以接触到更多的装备研究数据（当然需要去伪存真），数据挖掘和大数据分析等也大大丰富了基于数据的计算实验技术，通过这些技术可以管理面向装备体系分析的大量数据，进而得出更加丰富的体系研究结论。

（3）基于方程和仿真的计算实验需要相关的装备参数和效能数据支持，基于数据的计算实验通过收集分析获得的数据可以直接支持这两种方法的实验和应用，确保其计算实验分析的有效性。

（4）基于数据的计算实验方法本质上是一种面向系统观测的分析方法，而基于方程和仿真的计算实验是面向数学模型和仿真模型的实验观测，因此这两种方法也可以借鉴基于数据计算实验中的数据分析方法和技术进行实验分析。

其存在的缺点主要包括：

（1）装备体系的运行机理问题。基于数据的计算实验方法属于对系统的观测分析，可以通过对体系中相关装备等要素的数据分析评估相关装备体系，但这种方法还不能完全揭示复杂系统中相关要素的内部运行机理和交互过程。

（2）装备体系的作战效能评估分析。在很多体系问题研究中，尤其是在涉及新研制的武器装备时，我们需要根据不同的体系架构预测不同体系的作战效能或作战效果。由于新研制的武器装备不存在，缺乏相关的武器装备数据，采用基于数据的方法还不能有效预测新型武器体系的作战效能。

（3）数据保密问题。由于很多武器装备数据属于机密或绝密数据，这些数据在一般情况下很难获得。装备数据的缺乏也限制了基于数据的体系计算实验的应用，这需要我们在平时采用各种方法积极收集各类数据以备不时之需。

1.5.2　基于方程的体系计算实验

基于方程的体系计算实验本质上是一种自顶向下的分析建模方法，可以通过系统动力学或影响图等方法建立面向装备体系研究的数学模型，通过数学模型计算分析武器装备体系的作战效果。这种方法的优点主要包括：

（1）可以支持快速的探索性分析。由于基于方程的模型计算速度快，可以通过计算机快速计算不同想定情境下的计算结果，从而可以支持不同体系对抗条件下的方案探索和分析，也易于针对不同情况快速调整数学模型。

（2）不需要非常详细的数据支持。在基于方程的体系计算实验中，相关的数学模型属于顶层简化模型，其模型包含的参数和数据有限，不需要很多非常详细的装备数据，这样有利于在缺乏数据的情况下进行装备体系问题的探索和分析。

（3）可以支持武器装备体系的初步预测分析。在基于方程的体系计算实验中，在系统动力学或影响图的支持下，其数学模型在一定程度上反映了不同装备因素之间的因果影响关系，在宏观层次上反映了体系对抗过程和运行机理，因此可以用于武器装备体系的初步预测分析。

其存在的主要缺点包括：

（1）对建模人员要求很高。在基于方程的体系计算实验中，采用系统动力学或影响图方法进行建模，一方面需要对这种自顶向下的建模方法非常熟悉，另一方面还需要对体系对抗过程非常了解，抓住其中的主要矛盾，这样才能建立相关的影响因素以及合理的影响关系。这对建模者的建模经验和技术提出了很高的要求，否则建立的数学模型将难以反映相关复杂系统的运行机理，无法用于体系的实验分析。

（2）体系模型虽然要求的数据不多，但这些数据类型一般属于聚集层次上的数据（类似于兰彻斯特方程模型），很多情况下需要建模人员凭借经验进行设置，否则可能产生错误的实验结果。

（3）体系数学模型的抽象性很强。其模型属于宏观层面的模型，很多情况下影响因素之间的关系过于简单化，无法反映作战中的随机因素影响和网络中心战条件下体系作战的非线性特征（例如 1.2 节示例）。

1.5.3　基于仿真的体系计算实验

建模仿真技术（Modeling and Simulation，M&S）在许多方面对体系研究具有特别的作用。面向体系的仿真模型框架可以提供理解体系中彼此交互的子系统所形成的复杂和涌现行为的有效手段；能提供有助于体系研究人员根据已有系统开发新型作战能力的实验环境；M&S 能支持体系架构方法和方案的分析，支持作战需求分析和解决方案权衡。

由于对体系进行全面的物理测试和评估异常困难，M&S 可以有效地应用于体系开发过程不同阶段的测试和评估，尤其在体系完全实现之前进行基于仿真的分析与评估具有更加重要的意义。然而，面向体系的 M&S 面临许多挑战，尤其是 M&S 的有效性问题。如果在形成体系的早期阶段能够采用模型有效地表示体系、子系统、交互关系和环境以及行为，将使我们深入理解和确定体系所存在的潜在问题。

基于仿真的体系计算实验的优点主要包括：

（1）提高了体系计算实验的真实度。基于仿真的方法属于一种自底向上的建模方法。当采用基于方程这种自顶向下的方法难以对复杂系统的内部交互和行为过程进行分析和表示时，可以采用这种自底向上的方法建立组合模型，通过对体系作战过程和装备原理的详细表示反映体系对抗行为，支持对体系的动态测量，提高体系计算实验的真实度。

（2）体系计算实验更加灵活。相对于基于方程的计算实验方法，基于仿真的方法建立的模型分辨率更高，相关模型包含的参数和选项更多，我们可以针对更加详细的作战背景进行计算实验，实验分析也更有针对性。

（3）可以支持装备体系作战效能的分析和预测。相对于基于方程的计算实验方法，基于仿真的方法建立的模型分辨率更高，可以在战术战役等不同层次上反映体系对抗过程和运行机理，因此可以用于更高分辨率层次上武器装备体系的预测分析。

其存在的主要缺点包括：

（1）基于仿真的体系计算实验工程量大，构造复杂。面向体系计算实验的仿真模型分辨率高，涉及的装备模型类型多，交互关系复杂，涉及更多的军事、装备技术和仿真技术，需要投入更多的人力和物力，相应的仿真工程周期长，需要更加复杂的团队协作。

（2）基于仿真的体系计算实验需要详细的数据支持。面向体系计算实验的仿真模型分辨率高，相对于基于方程的方法，需要更详细的模型参数和装备数据，这些数据的获取和设置对基于仿真的体系计算实验应用也是一个障碍。很多情况下，如果不能明确相关的装备数据，还需要通过实验设计假设和探索相关的影响因子。

（3）基于仿真的体系计算实验更加复杂。由于面向体系计算实验的仿真模型很多都涉及了毁伤、探测、通信等随机因素影响，所以基于仿真的体系计算实验属于一种终态仿真随机实验，每次仿真运行也仅仅是一次随机实验，需要我们为每个实验方案执行批量的蒙特卡洛仿真以消除随机影响，这大大增加了计算实验成本。

（4）基于仿真的体系计算实验需要更加具体的研究目标和问题分析。由于仿真模型与研究的问题和研究目标紧密相关，导致基于仿真的体系计算实验具有更强的针对性，需要针对不同问题不断调整和开发仿真模型，这也是当前为何出现很多面向不同层次和不同军事应用的仿真系统的原因所在。

（5）基于仿真的体系计算实验对应具体的想定实例，导致其实验结果代表了具体的想定实例下的实验结果，一个结果一般仅代表了想定空间中一个点。如果进行基于能力的体系方案探索，需要开展面向多种作战任务和方案的仿真实验，会大大增加体系计算实验的工作量。

1.5.4 面向体系的计算实验应用

体系计算实验的工作过程非常复杂。基于数据、基于方程和基于仿真的计算实验方法代表了数据层、探索层和仿真层的三个计算实验层次，它们也代表了人们对体系的宏观和微观测量。因此，我们需要宏观和微观相结合，根据体系研究问题的时间节点、数据、模型和仿真的研究基础，在实际工作中灵活运用这些方法。

● 不同计算实验方法的特点决定了其在体系问题研究中的应用特点，我们不应排斥任何一种计算实验方法在体系研究中的应用。例如，RAND 公司采用的面向方程的探索性分析方法和数据挖掘对比分析方法也属于经典的体系计算实验方法，这些计算实验方法的速度更快，实验代价小，但对分析人员要求很高。

● 在这三种方法中，基于仿真的体系计算实验方法的难度最大，不可能为每一个体系研究问题都建立一个相应的计算实验环境，这需要从体系问题研究需求出发，在体系层次上对体系效能仿真模型进行合理抽象，发现能适于不同体系问题研究的可重用的模型体系，尽量能快速应对不同的体系研究问题。

● 我们建立的数学模型或仿真模型一般是黑箱模型和白箱模型的混合。在建模时，我们需要根据研究目的和系统边界，识别系统中的哪些要素是可以进行演绎分析和设计的，哪些要素是属于归纳和观测形成的，显然我们必须采用基于数据的计算实验支持其他两种方法的黑箱建模。

● 这三种计算实验方法在应用时不是孤立的，而是一种相辅相成的关系。例如可以利用基于数据的计算实验结果支持基于方程和基于仿真的体系计算实验的模型参数设置，采用基于数据的计算实验技术支持仿真结果收集、统计和实验数据分析，还可以根据仿真分析的结果建立面向方程的拟合模型，用于修正基于方程的体系计算实验模型等。

● 最后，进行日常的体系研究工作时就应该不断开展体系计算实验方法、数据收集与准备和体系应用问题研究，而不是等到相关任务下达时开展研究，否则体系计算实验的复杂性和准备时间将限制其在实际体系问题研究上的应用。

基于仿真的体系计算实验最复杂，它也是许多应用研究关注的重点。美国是最早利用仿真实验方法进行装备体系研究的国家。美国军方很早就发现，面对要素众多、相互关系复杂的武器装备体系，传统的武器系统评估方法变得无法适应。因此，必须积极探索利用建模仿真方法，建立装备体系中各类装备、作战环境、交互关系的仿真模型，用计算机模拟体系对抗的全过程和各类装备的作战能力，以此作为武器装备体系试验的有效手段，然后利用数理统计方法对大量的试验结果进行统计，发现战果与装备体系方案之间的数量关系，支持武器装备体系的效能评估与分析。当前，在装备体系应用研究中对一些关键问题往往只能采用定量分析方法，这种情况下采用仿真实验方法已是国家装备发展、作战方案制定必须实施的法定过程。

1.6 基于仿真的体系计算实验应用

1.6.1 传统的体系仿真方法

美国军方从 20 世纪 80 年代开始就采用体系对抗仿真方法研究体系效能评估问题。美国为提高军队的综合论证水平，对战役级作战仿真系统进行了大量的研究和开发工作。20 世纪 60 年代，美国国防部建立了战术作战（Tactical Warfare，TACWAR）系统作战模型用于分析作战计划和兵力结构，该模型的改进模型曾用于对沙漠风暴行动进行仿真模拟；80 年代，为进一步提高对作战行动和兵力结构的分析能力，美国空军、海军和陆军相继建立了联合分析模型，如美国空军的 Thunder、陆军的 CEM 和海军的 ITEM 等作战模型。进入

90年代，这些作战模型已经不能满足联合作战中兵力、装备和作战分析的需要。1995年，美国国防部实施了联合作战系统（Joint Warfare System，JWARS）的研究和开发。JWARS可以支持兵力结构分析和设计、作战行动过程分析和作战计划分析等。JWARS采用面向对象的离散事件仿真方法，在以前没有实现的战役层次上描述联合作战的行为和交互作用。它不强调过多的人工干预，并采用过程推演的模式进行设计。

这些战役级仿真系统一般采用解析方法建立仿真中的军事对抗模型。通过应用这些模型，一方面，研究人员便于在实验室中通过调整方案和模型进行武器装备体系、作战计划和作战能力的分析与评估；另一方面，这些模型可以应用于面向作战指挥和训练的仿真系统，减少作战模拟的参与人员，提高训练效率。

1.6.2 面向训练的体系对抗仿真

另外，还存在一些其他类型的仿真应用可以支持体系问题研究。其中，计算机生成兵力（Computer Generated Force，CGF）和战役推演系统也属于典型的体系计算仿真应用。目前，国外尤其是美国已经开发出多种可称为"半自动化兵力"（Semi-Automated Forces，SAF）的仿真系统用于战术演练和军事作战训练研究。OneSAF（One Semi-Automated Forces）是美国国防部先进研究规划局（DARPA）在ModSAF（Modular Semi-Automated Forces）基础上开发的新一代的CGF系统，它可以支持从单兵作战层次、单兵平台层次到全自动化的友方至营一级，敌方至旅一级的全方位的作战、系统以及指控过程仿真。

另外，联合战区级仿真（Joint Theater Level Simulation，JTLS）系统是美军认可程度和使用频率最高的仿真推演系统之一。据不完全统计，仅在1985—2003年美军举行的演习中，就有30多个大型军演项目使用了JTLS系统。除美军大量应用外，中国台湾、日本、韩国、法国、意大利、希腊、土耳其等国家或地区的军队也均已使用该系统。JTLS的主要用户是司令部机关、作战部队和军事院校。JTLS系统是一个支持陆、海、空、天多边联合作战的、交互式的离散事件仿真系统，主要用于分析评估、模拟训练和辅助演习，模拟的作战层次是带有一定战术逼真度的联合战役行动。

上述系统当前主要用于作战训练和作战计划评估，也可用于检验武器装备体系对抗效果。然而，由于这些系统的核心应用是训练领域，难以面向未来装备和装备体系的仿真需求，模拟训练结果的样本有限，不能提供足够的分析结果样本，也不能有效应对体系论证的实验数据分析要求。

1.6.3 面向网络中心战的体系仿真分析

一般采用不同聚集形式的数学模型都需要减少所研究问题的维度以达到可管理的水平（Thunder、JTLS、JWARS等），而1.2节的计算实验示例表明，我们在进行计算实验时不能简单地对相关变量进行聚集解算。如果我们不能在空间上采用聚集方法，那么我们从仿真的角度该如何应对战场上数量众多的作战实体呢？是否存在其他可行的聚集简化方法呢？

当前在Agent仿真中采用的垂直切片方法提供了一种解决方案。这样，在仿真运行时可以保持兵力在空间和时间上的基本配置，这种配置在评估ISR和信息优势对作战结果的影响时非常重要，可以捕捉ISR和信息优势的相应价值。它还通过作战冲突过程中复杂的、组合的、非线性交互（多 Agent 模型提供了一种自然的方法表示这些交互），提供了一种能够捕捉小规模效果与大规模效果之间广泛动态的关联关系表示方法。

传统的作战仿真工具主要表示作战中物理域的变化规律。随着网络中心战理论的发展和不断应用，这些作战仿真工具难以表示作战体系结构网络化、变结构、自组织、自同步等行为特性，不能有效刻画和描述网络中心战中的信息域和认知域。网络中心战的复杂性经常表现为复杂自适应系统的涌现性。这种涌现性体现为一种无全局控制的、由个体行为以及个体交互而产生组织行为的特性，它们被复杂自适应系统理论认为是社会系统的根本行为特性。

复杂自适应系统理论认为军事系统是一个高度复杂的自适应社会系统，而军事对抗过程本质上是军事系统内部诸要素之间、内部要素与外部要素之间不断相互作用的动态演化过程。ABMS（Agent Based Modeling and Simulation）方法被军事仿真界普遍认为是军事作战研究、特别是网络中心作战研究的最佳方法。ABMS 的仿真运行策略表明，基于 Agent 建模作战实体，将能够更好地表达出行为模型所刻画的作战实体的行为特点。而涌现源自交互的原理使得 ABMS 能够有效地表达出军事作战过程所蕴含的并发交互性和复杂涌现性。为此，美国海军陆战队作战发展司令部、新西兰国防科技中心以及澳大利亚新南威尔士大学国家防务学院相继采用基于 Agent 建模仿真方法开发了 EINSTein、MANA、WISDOM 等系统。

Project Albert 是由美国海军建立、多方参与的一个项目，目标是共同"探索当面临不确定战场环境时决策者的内在潜力。"

澳大利亚国防部的 CAVALIER（ChAnge VisuALIsation for the EnteRprise）系统是澳大利亚为支持 Project Albert 项目研究而开发的一种基于 Agent 的仿真系统，它是一种针对网络化兵力组织性能研究而开发的建模仿真工具，其主要功能包括基于 Agent 仿真、网络指标计算、统计分析以及结果可视化。CAVALIER 被澳大利亚军方广泛用于网络中心作战行动（Network Centric Operation，NCO）研究。CAVALIER 系统中作战实体的行为采用一种可编程的方式，由建模人员根据具体应用进行定制。

MANA（Map Aware Non-uniform Automata）是新西兰 DTA（Defense Technology Agency）主持研发的基于 Agent 的军事仿真系统。MANA 采用步长推进机制实现仿真调度，以便确保不同 Agent 的时空一致性。MANA 的行为模型源于元胞自动机，它通过定义多达 50 个状态变量以及引发状态变迁的有限个事件来建立单个 Agent 的个体行为和交互行为。MANA 的突出之处在于引入了个性因素，行为是由个性驱动的：事件触发状态的变迁，从而导致个性变化，产生相应的行动。MANA 最大的优点在于其行为规则简单，只需要很少的计算，因此运行速度较快。MANA 对于 Agent 的行为建模基于"Distillation"方法实现，即去除次要元素，保留主要元素，并通过这些元素构建作战实体的行为。它同样提供了一种可编程的方式进行作战实体行为建模。MANA 的 Agent 属性配置界面如图 1.7 所示。

上述基于 ABMS 的仿真系统主要采用传统的多 Agent 仿真方法，即 Agent 数量较多；Agent 个体行为相对简单；Agent 之间的交互和协作也比较简单，没有全面反映网络中心战中信息域和认知域的特点。而当前网络中心战中的实体一般表现为实体数量不是很多，但个体决策行为复杂，实体之间通过通信设备进行的信息交互复杂。

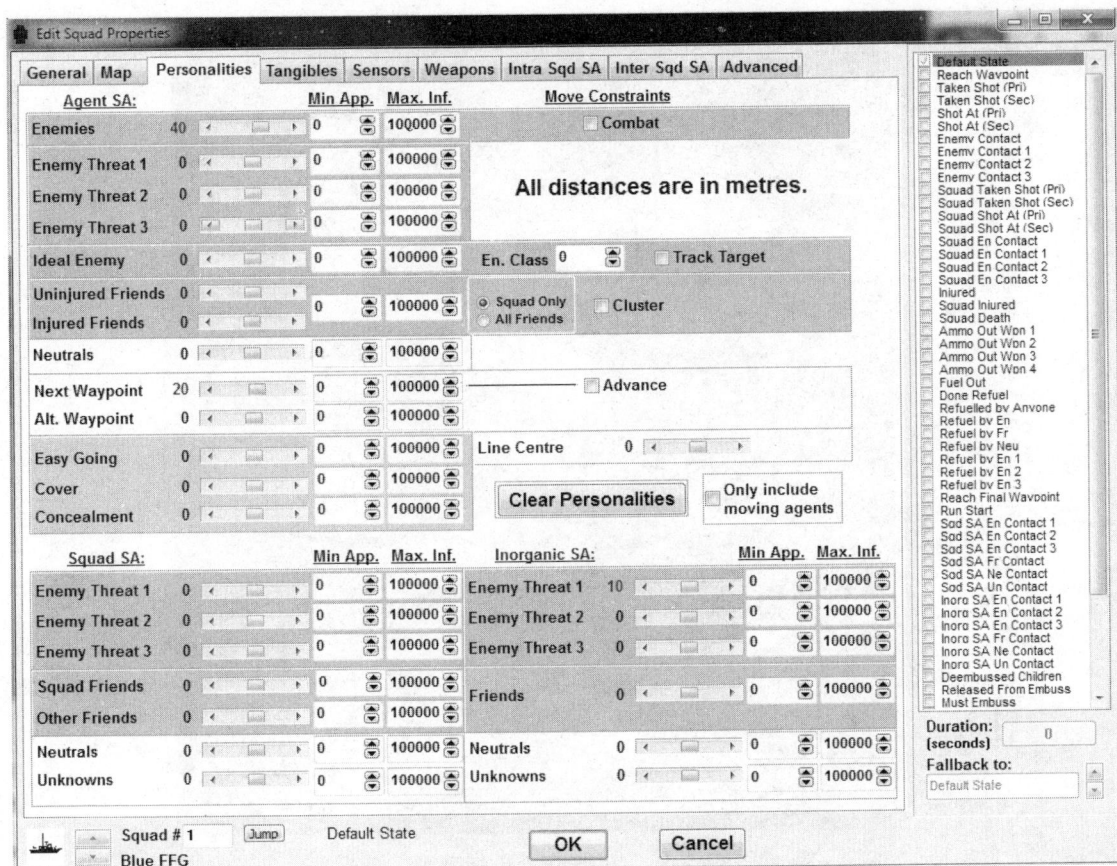

图 1.7 MANA 的 Agent 属性配置界面

为此，21 世纪初，RAND 公司和斯巴达公司为美国空军开发了新一代面向信息化作战的基于 Agent 的使命级系统效能分析仿真系统（System Effectiveness Analysis Simulation，SEAS）。SEAS 是一个面向使命层模型，采用 ABMS 方法以时间步长推进的，用于评价 C⁴ISR 可用性的仿真系统。SEAS 中的每个 Agent 以并行执行线程运行，并通过认知域中已编码的命令控制其行为。随着单位时间推进，针对每个 Agent，都需要对传感器探测、通信队列处理、每个武器系统的火力打击、平台机动等进行解算，然后根据 Agent 计算结果进行 Agent 资源计算、状态变化计算、毁伤计算和移动计算。自适应行为允许 SEAS 可以比较真实地模拟包含陆、海、空、天各类武器装备体系中的 C⁴ISR 的作战效果。

2006 年，美国陆军空间导弹防御司令部（American Army Space and Missile Defense Command）采用 SEAS 分析基于空间的 ISR 和通信系统对陆军作战能力和作战情报工作的影响，分析和评价陆军对空间装备的作战需求；美国国防研究所基于 SEAS 研究了网络中心战的数据融合问题；2007 年，美国空军技术研究所基于 SEAS 研究了网络中心战建模和天基传感器的作战效能分析问题；MITRE 公司采用 SEAS 分析了信息作战行动分析问题。当前，SEAS 模型框架已经通过了美国空军的验证和确认，是美国空军标准分析工具集（Air Force Standard Analysis Toolkit，AFSAT）和空军空间指挥建模与仿真的使命层模型标准。SEAS 仿真运行界面如图 1.8 所示。

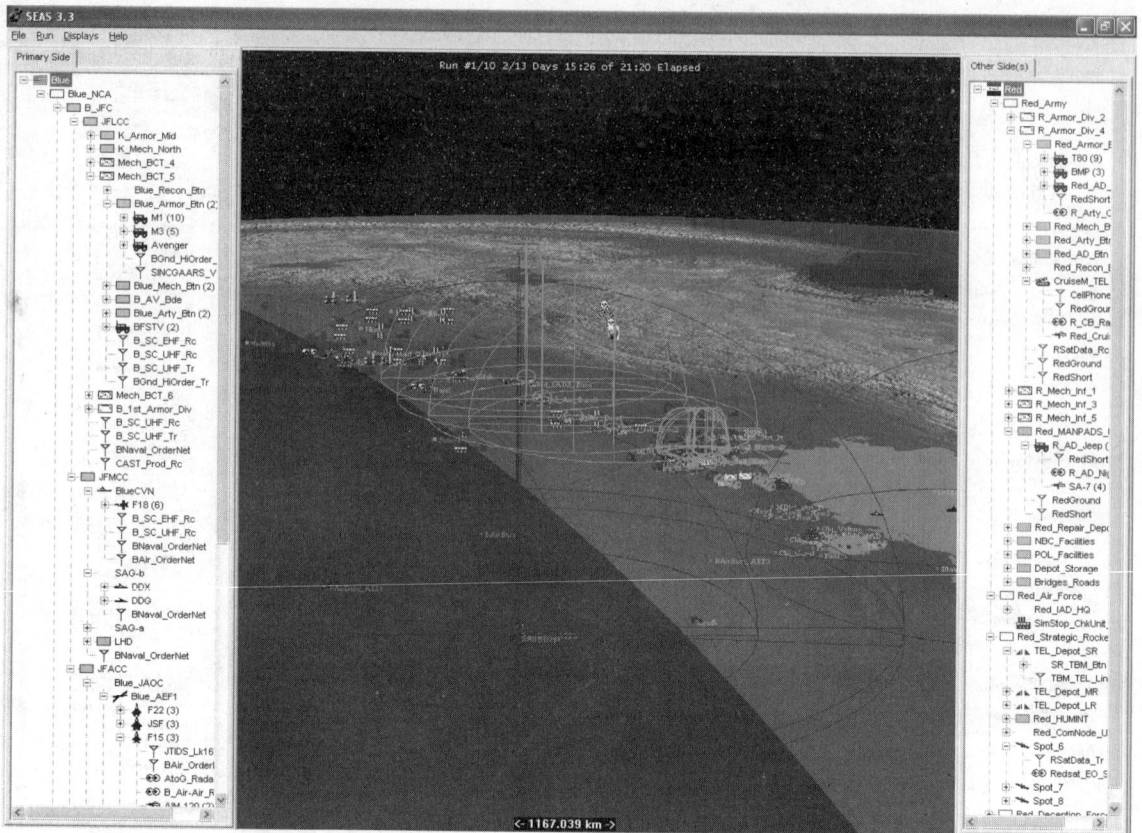

图 1.8　SEAS 仿真运行界面

　　另外，为解决仿真实验中参数过多所带来的计算量过大的问题，体系计算实验必须采用高效的实验设计与实验方法。相关的应用研究也更加强调体系计算实验的设计与分析技术。例如，Lucas 等人强调了基于仿真的实验设计方法的重要性和设计需求；Davis 等人提出了多分辨率和多层次模型的探索性分析方法；Gary E. Horne 等人提出了数据耕耘的概念，等等。美国海军研究生院的仿真实验与有效设计中心（Simulation Experiments and Efficient Designs，SEED）的 Thomas M. Cioppa 提出了一种近似正交拉丁超立方（Nearly Orthogonal Latin Hypercubes，NOLHs）的实验设计方法。NOLHs 吸收了正交拉丁超立方和均匀设计的思想，使得该方法具有近正交和出色的空间填充属性。Hernandez 等人在该设计方法基础上提出了一些更加有效和支持更大数量因子的实验设计方法，可以支持上百个实验因子的仿真实验设计。该技术是数据耕耘的一项基础技术。数据耕耘是指根据实验设计选择不同的仿真参数建立一系列精心挑选的参数组合。通过数据分析，分析人员可以更好地了解这些因素如何（以及这些因素之间的相互关系）影响系统的性能和效能。从 2007 年至今，SEED 采用基于 Agent 的 MANA 仿真实验环境、SimKit 和 NOLHs 实验设计方法开展了滨海战斗舰、海上基地、无人航行器、航母无人机等大量的武器装备体系论证分析研究。

　　现代装备体系中组成系统的独立性、自治性和复杂的交互性以及体系宏观层次所表现的涌现特征使得武器装备体系更适于采用 ABMS 方法进行模拟，因此上述在"网络中心战"思想指导下开发的体系仿真及应用基本上都采用了 ABMS 仿真方法。通过 ABMS 仿真模型可以更有效地表示大规模的、复杂的、独立和异构系统的协同工作过程，从而获得比传统仿真方法更高的分析能力，并能够从更高层面解释体系中每个独立系统之间的性能和交互关系。因此，采用 ABMS 方法对武器装备体系及其对抗过程进行合理抽象，建立有效的体系效能分析仿真平台和应用是体系计算实验发展的一个必然趋势。另外，为了有效应对体系计算实验中巨大的计算性能挑战，基于 ABMS 的体系计算实验还应采用 NOLHs 等实验设计方法支持上百个实验因子的仿真实验设计，大幅减少实验设计方案数量，保障体系计算实验的可用性。

1.7 本书的内容和组织

本书分为 7 章。

第 1 章介绍了体系与体系论证的概念，分析了体系计算实验面临的挑战和相关认识，介绍了基于数据、方程和仿真的计算实验方法以及这三类方法在体系计算实验中的应用，最后综述了基于仿真的体系计算实验应用现状。

第 2 章介绍了基于 ABMS 方法的体系计算实验过程，针对体系效能评估的仿真要求，建立了由体系效能评估准备、作战想定编辑、ABMS 体系仿真引擎、作战过程表现及战果统计等组成的体系效能评估技术参考框架。

第 3 章介绍了 SEAS 的可组合体系仿真模型框架，分析了其中物理域、信息域和认知域的模型组件和抽象方法。在该模型框架的支持下，用户可以根据体系效能评估问题和作战背景，快速定义和组合不同的作战 Agent 模型形成体系仿真应用，进行体系对抗仿真分析。

第 4 章分析了基于进程的 Agent 仿真调度策略，介绍了基于进程的体系仿真模型框架和体系仿真模型调度过程，并讨论了 SEAS 中作战实体的决策行为原语和行为组合进程，最后介绍了一个自主开发的、兼容 SEAS 模型框架的体系效能分析仿真平台原型。

第 5 章面向体系计算实验的实验设计需求，介绍了典型的实验设计方法、近正交拉丁超立方实验设计方法并进行了算法验证。

第 6 章为基于决策树的体系计算实验分析，介绍了基于模糊集的分类回归树算法、基于粗糙集的多变量决策树算法并进行了算法验证，最后介绍了相关的数据分析工具。

第 7 章通过一个完整应用示例介绍了体系计算实验过程。长期以来，美国海军研究生院利用基于 ABMS 的体系计算实验分析技术开展了大量的体系计算应用。本书选择了 2010 年 NPS 硕士论文《CARRIER AIR WING TACTICS INCORPORATING THE NAVY UNMANNED COMBAT AIR SYSTEM（NUCAS）》中航母舰载机编队中海军无人空战系统的空中战术研究示例进行了体系计算实验的研究验证。

第2章 基于 ABMS 的体系计算实验方法

　　体系计算实验过程是一个涉及跨层次、多方法、多目标、多专业的工作过程，需要在不同的工作过程中基于统一的视图和规范描述和表示装备体系架构；采用可组合的 Agent 方法快速构建体系计算应用模型，支持不同类型的体系计算实验；综合运用不同的系统评价方法对体系进行评估分析和综合权衡。

2.1 基于 Agent 的建模与仿真

基于 Agent 的建模与仿真（Agent-Based Modeling & Simulation，ABMS）也可以称为基于 Agent 仿真（Agent Based Simulation，ABS）、基于 Agent 建模（Agent Based Modeling，ABM）或基于个体建模（Individual-Based Modeling，IBM），用于自底向上、从个别到整体、从微观到宏观来研究复杂系统的复杂性和涌现行为。ABMS 最早可以追溯到冯·诺依曼的元胞自动机研究，经过不同领域长期的研究和发展，逐步形成了 Game of Life、Segregation、Flocking、Sugarscape 等许多经典的 Agent 应用模型，也涌现出了 SWARM、NetLogo、Repast、AnyLogic 等 Agent 仿真开发环境，大大促进了经济、社会、生态和军事等领域复杂系统的深入研究。

ABMS 是一种采用许多相互之间具有交互行为的自治 Agent 对系统进行描述和抽象的建模仿真方法，它将复杂系统看成一个由多个 Agent 交互协作组成的复杂适应系统，从而将复杂系统的建模分解为对行为主体的建模。ABMS 不是个体行为的简单叠加建模，在建模方法上强调实体的自治性和实体的交互性，在仿真实验上强调个体成员的局部交互对整个系统的影响分析，既关注群体中每个个体的特性，也重视个体之间的交互作用，从而可以更真实地表示复杂系统的涌现特性，这一特点使其成为研究经济、社会、生态、军事领域等复杂系统的有力手段。

ABMS 仿真中的核心概念是 Agent。那么什么是 Agent 呢？

2.1.1 Agent 概念

当前，不同学科领域的不同研究人员对 Agent 有不同的定义和认识，如自治 Agent（Autonomous Agent）、软件 Agent（Software Agent）、智能 Agent（Intelligent Agent）以及更专用的接口 Agent（Interface Agent）、虚拟 Agent（Virtual Agent）、信息 Agent（Information Agent）、移动 Agent（Mobile Agent）等。2001 年，Mark d'Inverno 和 Michael Luck 基于 Z 语言规范建立了 Agent 定义和开发的形式化框架 SMART（Structured and Modular Agent and Relationship Types）。

SMART 中采用由 Entities、Objects、Agents、Autonomous Agents 组成的四个层次定义 Agent 概念框架。一个复杂系统环境（Environment）由 Entities 集合组成，其中可能一些 Entities 为 Objects，一些 Objects 为 Agents，一些 Agents 为 Autonomous Agents。

这四个层次构成了多 Agent 系统的基本组件。虽然 Agent 的概念以自治性作为主要特征，但自治性也具有不同的层次，如目标（Goal）是 Agent 的特性，而目标的生成和调整是 Autonomous Agents 的基本要求。图 2.1 中的 Venn 图表示了 Entities、Objects、Agents、Autonomous Agents 之间的包含关系。这样，我们可以从基本的实体描述出发，通过持续的细化和精炼形成最终 Agent 的定义。其中，Object 是 Entity 的精炼，Agent 是 Object 的精炼，而 Autonomous Agent 是 Agent

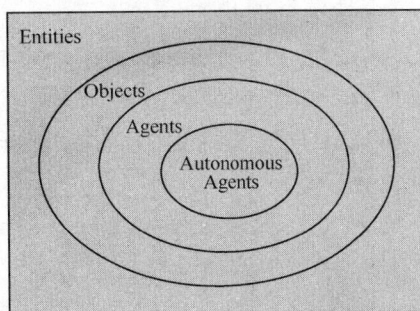

图 2.1 实体层次关系图

的细化。

下面从一般的意义上对上述四类组件进行简单概括。

1. Entity 和 Environment

Entity 提供了一个最抽象的描述，它仅包含属性（Attribute）集合，而环境由实体集合进行定义。

2. Object

环境中的 Object 也可以看成属性（Attribute）的集合，但可以通过描述对象的能力或功能给出更加详细的描述。一个 Object 的能力通过 Action 原语集合进行定义，这样环境中的对象可以执行 Action 并改变环境的状态。

3. Agent

如果对对象进行更深入的考察，一些对象可能服务于某些目标，即可以在 Object 的属性中发现包含目标（Goal）的属性集合，这样 Agent 实际上就是具有行动目标的对象。

4. Autonomous Agent

通过进一步对 Agent 的子类进行细化就可以识别出 Autonomous Agent。不像那些需要其他 Agent 进行目标控制才能完成自身功能的 Agent，Autonomous Agent 是一种具有自主性的 Agent，它们可以创建和追求自己的目标。一个 Autonomous Agent 可以定义为包含动机（Motivation）行为的 Agent，这些 Agent 比那些非自治 Agent 的行为更加复杂。

5. Agent 交互

在 Agent 建模过程中，可以将 Agent 环境与交互关系采用网络化结构或拓扑关系进行描述。拓扑关系描述了事物之间如何进行连接，Agent 之间的交互关系拓扑描述了 Agent 之间可能的连接，这些连接可能是永久的，也可能是瞬间的。连接可能由 Agent 自身确定，也可能由外部确定。根据对不同类型 Agent 之间关系的抽象，Agent 环境和关系包括 Soup、Network、Grids、不规则多边形、地理信息系统、动态环境甚至是实际地图等。

这里可以对支持上述四类组件的相关概念如 Attribute、Action、Goal、Motivation 等进行定义，以进一步明确四类组件概念的含义。属性只是客观世界中的特征类型表示，而不是特征表示。如树是绿色的，生长在公园里，大约 10m 高，其中实体的属性应该是颜色、位置和高度，而上述的绿色、公园和 10m 属于属性值。

- 属性（Attribute）：一个属性是一个可观测的特征；环境也可以包含属性集合。
- 活动（Action）：一个活动是当执行时能够改变环境状态的一个离散事件。
- 目标（Goal）：一个目标是在一个环境中可以实现的一个事件状态，一般可以通过属性集合的状态向量表示。
- 动机（Motivation）：一个动机代表能够导致目标选择和目标生成的期望和偏爱，它能够影响推理结果和试图到达目标的行为任务。

SMART 框架确定了面向 Agent 的一个直观的概念框架，该概念框架的结构组成如图 2.2 所示。

其中的箭头表示导出和包含关系。在该框架中，环境包含实体集合，实体集合包含对象集合、对象集合包含 Agent 集合、Agent 集合包含自治 Agent 集合。实体集合提供了最抽象的组件描述，是一种属性集合。具有能力的实体是对象，它们能通过活动和交互影响环境。Agent 是一种具有能够按照目标影响环境能力的对象。自治 Agent 是能够通过非导出的内部动机产生自身目标的 Agent，因而具有独立的、有目标性的行为。

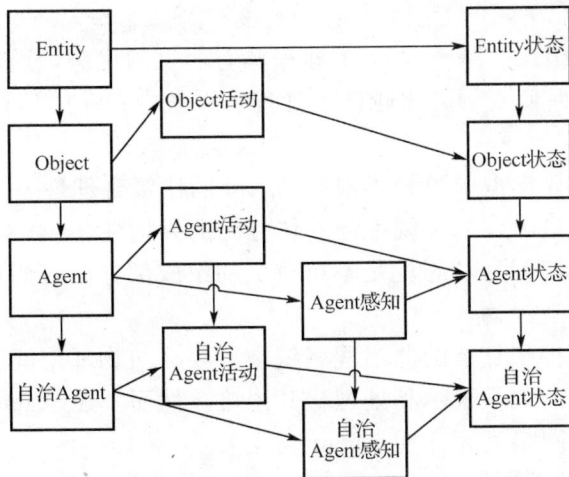

图 2.2　SMART 概念框架的结构组成

2.1.2　Agent 仿真的特点与应用

当前作为复杂系统研究的一个重要手段，ABMS 方法日益受到不同应用领域的关注，这主要源于 ABMS 仿真与一般仿真方法的不同。在 ABMS 中，模型由封装了组成系统的不同个体行为的 Agent 集合组成，这些行为的并发模拟构成了仿真运行过程。从整体来看，ABMS 关注两种实体：个体和观察量。这两类实体都包含时间属性。

（1）个体是在不同领域限定的活动区域或对象。在一些领域中，可以基于物理边界区分实体，如蚂蚁、蜜蜂或人的研究。在其他领域，边界可能更加抽象，如公司实体或作战实体。在任何情况下，空间边界或个体是领域中关注的兴趣点，这样便于区分环境中的个体。因为可以将领域中感兴趣的这些区域设想为具有行为的个体，个体随着时间流逝可以"做事情"，我们可以将这些个体看成"活动区域"。

（2）观察量是可度量的感兴趣的系统特征。它们要么与不同的个体相关（如箱子中气体粒子的速度），要么与整体上个体的集合相关（如箱子的压力）。通常，这些观察量的值随时间变化。

ABMS 中个体的行为可以彼此间进行交互。这些行为可能直接涉及多个实体（狐狸吃兔子）或间接通过一个共享环境（马和牛竞争草）与多个实体相关。在 ABMS 中，建模人员更关注随 Agent 模型运行发生变化的观察量，而不是像系统动力学等方法直接根据这些观察量之间的关系进行建模。在 ABMS 中，这种观察量之间的关系体现在计算实验的结果分析上，而不是在开始的模型设计上。建模人员从每个个体的行为表示开始，然后对它们的关系进行交互建模。观察量之间的直接关系是该过程的输出而不是输入。

ABMS 的另一个特点是模型聚焦的层次。一个系统由交互的个体集合构成。可以在系统层次上定义一些感兴趣的观察量（例如封闭气体的压力），另一些可以在个体层次上进行表达或在系统层次上进行聚集（例如生物组织的位置和每个单位居住空间内生物组织的密度）。ABMS 倾向于根据个体 Agent 的局部信息定义 Agent 的行为，这将导致其行为不会依赖于整个系统层次的信息，系统层次观察量的变化特征也会从 Agent 的模型行为中涌现出来。

1. ABMS 的计算优势

和常规的仿真方法相比，基于 Agent 建模具有明显的优势，通过仿真实验能够揭示出新的洞察结果，并能够促使人们越来越深入地理解系统中存在的运行规律。基于 ABMS 的计算优势一般包括：

- 在基于 Agent 计算模型中更易于限制 Agent 的决策合理性。
- 在基于 Agent 模型中容易实现不同实体行为的异构性。
- 对于 Agent 模型，行为动态性是不可避免的组成部分，人们可以通过 Agent 行为分析复杂系统的复杂行为。
- 在大多数社会过程和复杂的非工程系统中，要么与物理空间有关，要么与社会网络相关，采用传统的数学表示和处理极其困难。然而，在 Agent 模型中却很容易表示和处理以空间或网络为媒介的 Agent 交互关系。

2. 适于采用 ABMS 的问题

ABMS 仿真一般适于以下情况：

- 当存在与 Agent 对应的自然表示时。
- 当决策和行为能够被离散定义时（包含边界）。
- 当 Agent 适应和改变行为对于分析非常重要时。
- 当 Agent 动态策略行为中的学习和交互比较重要时。
- 仿真中 Agent 与其他 Agent 具有动态的关系时。
- 当 Agent 形成的组织自适应和学习对于组织层次重要时。
- 当 Agent 具有一个与它们的行为和交互对应的空间组件时。
- 当需要伸缩到多个系统层次进行系统分析时。
- 当系统的过程结构变化是模型的结果，而不是输入时。

3. ABMS 应用

随着技术和工程的发展，各种实体和对象之间的交互关系、交互空间和交互原理越来越复杂，作战体系也不例外。第一，由于系统之间的相互依赖性，我们需要分析的系统和模型变得越来越复杂。传统的建模工具不能有效描述实体行为和实体之间的复杂关系，不再适合原先可以应用的场合。第二，一些系统总是过于复杂以至于不能采用传统的数学建模方法进行有效的建模，而采用 ABMS 能够从更现实的观点分析这些系统。第三，以大数据为代表的信息系统产生的数据正不断地形成可组织的、不同颗粒度的数据库。有效的微观数据现在能够更好地支持以 ABMS 为代表的微观仿真。第四，最重要的是，以分布式多核并行计算为代表的高性能计算能力正在快速发展，我们能计算大规模的 Agent 微观仿真模型，而在几年前，这还只是一种奢望。

适于采用 ABMS 的应用领域主要包括：

- 交通拥堵条件下的车辆或行人。
- 金融市场中的人或实体。
- 市场与消费行为。
- 拥挤人群与人群疏散。
- 生态系统中的动物和/或植物。

- 机器人的人工智能算法测试。
- 计算机游戏或电影中的人工生物。
- 作战行动领域中涉及指挥官、士兵、机器和平民的军用仿真……

2.2 基于 ABMS 的模型设计方法

开发一个基于 Agent 的仿真模型与一般的仿真模型开发过程类似，其中包含几个密集交织在一起的阶段。整个 Agent 建模过程主要包括问题描述与需求分析、发现和识别 Agent、Agent 交互关系与环境定义、Agent 行为表示、Agent 模型定义这 5 个阶段。这些过程构成 Agent 建模的一个迭代过程，如图 2.3 所示。

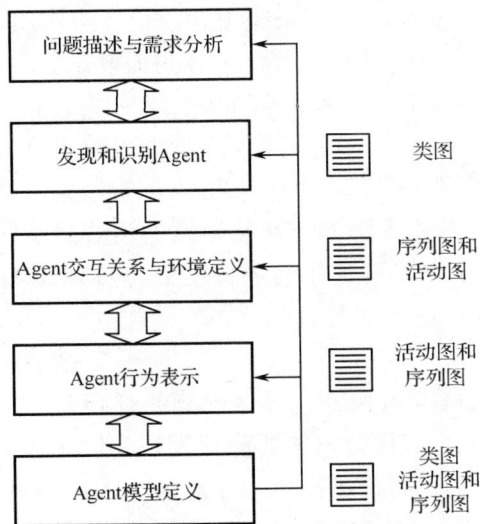

图 2.3　基于 Agent 的仿真模型开发

1. 问题描述与需求分析

问题描述与需求分析阶段主要确定需要采用 Agent 仿真解决的问题，确立仿真研究的目标和要求。在该阶段需要分析被研究系统的构成、边界和环境；初步辨识和确定系统的实体、属性、状态和行为；明确用于系统分析和实验的定量指标；形成建模的前提约定和假设条件；确定模型的层次类型、详尽程度、精度指标和适用范围；明确建模的数据需求和数据来源。

2. 发现和识别 Agent

发现和识别 Agent 阶段主要按照 Agent 仿真思想确定仿真模拟中需要表示的实体和对象。在仿真研究中，一般将构成系统的物质、能量、信息和组织等有实际意义的物理或逻辑单元统称为实体（Entity），实体是系统的组成部分。这些实体和对象一般对应于被研究系统中存在的实体，如网格气体自动机中的气体粒子、生物仿真中的细胞、社会仿真中的人，作战仿真中的作战平台等。ABMS 不可能将所有实体建模为 Agent，而是根据研究问题的需要对系统进行抽象和简化，即对系统中包含的实体进行取舍、抽象和聚集，按照 SMART 框架明确相关实体是否为对象、Agent 或自治 Agent。通过发现和识别 Agent，可以确定 ABMS 中包含的实体类型和相应的行为表示层次。

3. Agent 交互关系与环境定义

在 ABMS 中，Agent 不可能孤立存在，还需要对 Agent 之间的关系和交互进行建模，这样模型才能反映系统中 Agent 行为对其他 Agent 以及整个系统的影响。Agent 环境和交互紧密地联系在一起。因为 Agent 之间的交互一般不仅与 Agent 相关，还需要受到环境的制约。在基于 Agent 的建模过程中，不可能对 Agent 之间所有的关系和交互进行建模。Agent 之间交互关系的抽象和简化也意味着环境影响因素的抽象和简化。在该阶段，需要在发现和识别 Agent 基础上考虑 Agent 与其他 Agent 之间以及与环境之间的关系，同样根据问题研究需要对这些交互和关系进行取舍、抽象和聚集，进而明确 Agent 环境的表示需求，从而确定 Agent 之间的关系和交互，为 Agent 模型定义奠定基础。

4. Agent 行为表示

在复杂 Agent 仿真中，Agent 一般在系统中起决策者的作用，包括传统的决策者（如管理者），也包括非传统的决策角色（如具有自主行为的复杂计算机系统）。一般针对研究问题的特点和领域背景，建模者需要选择相应的 Agent 行为理论。在行为理论的支持下，建模人员可以从一个基准模型入手，然后使用该模型作为起点开发一个简单和描述性更强的启发式行为模型。如果领域问题中存在直接可用的行为理论，建模人员可以直接从一个行为模型开始。例如，存在大量的围绕基于经验数据的消费者购物行为建模理论；另外面向 Agent 推理已经开发和建立了许多形式化的逻辑框架，如 BDI（Belief-Desire-Intent）模型，这些可以作为 Agent 行为表示模型的基础。

5. Agent 模型定义

根据确定的 Agent、Agent 交互关系以及 Agent 的行为表示，我们可以通过变量、参数、算法表示 Agent 和环境的属性、状态、参数和行为。我们还可以采用面向对象的设计方法将 Agent 和环境定义为对象类，明确不同 Agent 对象类和环境对象类的属性、状态和参数，明确每个 Agent 对象类和环境对象类的输入和初始化数据需求，明确每个 Agent 对象类和环境的输入、输出关系。在 O-O（Object-Oriented）方法的支持下，相应的 Agent 行为和交互也可以表示为 Agent 对象类的方法，从而可以清晰地界定 ABMS 建模过程中形成的 Agent 对象类以及环境类的组成及其组合关系，为 Agent 模型的设计与实现奠定开发基础。

ABMS 研究一般会在这些阶段进行多次迭代。每次随着模型的细化，都会导致这些阶段的反复迭代。上述 Agent 建模过程是一个研究不断深入、模型表示不断细化的过程，因此不能期望按照确定的先后顺序就能完成 Agent 建模工作，必须在每个阶段中不断检查前面各阶段是否存在假设、数据可用性、实验分析可行性等问题，如发现前面阶段存在问题，则必须返回到前面的阶段，对相应的工作进行调整和修改。

基于 Agent 建模可以借鉴统一建模语言（Unified Modeling Language，UML）支持 Agent 模型的表示。UML 是一个用于表示面向对象系统的可视化建模语言，它可以在 Agent 模型设计和交流阶段支持基于 Agent 的模型设计与开发。UML 由一些高度结构化的建模方法和图形元素组成，可以综合不同的建模方法和图形元素表示一个模型。UML 表示属于高层次的抽象，独立于特定 O-O 程序语言的实现。在发现和识别 Agent 阶段，可以采用 UML 的类图表示发现和识别的 Agent 对象；在 Agent 交互关系与环境定义以及 Agent 行为表示阶段可以采用序列图和活动图表示 Agent 内部行为和交互序列，这样在 Agent 模型定义阶段可以将上述表示综合起来，采用类图、序列图和活动图表示 Agent 和环境模型。

2.3 ABMS 与体系仿真

和传统的军用模拟仿真相比，ABMS 可以清晰地表示特定个体的行为建模，而很多传统的模拟仿真（JTLS、JWARS、Thunder 等）则将系统中实体集合进行数量平均化或聚集化，而相应的计算模型也试图仅模拟这些实体聚集化特点的变化。

为什么 ABMS 适合军事分析呢？军用仿真冲突建模中最重要、最困难的部分与作战实体（Agent）集合的交互与自适应行为密切相关。在军事分析中，这些 Agent 一般会形成跨越 7 个时间与空间尺度一个层次结构，而且 Agent 之间一般普遍带有反馈回路（如图 2.4 所示）。

图 2.4 军用 Agent 仿真的时间空间尺度

当需要考虑包含"行为驱动"效果的模型响应和适应性时，仿真模型必将试图与这种层次结构相匹配，这超越了经典的"数据驱动"方法。在基于信息系统的体系作战中，信息优势需要转换为决策和行动优势，这些行为驱动的效果对战争转型（网络中心战）相关的许多问题产生了巨大影响。这并不是说装备系统性能数据或数量不重要，而是在体系中，对于作战实体如何作战或如何利用这些装备进行作战行动来说，它们是第二位的。

1. 模型结构

在模型结构上，ABMS 可以表示每个个体的内部行为。一个 Agent 行为可能依赖于对其他个体的观察，但不会直接访问这些个体的行为表示。这种自然的模块化遵循了个体之间的边界，模型结构上的封装性使得 ABMS 在体系计算实验时具备明显的优势：

● 由于 Agent 模型属于微观世界仿真，相对于系统动力学一类的方程模型，针对体系问题，ABMS 能够给出更现实的结果。

● 在一个 ABMS 中，每个作战实体有自己的 Agent 或 Agents 模型。一个 Agent 根据自身获得的信息或"感知世界"进行决策，其内部行为也不需要让体系的其余部分直接访问，这样体系中的每个 Agent 模型只能根据其维护的"感知世界"进行决策和行动，更有利于模拟作战过程中的"战争迷雾"，有效描述和表示网络中心战中"感知优势—信息优势—决策优势—行动优势"的转换过程。

● Agent 具有很强的独立性和可组合性，可以保持它们的个体 Agent 不变，易于维护 Agent 的行为控制逻辑，执行可组合的联合模拟。

● 很多情况下，体系仿真分析希望输出结果可能是一个控制策略，能够或多或少地自动控制整个系统的行为。由于一个 ABMS 中的 Agent 与被建模系统中的个体一一对应（作战实体或装备），它们的行为是对真实行为的模拟，这样从仿真模型向体系自适应控制策略或战术的迁移在 ABMS 中更加直接有效。

2. 系统表示

在系统表示上，作战过程由作战实体的离散决策所决定，ABMS 可以最自然地表示这种一步一步的行为决策执行过程。

- 基于 ABMS 方法更容易刻画体系中的作战实体。一个 ABMS 中的 Agent 与被建模系统中的个体一一对应使得建模人员更容易抽象 Agent 模型和交互关系，从局部 Agent 行为刻画整体的体系行为。
- ABMS 更容易刻画体系中的交互空间。ABMS 允许定义任意拓扑形式的 Agent 交互。便于独立抽象作战实体间的探测、通信、交战关系以及与战场环境的交互作用。
- ABMS 提供了附加的作战行为确认能力。ABMS 可以在个体层次上进行模型确认，因为每个 Agent 的行为编码更易于与单个作战实体的实际行为进行比较。
- ABMS 支持直接的实验分析。分析人员可以直接根据熟悉的作战过程使用模型进行 "what-if" 模拟，而不是将其转换为数学方程等其他更加抽象的模型。
- ABMS 更容易将分析结果转换回体系的实现。体系计算实验的一个目标是能够将实验结果应用于体系发展建设中，通过 ABMS 更容易将 Agent 行为转换为真实世界中作战实体的行为策略或任务描述。

2.4 ABMS 仿真开发过程

虽然 Agent 仿真与一般的仿真建模过程类似，但基于 Agent 建模仍然具有自己的一些特点。除了标准的建模工作之外，ABMS 需要建模人员完成：

（1）确定 Agent 类型和相关的 Agent 行为理论。

（2）确定 Agent 之间的关系和相关的 Agent 交互理论。

（3）获取所需 Agent 相关的数据。

（4）除了在整体上对模型进行确认之外，还应该确认 Agent 行为模型。

（5）运行模型并从 Agent 微观行为到系统宏观行为链接的角度分析结果。

ABMS 的开发与使用过程如图 2.5 所示。其中，在设计阶段，定义了模型结构和功能；在实现阶段，基于设计阶段的设计模型开发和实现计算机模型；在运行使用阶段，使用模型进行试验和分析。图 2.5 中的各个步骤说明了模型开发和使用的核心需求。一般不必严格地遵循这些过程，应把它理解为 ABMS 项目管理的一个概念框架。图 2.5 中表示了这些步骤的结构关系，但在应用实践中，这些步骤可能是动态的，而且边界也具有模糊性。这些步骤中存在大量的反馈和迭代。反馈回路可能经常向后跨越许多步骤。工作可能经常或必须在几个步骤上同时进行并在步骤之间包含适当的反馈。Agent 建模计划管理人员应该可以针对特定的项目需求调整或修改这些步骤以满足特定需求。

图 2.5 中的每个步骤采用前提条件、开展工作和产生结果的三段式进行描述。其中，前提条件是开展给定步骤工作需要满足的约束条件；开展工作是在给定步骤中需要完成的活动或任务；产生结果是给定步骤期望的输出产品。整个 ABMS 的开发与使用过程包括开发与使用两个大的阶段，每个阶段又包含了若干的活动。

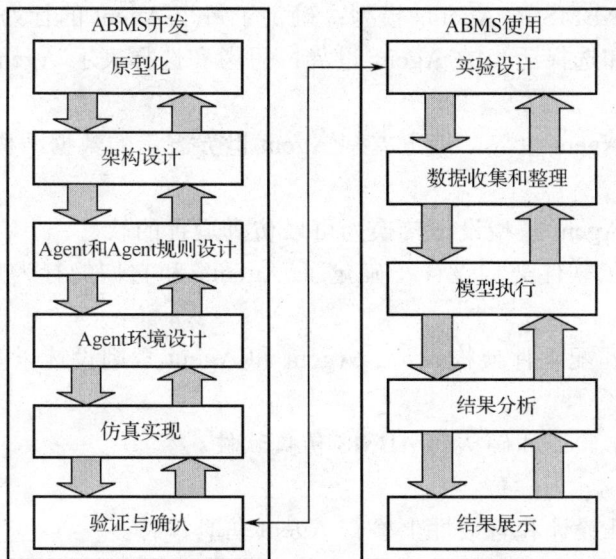

图 2.5　ABMS 的开发与使用过程

2.4.1　ABMS 开发过程

基于 Agent 模型的开发过程需要原型化、架构设计、Agent 和 Agent 规则设计、Agent 环境设计、仿真实现、验证与确认。当正确执行了上述步骤后，将会产生一个可用的 Agent 模型。

1．原型化

原型化主要分析多种 ABMS 解决方案。

前提条件：确定需要解决的潜在问题和领域。

开展工作：针对问题简要测试不同的 Agent 抽象方法；决定是否采用 ABMS，如果采用 ABMS，则选择一个相应的 Agent 抽象方法。

产生结果：如果采用 ABMS，则确定 Agent 抽象方法并进行初步或概要测试。

2．架构设计

软件架构设计定义了后续 Agent 模型实现的基础。

前提条件：确定 Agent 抽象方法并进行了概要测试。

开展工作：考虑和选择采用的 ABMS 工具、通用软件工具和硬件环境；思考和定义 Agent 模型的应用结构。

产生结果：确定 Agent 模型的实现工具；确定整个 Agent 仿真应用结构。

3．Agent 和 Agent 规则设计

Agent 和 Agent 规则设计主要确定 Agent 行为表示。

前提条件：确定 Agent 模型的实现工具；确定整个 Agent 仿真应用结构。

开展工作：思考和选择可能的 Agent 实体；思考和选择可能的 Agent 行为规则。

产生结果：确定 Agent 模型；确定每个 Agent 的行为规则。

4．Agent 环境设计

Agent 环境设计侧重于确定 Agent 世界。

前提条件：确定 ABMS 的 Agents 模型；确定了每个 Agent 的行为规则。

开展工作：思考和选择适当的 Agent 世界；思考和选择表示 Agent 世界的数据结构和算法。

产生结果：确定 Agent 世界；确定支持 Agent 世界表示的数据结构和算法。

5. 仿真实现

仿真实现主要将 Agent 模型设计转换为可以仿真运行的软件。

前提条件：确定了软件架构设计；确定了 Agents 和它们的行为规则；确定了 Agent 环境。

开展工作：编写匹配软件架构设计、Agent 和 Agent 规则设计以及 Agent 环境设计的软件。

产生结果：可用于验证和确认的 ABMS 仿真软件。

6. 验证与确认

验证与确认主要在设计和有效性上检查 Agent 仿真软件。

前提条件：可用于验证和确认的 ABMS 仿真软件。

开展工作：测试 ABMS 软件，确保软件与模型设计一致（验证）；测试 ABMS 软件，确保软件与感兴趣的真实问题一致（确认）。

产生结果：ABMS 软件被验证与设计一致；ABMS 软件被确认与感兴趣的真实问题一致；可用于实验的 ABMS 仿真软件。

2.4.2 ABMS 使用过程

正确验证和确认了 Agent 仿真模型之后就可以开始使用 Agent 仿真软件了。该阶段主要针对问题完成实验设计，收集和处理模型所需要的输入数据；最后是结果分析和结果展示。如前所述，这些步骤经常会并行和迭代执行。这里为描述清晰，采用串行方式描述。

1. 实验设计

实验设计提出一个可回答的问题并定义了回答问题的方法。

前提条件：确定需要解决的潜在问题；解决这些问题的 ABMS 仿真软件已经通过了验证和确认。

开展工作：精炼问题，直到这些问题可以采用可用的工具进行有效的回答；建立采用 ABMS 仿真软件解决所提问题的计划。

产生结果：定义了回答的问题；确定了采用 ABMS 仿真软件解决所提问题的计划。

2. 数据收集和整理

数据收集和整理工作主要是为模型执行提供所需要的输入。

前提条件：定义了回答的问题；确定了采用 ABMS 仿真软件解决所提问题的计划。

开展工作：收集计划确定的数据；清洁收集的数据确保它至少满足实验设计所需的精度；格式化收集的数据以保证与 ABMS 输入需求一致。

产生结果：准备好 Agent 模型执行所需的数据。

3. 模型执行

模型执行主要根据输入产生输出结果。

前提条件：定义了回答的问题；验证和确认 ABMS 仿真软件是可用的；确定了解决问

题的计划；所需质量的原始数据可用。

开展工作：执行模型，一般可能根据实验设计需要多批量运行。

产生结果：产生了可用于实验分析的原始 ABMS 输出结果。

4．结果分析

结果分析将原始输出结果转换为有意义的信息。

前提条件：定义了回答的问题；确定了使用原始 ABMS 输出解决所提问题的计划；用于分析的原始 ABMS 输出数据可用。

开展工作：专业的分析人员根据实验设计处理和判断原始输出数据；将专业分析结论形成报告。

产生结果：基于 ABMS 运行形成可用的洞察和结论；确定洞察和结论中存在的限制；形成分析报告。

5．结果展示

有效地展示 ABMS 结果将会使模型输出对决策者更加有用。

前提条件：基于 ABMS 运行形成可用的认识和结论；确定认识和结论中存在的限制。

开展工作：将源于 ABMS 工作的认识和结论以及限制有效地转换为报告和展示。

产生结果：相应的决策者理解源于 ABMS 工作的认识和结论以及已知的限制。

2.5 基于 ABMS 的体系效能仿真开发与应用过程

2.4 节介绍了一般的 ABMS 仿真开发过程，体系的复杂性要求基于 ABMS 的体系效能仿真还应关注以下需求：

- 定量分析：应基于可度量的量化特征比较分析不同的体系方案，限制主观判断的影响和偏差。
- 可追溯性：确定体系发生显著变化的原因和敏感因素，支持体系方案的分析与评价。
- 灵活性：能够对体系概念进行抽象和一般化，使得体系计算实验可以快速应对新的体系评估与分析问题，满足体系能力演化发展的需要。
- 可重用性：体系效能仿真实验环境能够适应不同体系的效能评估或在不同的问题背景下研究同一体系问题。
- 敏捷性：能够在合理的时间要求下完成体系效能仿真实验，满足体系的规划和计划需求。
- 可支付性：不需要大量的人力和物力即可产生合理的结果。
- 简单性：仿真实验过程尽量避免复杂化，促进体系效能仿真实验的可用型。

在体系背景下采用传统的、以系统为中心的分析方法面临大量挑战，例如：子系统的独立性、子系统之间的相互依赖性、系统发展演化过程中系统边界的模糊性和不确定性、体系作战行动的复杂性和缺乏体系层次的工程化模型等。上述的 ABMS 仿真开发与应用过程为体系效能仿真实验提供了一个基于 ABMS 的仿真计算参考过程。另外，根据体系仿真分析的层次和范围，还可以确定以下的体系计算实验需求：

（1）在体系计算实验的范围和层次上，应该面向已有和未来的装备体系分析需求，不能仅针对某个体系问题或体系概念建立不同的体系仿真框架，应针对体系层次的能力分析，从体系的作战概念和作战行为出发，基于通用的作战能力指标和交互关系抽象作战实体模型，保证体系模型框架在物理域、信息域、认知域、组织域抽象和建模上的一般性，便于针对不同的体系分析问题能够从体系层次上调整模型，提高应用分析的敏捷性和灵活性。另外，统一的体系概念框架可以保证体系实验分析的继承性、简单性和易用性。

（2）应从体系层面把握体系中复杂的作战实体、环境和交互关系。装备体系包含大量的变量和元素，这些元素之间具有丰富的交互关系和松耦合特征的动态交互。在作战体系中，一般将作战实体和武器看成体系元素，将探测、通信和交战关系作为体系的交互关系，同时这些交互关系和实体行为会受到作战环境的影响，因此需要在体系计算实验中针对作战体系的特点进行建模，能够表现出作战体系的进化性和涌现性。

（3）在体系的行为表示方面，体系计算实验应反映网络化作战的特点。作战体系中的子系统或实体会有目的地追求不同的目标，作战实体具有自治性，而且不同作战实体行为决策必须基于局部信息进行决策。这种行为的局部化以及实体行为的差异性是体系复杂性涌现的基础。为此，体系计算实验中的作战实体行为必须满足可变性要求，便于体系分析人员根据不同的分析需求快速组合建立不同的实体行为，从而表现出行为影响或干预所导致的不同体系作战效果。

（4）在仿真模型的可组合方面，应在统一的体系计算实验框架下开发可组合的仿真模型规范、行为组合方法、可重用的仿真模型组件和仿真模型框架。分析人员在可组合仿真框架的支持下可以根据体系计算实验需求快速建立面向不同体系计算实验应用的仿真应用模型，支持快速的体系仿真模型开发和实验评估应用，保证体系分析的可支付性和敏捷性。

（5）在仿真的开发与使用方面，体系计算实验可以借鉴ABMS仿真开发与应用过程将体系计算实验平台开发与体系计算实验应用进行区分。分析人员可以在体系计算实验平台开发的基础上组合不同的作战实体模型和行为模型，开发面向特定体系问题的仿真应用；另外，体系计算实验应基于战果数据进行效能评估，通过反映体系能力的战果数据表现作战体系行为的概率特征和不确定性。

（6）面向体系计算实验的实验设计。当前的体系计算实验一般针对体系方案和作战想定进行实验设计，计算不同实验设计点的作战效果。这种方法有利于不同实验方案的对比分析。然而，当探索最佳的体系方案时，需要在更广泛的体系方案空间中进行实验和筛选。如果采用人工仿真运行配置则大大增加仿真实验工作的复杂度。为此，可以在仿真运行调度上增加计算实验的自动控制选项，将计算实验与不同的优化方法结合起来，在仿真计算过程中能够发现满足优化目标的体系方案，实现自动化的体系计算实验。

（7）基于ABMS的大规模计算。基于ABMS的体系探索性分析需要大规模的计算实验，同时规模较大的体系计算实验也需要较大的计算量。例如，假设每次仿真运行时间为2min，如果需要进行27个方案设计点实验，每次蒙特卡罗仿真实验100次，则需要运行5400min，即90h的计算时间。因此，将来可以采用并行分布式计算方法支持基于ABMS的体系仿真实验，缩短仿真实验的时间，有利于大规模的体系方案的探索性分析。随着多核计算机技术以及高速网络的迅猛发展，基于ABMS的大规模体系效能计算实验将成为可能。

2.5.1　体系效能仿真开发过程

体系效能仿真开发过程为不同的体系效能评估应用提供应用模型开发平台，支持用户选择和组合作战实体 Agent 模型、定义环境对象和交互数据，能快速地根据体系效能评估需求形成可实验的体系仿真应用。体系效能仿真开发过程包括体系作战概念模型分析、体系模型框架设计和仿真模型框架开发三个阶段，开发过程如图 2.6 所示。

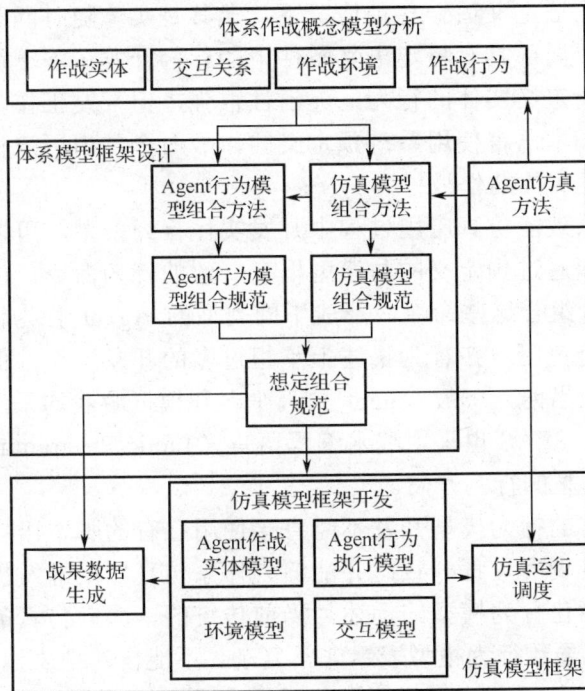

图 2.6　体系效能仿真开发过程

1．体系作战概念模型分析

体系作战概念模型分析是在 Agent 仿真方法的指导下对体系作战概念模型中的实体、对象、环境和交互关系进行分析，针对体系层次的分析需求，基于统一的作战能力指标和交互关系对体系中涉及的对象、作战过程、行为关系和环境要素进行抽象，保证建立的体系模型在物理域、信息域、认知域、组织域抽象的一般性，指导后续的体系模型框架和仿真框架开发。

2．体系模型框架设计

体系模型框架设计主要根据体系概念模型中涉及的实体、关系、行为和环境要素，参照模型设计方法设计可组合的体系模型规范。其中包括体系仿真模型的组合方法、行为模型组合方法、仿真模型组合规范、行为模型组合规范开发、想定组合规范的研究，指导用户如何根据仿真模型组件组合形成体系效能仿真应用。

体系仿真模型组合方法研究如何合理地抽象体系作战概念模型中的实体、对象、环境和交互关系。其中包括哪些实体可以作为 Agent 模型，哪些对象作为 Agent 模型中可以包含的组件，Agent 模型的类型和组成结构如何，Agent 之间是否有组合关系以及 Agent 之间的交互关系如何定义等。通过研究基于 Agent 的体系仿真模型组合方法，可以确定将来仿真应用开发时分析人员如何利用已有的 Agent 模型组件组合形成面向体系分析的 Agent 仿真应用，形成相应 Agent 仿真模型的元模型，进而使用户可以根据元模型组合规范形成不同的体系分析仿真应用。

在建立面向体系的仿真应用时，必然涉及特定的作战行为表示。在仿真模型开发时一般无法准确描述所有的作战实体行为，但可以为用户提供快速的行为模型开发方法。行为模型开发方法主要包括基于规则、基于行为语言、基于编程语言的三种开发方法。基于规则方法的主要缺陷是无法定义适合各种情况下，尤其是实体随时间和态势进行动态决策的规则，所以一般应用于局部具有特定语义条件下的行为开发；基于编程语言方法要求用户针对每个应用完全重新定义实体的行为，灵活性很强，但开发工作量和难度较大；基于行为语言方法主要采用脚本语言使用系统预定义的作战命令，由用户根据想定和作战任务需要组合这些命令，描述实体的作战行为。

为便于用户在体系效能仿真应用过程中开发实体行为模型，可以采用基于行为语言的行为模型开发方法，即通过预定义的与模型框架一致的行为命令，由用户根据问题需要采用脚本编程的方法自行组合这些命令，形成不同类型的 Agent 行为模型，这样既发挥了编程语言的灵活性，又避免用户在行为描述上承担过多的开发工作，保证体系仿真应用在行为描述上的可扩展性。当前，一般 Agent 仿真平台和模拟游戏均采用这样的方法支持行为模型开发，前面介绍的 SEAS 也采用战术编程语言（Tactic Programming Language，TPL）支持 Agent 作战实体模型的行为开发。

一般基于行为语言的行为模型开发不能直接使用已有的脚本语言进行扩展。因为行为模型的描述必须与仿真调度过程一致，并能够为体系仿真应用开发提供内置的、丰富的行为命令集，同时还要简化行为模型的描述。当前传统的、面向仿真的决策建模必须响应仿真过程中的很多事件，导致行为模型表示非常复杂，不能自然地表示实体行为的决策过程。因此，在基于 ABMS 的体系仿真中需要在体系概念模型基础上归纳相关的行为命令，研究既与仿真调度一致，又能够支持表达能力强的行为建模方法。这些方法最终可以为用户提供支持体系仿真应用开发的 Agent 行为组合规范。

仿真模型组合规范和 Agent 行为组合规范可以形成面向仿真应用开发的仿真想定组合规范。用户通过想定开发工具开发符合想定组合规范的体系仿真应用模型，通过仿真模型框架支持应用模型的计算，产生相应的体系仿真结果数据。

3. 仿真模型框架开发

根据想定组合规范可以开发支持体系仿真应用模拟计算的仿真模型框架，它驱动体系仿真应用进行模拟计算，产生体系对抗仿真的作战结果数据。体系仿真模型框架需要研究和开发与仿真想定组合规范一致的仿真运行调度组件，相应的作战实体 Agent 模型、Agent 实体行为执行模型、环境计算模型、Agent 实体交互计算模型、战果数据生成组件等。

2.5.2 体系效能仿真应用过程

体系效能仿真应用过程是基于体系效能仿真开发过程的体系应用开发过程，该过程主要包括体系问题分析和实验准备阶段、体系效能仿真应用模型开发阶段、仿真实验与效能评估阶段。体系效能仿真应用过程如图 2.7 所示。

1. 体系问题分析和实验准备

体系分析人员在进行体系效能仿真分析前，需要根据体系研究的问题进行威胁环境定义和作战概念开发，以形成需要研究的体系方案和作战背景。这些体系方案可以通过体系结构定义明确体系中包含的作战实体和装备；作战背景则是可以用于评估体系方案是否满足作战需求的作战想定。一般在通过定量方法进行体系结构方案评估时，需要针对体系结构中装备和作战实体进行数量和配比关系的调整，观察不同装备数量和结构关系在作战想定中表现的作战效果，以说明不同装备体系方案响应威胁和满足作战需求的能力。

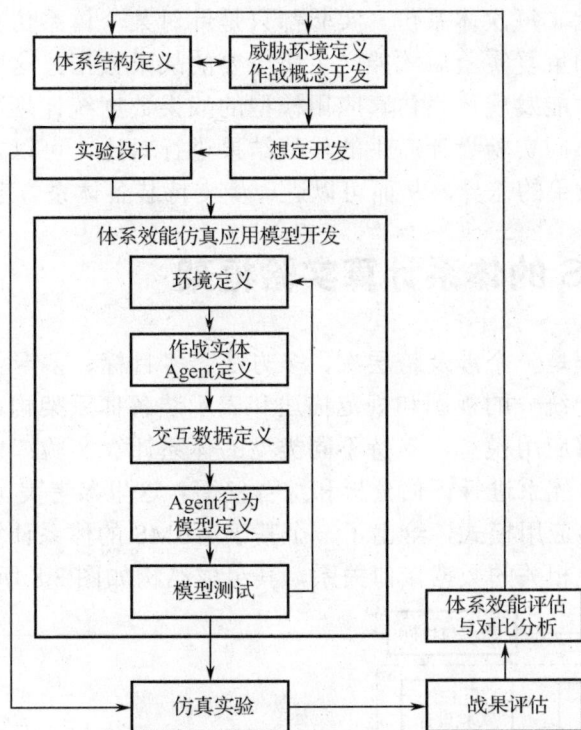

图 2.7　体系效能仿真应用过程

　　针对不同体系方案和想定的仿真实验需要通过实验设计进行统一规划。通过实验设计可以明确需要对哪些装备体系结构方案和作战想定进行仿真实验，每次实验过程中需要调整哪些装备参数和装备数量，在仿真运行过程中需要采集哪些战果数据等。通过实验设计的支持，可以进一步指导体系仿真应用模型的开发和最终的体系仿真实验。

2. 体系效能仿真应用模型开发

　　在实验设计和作战想定明确后，可以在体系模型框架支持下开发符合仿真想定组合规范的体系仿真应用模型。根据ABMS模型设计方法，其中主要包括环境定义、作战实体Agent定义、交互数据定义、Agent行为模型定义、模型测试几个阶段。这里采用"定义"一词主要是说明分析人员开发应用模型时的易用性和可组合性，要求体系仿真模型开发平台能够通过自动化的想定和模型开发工具辅助分析人员定义和组合相关的环境对象、Agent实体模型、行为模型和交互数据，提高体系仿真应用模型开发的效率和正确性。

　　分析人员开发完成模型后需要通过模型测试验证所建立的模型是否符合作战想定和实验设计要求。模型测试可以基于模型运行跟踪和可视化的作战过程显示考察仿真模型的正确性。模型运行跟踪可以发现 Agent 行为模型执行逻辑的正确性；而作战过程显示则可以通过直观的过程快速发现仿真模型中存在的问题。如果模型测试过程中发现模型存在问题，则需要根据作战想定和实验设计调整和修改模型的数据定义、组合关系和作战行为模型。

3. 仿真实验与效能评估

仿真实验与效能评估主要包括仿真实验、战果评估、体系效能评估与对比分析三个阶段。由于体系仿真一般采用 MOP 和 MOE 数据支持模型计算，其中必然涉及批量的蒙特卡洛仿真实验问题。因此，每次体系仿真实验都只是针对某个体系仿真应用模型的一次实验样本，只有进行大量的重复实验后才能产生所需要的战果数据。这些战果数据需要在通过战果评估进行统计后才能发现体系仿真应用模型的战果数据统计规律。体系效能评估与对比分析阶段则将针对不同实验设计产生的作战结果进行对比，可以发现不同体系结构方案在应对威胁时的作战效果的差异，从而可以进一步支持装备体系方案的量化分析。

2.6 基于 ABMS 的体系计算实验框架

体系计算实验过程是一个涉及跨层次、多方法、多目标、多专业的工作过程，需要在不同的工作过程中基于统一的视图和规范描述和表示装备体系架构；采用可组合的 Agent 方法快速构建体系计算应用模型，支持不同类型的体系计算实验；采用定性与定量相结合的不同系统评价方法对体系进行评估分析和综合权衡。这里参考美国海军研究生院 SEEDS 中心的体系探索性实验应用模式，给出了一个基于 ABMS 的体系计算实验框架，确定了其中包含的主要子系统及相关的数据接口关系，其组成结构如图 2.8 所示。

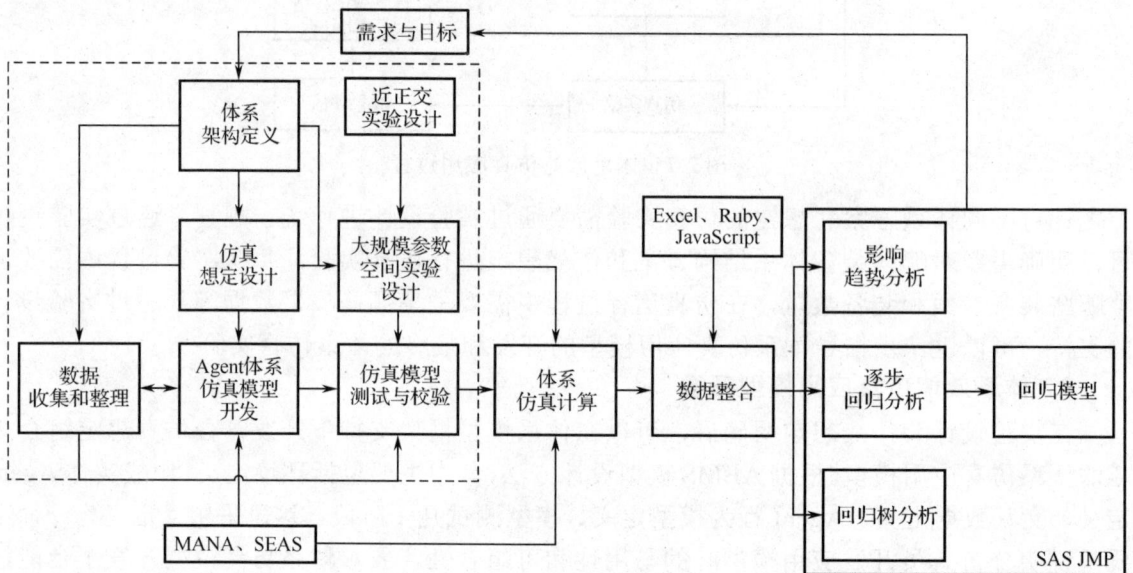

图 2.8 基于 ABMS 的体系计算实验框架

基于 ABMS 的体系计算实验主要集中于体系架构定义、仿真想定设计、大规模参数空间实验设计、Agent 体系仿真模型开发、仿真模型测试和校验、体系仿真计算、数据整合、实验分析等阶段。其中，虚线框定义的工作属于体系计算实验准备工作的内容，为体系计算实验提供准备数据。

我们可以参考前面 ABMS 仿真开发与应用过程，将每个步骤按照前提条件、开展工作、应用工具、输出产品和简要说明的规范方法进行描述。这里增加"应用工具"是为了确保相关工作开展的规范性和可用性。

2.6.1 体系架构定义

（1）前提条件：明确相关的作战需求分析、体系作战概念、面临的军事威胁以及参照的军事作战想定。

（2）开展工作：设计需要评估的装备体系架构方案，确定需要进行实验的体系架构的相关结构参数和配置，形成反映体系结构特点的、用于体系效能评估的体系结构特征信息，支持后续的体系计算实验和评估分析。

（3）输出产品：装备体系架构方案报告。

（4）应用工具：UML 或 DoDAF 标准。

（5）简要说明：在体系计算实验准备过程中，可以采用统一的体系架构建模标准 DoDAF（DoD Architecture Framework）对装备体系进行描述和表示，保证需求分析、体系结构分析和作战过程分析的一致性。DoDAF 是一种体系架构描述标准，它为体系架构开发、表达和集成提供了公共的表示方法。DoDAF 来源于 C^4ISR 架构框架标准，该规范把对产品要素和适用范围从初始的指挥、控制等信息装备描述扩展到对 DoD 领域内在研、在役以及尚处于概念阶段的所有装备描述。其中规定了武器系统设计中必须遵循的描述规范，通过统一的建模语言、产品名称、产品内容、数据单元和数据模型防止体系设计中因不同描述所造成的错误理解和重复建设。

DoDAF 定义了 3 种主要视图和 26 类产品。DoDAF 产品视图提供了 3 种定义武器装备架构不同侧面的手段，其重点在于建立 3 种视图的关联关系，确保实体对象的表达并支持对系统能力的分析。作战视图为对完成 DoD 使命的任务、活动、作战元素及信息交换的功能描述。系统视图描述支持 DoD 作战功能的子系统和连接关系，它将作战视图的信息与系统资源关联起来。技术视图是指导作战系统部件及部件元素构造、交互、依赖性规则的一组最小规则集合，其目标是确保系统的一致性，满足特定技术和标准的互操作需求。

2.6.2 仿真想定设计

（1）前提条件：明确相关的作战需求分析、体系作战概念、面临的军事威胁、参照的军事作战想定和装备体系架构方案。

（2）开展工作：一般由军事人员根据体系研究问题确定不同体系架构下的作战背景、作战方、作战兵力、作战实体、战场环境以及需要执行的作战使命和作战行动。

（3）输出产品：仿真想定报告。

（4）应用工具：军事想定开发工具、战术标图工具等。

（5）简要说明：略。

2.6.3 体系实验设计

（1）前提条件：装备体系架构方案和仿真想定报告。

（2）开展工作：通过体系实验设计确定需要进行实验的体系架构的相关结构参数和设置。实验设计对应于体系计算实验中影响因素的可变性分析。这些影响因素包括装备性能、体系结构、交互关系、装备数量等因素。体系实验设计需要确定这些试验因子及其变化规律，明确试验的终止方式和运行次数。另外，在体系实验设计阶段还需要明确体系效能评估指标，建立试验指标与模型响应的关联，仿真实验时依据实验设计方案进行仿真/试验并收集试验数据。

（3）输出产品：实验设计方案和体系效能指标。

（4）应用工具：JMP 实验设计工具、NOLHs 等。

（5）简要说明：实验设计方法有很多类型，如"蒙特卡洛法"、"正交设计法"、"均匀设计法"、"析因设计法"以及"自由设计法"等；设立试验因子主要是确定体系计算实验中关心的影响因素（确定性和随机性），确定其对体系效能或能力影响的显著性、相关性等；试验响应设计主要是确定需要在试验中采集的反映体系效能指标的试验结果数据，建立体系效能指标与试验结果变量的关联关系，明确试验结果变量的数据记录内容和每组试验内部的试验次数。

由于体系计算实验需要对大量的影响因素进行探索性分析，其中设计的实验因子可能较多，如果进行参数空间的完全探索将会耗费大量计算时间。近似正交拉丁超立方（NOLHs）实验设计方法和相关工具，可以采用尽量少的实验设计点设计正交性较好的实验空间，大大减少了体系计算实验的计算量。

体系实验设计主要关注两种类型的影响因素：可控和不可控。可控实验因素是指那些决策者在现实世界中对其有控制权的因素，可以是新开发的或直接使用的影响因素。可控实验因素一般属于我方体系结构中需要探索的可变化因素，这些因素可能包括飞机的速度、武器的数量、传感器范围等。很多时候，可控因素也被称为决策变量或决策因素。虽然对不可控的因素也可以在仿真中进行控制，但不能在现实世界中进行控制。一般不可控实验因素属于敌方体系中的未知因素，需要进行不同的假定和设置，这些因素可能包括敌人的数量、速度、传感器范围、武器性能等，或是环境因素如风速和云量等。通常，这些因素被称为噪声变量或不可控变量。图 2.9 中给出了一个面向航母无人机装备体系分析的实验设计的正交性空间分割图。

2.6.4　数据收集和整理

（1）前提条件：装备体系架构方案、仿真想定报告、Agent 仿真模型。

（2）开展工作：针对当前装备体系架构方案、仿真想定报告、Agent 仿真模型中确定的装备、战场环境和模型参数确定数据收集计划，收集相关装备的 MOP 和 MOE 数据以及战场环境数据，并需要相关的装备或军事人员进行数据验证或估算，最后将这些数据进行格式化以保证与 Agent 仿真模型的输入需求一致。

（3）输出产品：装备数据表格或数据文件。

（4）应用工具：输入数据的来源，模型的抽象和假设都非常重要。这些原始数据在建模过程中一般会占据很大比例的时间。由于保密原因，多种非保密途径是获得这些数据的一个有效途径，如各类地理信息系统、《简氏防务周刊》、美国科学家联合会、全球安全非营利性组织、各种武器装备系统的网站等。

（5）简要说明：数据收集和整理与 Agent 仿真模型开发一般可以并行开展，在 Agent 仿真模型未设计完成时，也可以根据已有的装备体系架构方案、仿真想定报告初步确定数据收集计划。

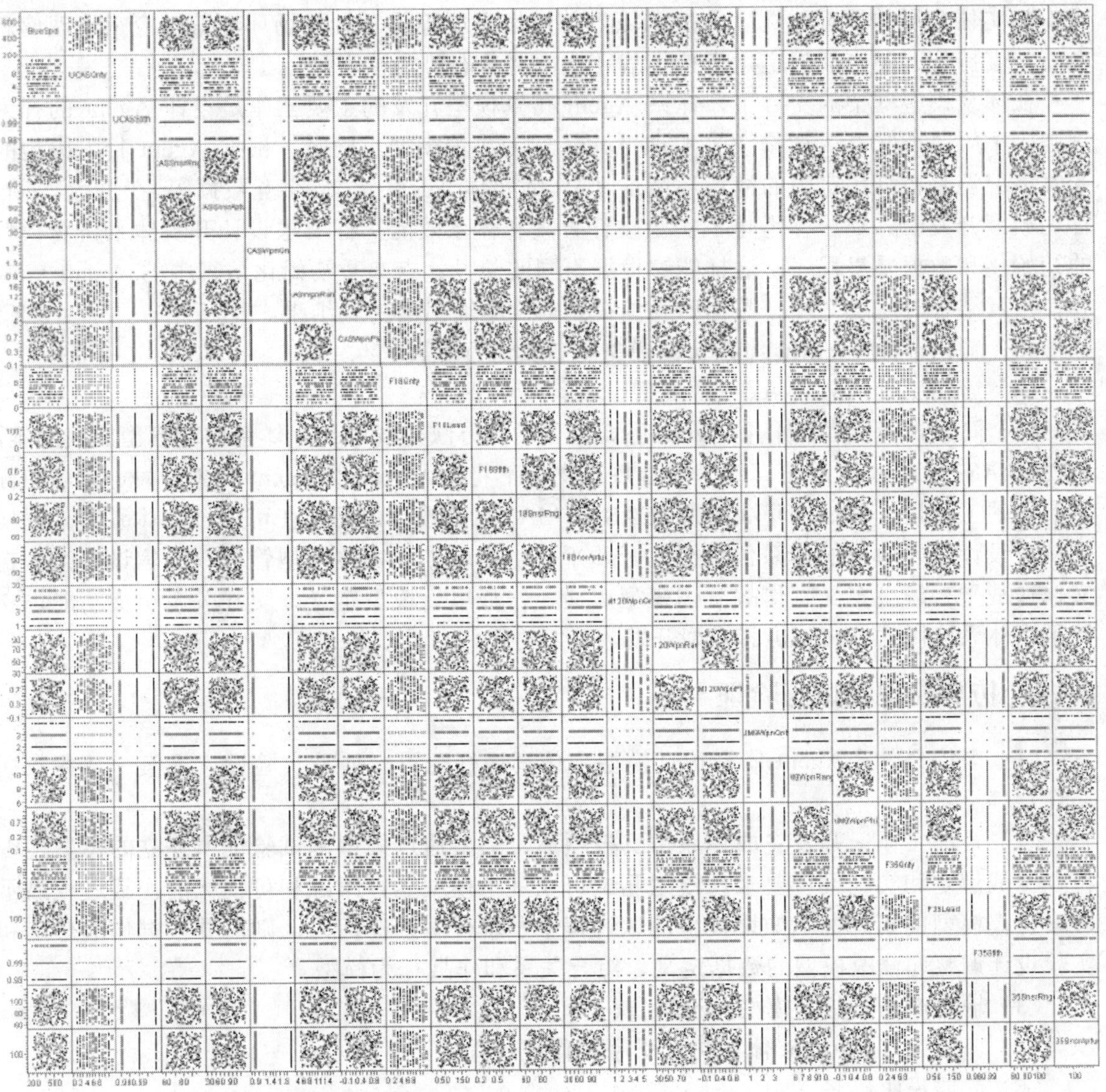

图 2.9　面向航母无人机装备体系分析的实验设计的正交性空间分割图

2.6.5　Agent 体系仿真模型开发

（1）前提条件：装备体系架构方案、仿真想定报告、体系实验设计方案和体系效能指标。

（2）开展工作：Agent 体系仿真模型开发需要采用 ABMS 仿真模型设计方法开发 Agent 仿真模型，主要分为发现和识别 Agent、Agent 交互关系与环境定义、Agent 行为表示、Agent 模型定义几个阶段。Agent 体系仿真模型可以在 2.5.1 节的体系效能仿真模型开发的基础上，应用体系模型框架和体系模型组合规范开发作战实体和作战单元 Agent 模型、传感器、武器系统和通信设备组件，定义和编辑与仿真想定一致的战场环境对象、作战方、作战兵力和交互数据。

战场环境编辑可以依据仿真模型组合规范设置、修改体系对抗仿真中的作战时间、不同作战实体公用的地理位置、作战区域内的自然环境等信息。战场环境编辑应在地理信息系统的支持下开发作战想定，支持作战环境部署后态势的直观显示。

在体系模型框架的支持下，体系 Agent 仿真模型开发的主要工作是设计 Agent 的行为规则，采用 Agent 行为建模语言实现 Agent 行为决策模型。同时，根据 Agent 行为模型的开发情况调整仿真想定中的战场环境定义、作战实体 Agent 定义、交互数据等。在进行 Agent 行为模型开发时，还应参考体系实验设计方案和体系效能指标要求设计开发体系仿真模型的初始化和数据采集程序，这样能够根据不同实验设计点参数初始化仿真中的 Agent 参数并在仿真结束时通过文件、数据库等保存当前实验输出的仿真结果。

（3）输出产品：Agent 体系仿真模型和仿真运行配置。

（4）应用工具：MANA、SEAS 等。

（5）简要说明：直接采用 Agent 仿真模型设计方法开发 Agent 体系仿真模型比较困难，但在 SEAS 或 MANA 的仿真模型组合规范支持下将会大大减少 Agent 对象开发、组合和行为实现的工作量。为此，可以参照 SEAS 或 MANA 的设计思想，在可组合的体系模型框架支持下设计开发通用的体系仿真模型开发平台，实现作战实体模型管理、通信设备组件定义、作战平台模型定义、作战实体模型定义、作战单元模型定义、交互关系定义功能，支持不同体系应用的 Agent 仿真模型开发。

2.6.6 仿真模型测试与验证

（1）前提条件：Agent 体系仿真模型、仿真运行配置、体系实验设计方案、装备数据文件。

（2）开展工作：开发完成体系仿真模型后，需要通过模型测试验证所建立的模型是否符合作战想定和实验设计要求。模型测试可以基于模型运行跟踪和可视化的作战过程显示考察仿真模型的正确性。如果模型测试过程中发现模型存在问题，则需要根据作战想定和实验设计调整和修改模型的数据定义、组合关系和作战行为模型。

（3）输出产品：仿真模型测试报告。

（4）应用工具：Agent 体系仿真引擎、作战过程显示工具。

（5）简要说明：略。

2.6.7 体系仿真计算

（1）前提条件：Agent 体系仿真模型、仿真运行配置、体系实验设计方案、装备数据文件。

（2）开展工作：体系仿真计算涉及大量的仿真实体以及复杂的交互关系，要求仿真引擎能够模拟各作战实体 Agent 的行为，协调 Agent 之间的交互过程。仿真引擎应支持仿真运行配置、模型运行调度、仿真数据采集、仿真运行控制等。仿真运行配置主要设置每个想定仿真试验的最大运行时间、运行步长、仿真运行次数、仿真运行跟踪选项、仿真结果输出选项、仿真运行效率（是实时仿真还是超实时仿真）以及是否需要进行仿真表现等。

仿真引擎读取仿真想定数据，依据仿真模型框架产生 Agent 模型实例和对象，在内存中建立体系模型的模型实例树，并进行模型实例和环境的初始化工作。仿真运行时，仿真引擎基于性能效能数据、环境数据和作战实体的作战行为，根据仿真运行配置确定的仿真步长调度 Agent 仿真模型组件，计算作战实体的移动和决策行为以及作战实体之间的通信行为，调用仿真数据采集功能产生仿真结果数据，发布作战过程显示的 Agent 状态数据，并按照仿真终止时刻结束仿真。

仿真数据采集按照仿真运行配置的数据采集设置收集作战实体的信息处理、信息传递和信息共享状态等数据，将其保存于仿真结果文件中。仿真运行控制可以按照仿真运行配置确定的重复运行次数调用模型运行管理功能进行多次仿真，并支持仿真运行过程中的启动、暂停、恢复、中止等交互控制等功能。

（3）输出产品：作战结果数据。

（4）应用工具：Agent 体系仿真引擎、作战过程显示工具。

（5）简要说明：略。

2.6.8　计算数据整合

（1）前提条件：作战结果数据、体系实验设计方案和体系效能指标。

（2）开展工作：计算数据整合根据仿真运行过程中保存的各类 Agent 模型状态、信息处理和信息共享等数据，提供结果数据的分析和评估功能，一般可以采用 Excel、Ruby、JavaScript 等进行灵活的数据筛选和处理工作。其主要内容包括：单次仿真战果统计、多次仿真战果统计和战果统计显示。单次仿真战果统计是指某个想定一次仿真运行产生的结果统计。对于一个想定，每次仿真运行结束后，仿真系统将根据不同的武器装备实体和战场目标产生相关的仿真结果。多次仿真运行结果统计是指某个想定经过多次仿真运行产生的结果统计。多次仿真运行结果统计需要在单次仿真结果评估的基础上综合评估某个想定条件下的战果数据，在多次运行产生的样本基础下获得具有一定置信水平的作战结果信息，为评价不同作战条件下的作战效能提供评估结果数据。

（3）输出产品：体系效能指标结果数据。

（4）应用工具：Excel、数据处理脚本等工具。

（5）简要说明：由于体系仿真采用 MOP 和 MOE 数据支持模型计算，其中必然涉及批量的蒙特卡洛仿真实验问题。因此，每次体系仿真实验都只是针对某个想定的一次实验，只有进行大量的重复实验后才能产生所需要的战果数据。这些战果数据需要通过计算数据整合才能发现体系的作战结果统计规律。

2.6.9　体系实验分析

（1）前提条件：体系实验设计方案和体系效能指标结果数据。

（2）开展工作：体系所具有的内在不确定性较之系统层要复杂得多，因此特别强调评估结果的可探索性。体系实验分析应强调综合采用多种评估方法，通过多种方法间的结果比对来提高评估结果的可信度。图 2.8 给出了美国海军研究生院 SEEDS 中心采用的主要分析方法，这些方法可以基于标准的 SAS JMP 统计工具进行应用。一般首先针对实验设计中不同实验设计点的统计结果采用逐步回归方法确定对实验结果影响较大的实验因子，然后建立面向这些实验因子的拟合回归模型，建立反映体系战术/技术配系方案与作战效果之间影响关系的因果模型。通过拟合回归模型可以进一步确定不同实验因子对不同战果的影响趋势。

（3）输出产品：分析图表和体系效能评估分析报告。

（4）应用工具：JMP、R 等统计工具。

（5）简要说明：由于拟合回归模型可能存在一定的误差和限制，在体系实验分析中还可以直接基于计算实验结果，采用回归树分析方法确定不同实验因子对作战效能影响的大小程度的取值区间关系。图 2.10 中给出了面向航母无人机装备体系分析的回归树分析。

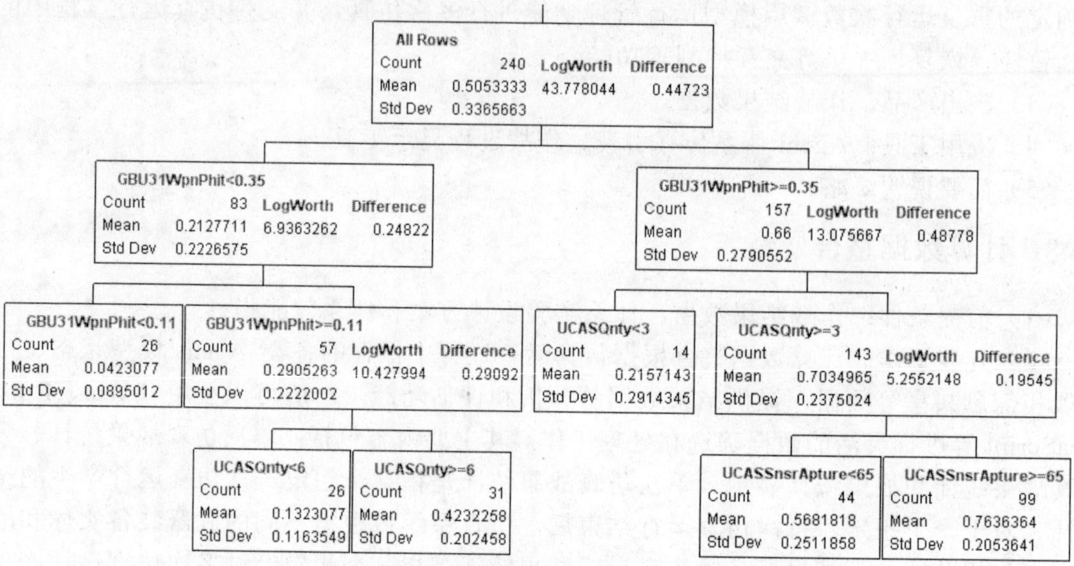

图 2.10　面向航母无人机装备体系分析的回归树分析

第3章 可组合的体系仿真模型框架

　　体系仿真模型框架是体系计算实验的核心。在基于 ABMS 的体系效能仿真开发过程中，我们需要通过体系作战概念分析明确其中需要包含的作战实体、环境、关系和行为等信息，从而形成支持体系计算实验的体系仿真模型框架和体系模型组合规范，指导 Agent 体系仿真模型开发环境和体系仿真引擎的设计与开发。

3.1 模型框架概述

3.1.1 Agent 层次结构

要想深刻、全面地理解信息化条件下的体系作战，必须从物理域（Physical Domain）、信息域（Information Domain）、认知域（Cognitive Domain）和社会域（Social Domain）四个域（简称为 PICS 领域）进行分析研究。物理域是敌对双方冲突发生的物理空间，它包含作战过程中涉及的所有客观元素，如战场自然环境、作战平台、作战人员以及双方作战行动等，客观真实性是物理域元素的本质特征。信息域是敌对双方冲突发生的信息空间，它包含所有与战场态势信息，以及与信息的创建、管理和共享相关的作战元素，如传感器网络、通信网络和信息处理网络等。信息域中的信息源自探测、通信，其未必与真实战场态势完全相符。认知域是敌对双方作战人员的思维空间，它包含作战人员的感知、理解以及在此基础上的共享态势感知、决策等认知元素。指挥人员的意图、条令、战术、技术和过程等也是认知域的重要元素。相比于物理域和信息域，认知域是无形的，认知域元素的属性极难刻画和评估，因为每一个个体的思维都是独特的。社会域是敌对双方兵力社会行为实施的空间，它由人类社会行为相关元素构成；社会域是作战人员之间进行交互、交换信息，形成共享感知和共享理解，并做出协同决策和实现作战行动自同步的场所之所在；它也是作战人员传达和保持信仰、价值观、文化等元素的处所。

由于装备体系中涉及的装备实体类型多、数量大，需要对这些实体的关系进行分类和抽象，以进一步形成体系模型框架。根据装备体系分析中作战装备之间的一般交互关系，作战体系应该可以表示层次化的作战实体组合关系，作战体系行为由作战实体装备性能、作战实体行为、作战实体交互关系所决定。

SEAS 模型框架包含了如图 3.1 所示的用户定义 Agent（实体）所组成的层次结构。

作战方包含了执行任务的作战兵力，作战兵力则指挥其中不同作战编制下的作战单元，而作战单元又由作战平台构成。这些作战实体构成了多层次的包含关系、通信关系、指挥关系和对抗关系。这些作战实体间的交互还依赖于其中包含的作战设备和环境的影响。在 SEAS 的 Agent 层次结构中，Agent 包含用户定义的可编程逻辑，其中定义了 Agent 的动作和行为；Agent 彼此间通过用户定义的传感器、武器、通信设备进行交互，并与环境发生相互作用，这些 Agent 能响应和适应战场空间中作战视图的变化。

分析人员可以在战术条令和作战行动过程指导下对 Agent 行为进行灵活编程（可以随作战时间设计其行为过程或进程），作战结果则源自于军事想定随时间变化过程中的 Agent 之间的大量交互。

3.1.2 蚂蚁 Agent 与 SEAS Agent

SEAS 中的 Agent 概念与传统 ABMS 中的 Agent 行为概念具有一定的相似性。例如，蚂蚁搜寻食物模拟属于典型的 Agent 仿真，该仿真算法还衍生出了经典的蚁群优化算法。蚂蚁搜寻食物仿真过程体现了源自于局部规则的自组织行为的涌现性，可以通过蚁群优化算法解决复杂的旅行销售员问题中的 N-P 完全问题，我们可以观察蚂蚁是如何通过局部规则解决这样的问题的。

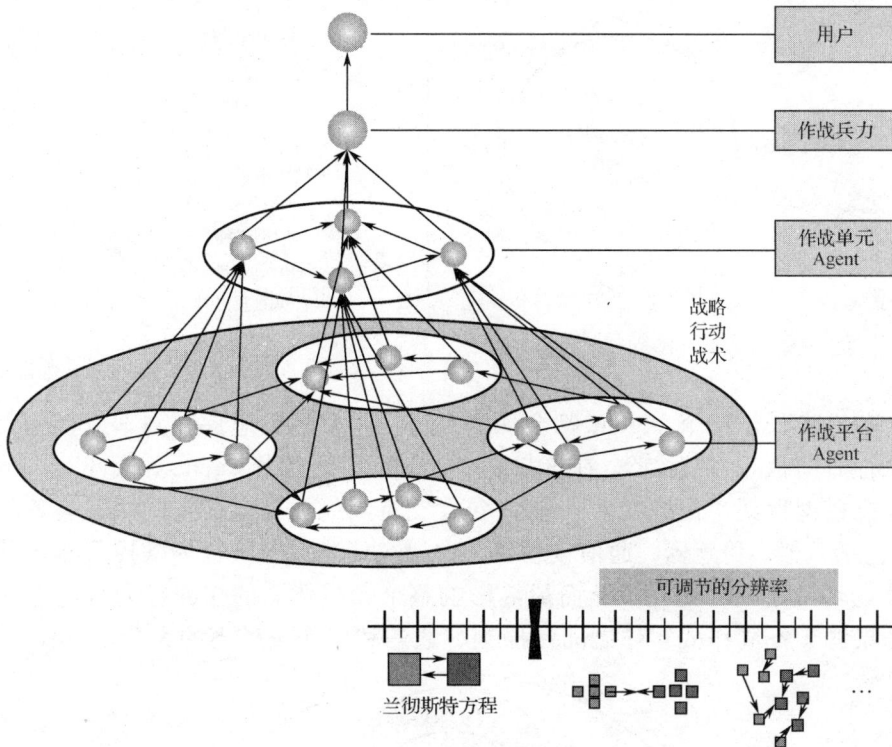

图 3.1 Agent 层次结构

参照军事作战中的作战实体行为，蚂蚁可以在行为中形成自己的 OODA（Observe，Orient，Decide，Act）回路。每只蚂蚁的行为过程如图 3.2 所示。

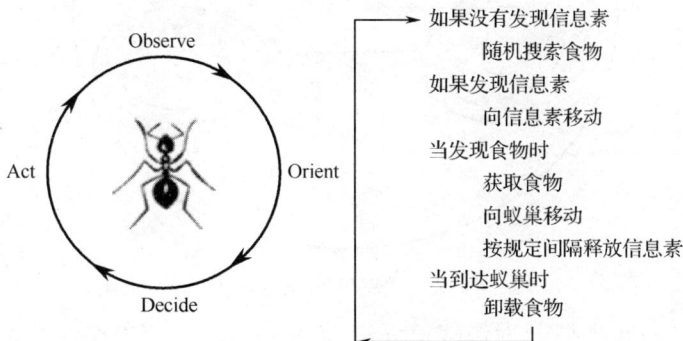

图 3.2 每只蚂蚁的行为过程

同样，一个作战实体 Agent，如装甲车也可以定义自己的 OODA 回路。该装甲车的行为过程如图 3.3 所示。

3.1.3 Agent 类型

SEAS 采用基于时间片（时间步长）的离散事件仿真方法。仿真运行时，在每个时间片（分析人员可以定义时间片长度，默认时间片为 1min），仿真引擎并行执行控制 Agent 行为的用户定义的战术编程语言脚本（Tactical Programming Language，TPL）。

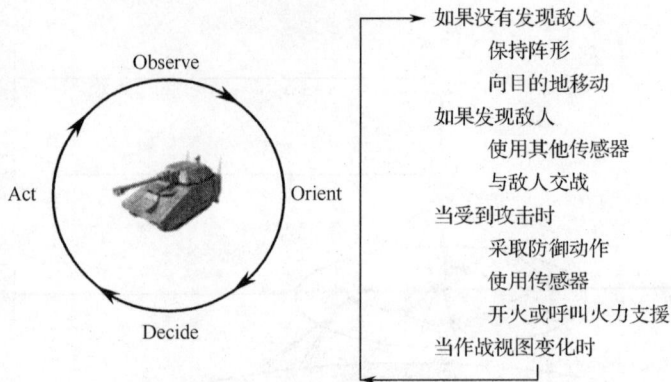

图 3.3　装甲车的行为过程

在每个仿真步长，每个 Agent 都会探测目标，将目标信息保存到本地目标列表中，并按照命令执行时间执行作战命令。在 SEAS 中，分析人员围绕 Agents、Devices、Environment 三类实体建立模型框架。作战实体 Agent 包含支持其完成作战任务的武器装备，这些装备（Devices）包括武器、传感器、通信设备等。作战实体通过决策行为操控武器装备与其他作战实体、战场环境之间的交互，从而最终影响整个作战体系的作战行为。随着作战时间推进，作战结果源于不同作战实体之间在探测、通信和毁伤条件下的大量交互作用。

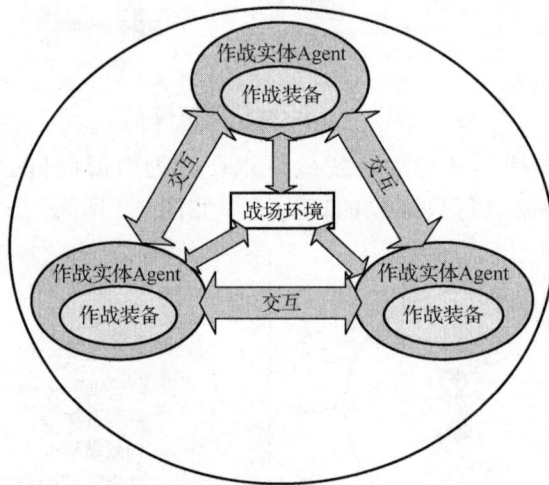

图 3.4　Agent 组成和交互

在 SEAS 中，Agent 类型分为作战单元以及地面实体、空中实体和空间实体三类平台，作战单元又可以组合子作战单元和平台。Devices 包括武器、传感器、通信设备三种类型；环境则包括时间事件、地理位置、地形、天气、白天/黑夜等。在 SEAS 仿真应用中，分析人员定义的 Agent 实体构成了一个具有响应和适应能力的层次化兵力结构，属于不同作战兵力的 Agent 层次结构间通过交互关系进行对抗。

3.1.4　Agent 自述

在 SEAS 中，一个 Agent 可能这样描述自己：

● 我是一个 Agent。

- 我能在环境中移动。
- 我能在环境中探测对象。
- 我能在环境中与其他 Agents 对话。
- 当我消耗资源时，还能获得更多资源。
- 我能杀伤其他 Agents。
- 我将按照上级给我的命令行动，除非本地编程脚本控制了这些命令。

你能对我进行脚本编程以表示顺从的或好斗的观察者、毁伤者甚至是其他 Agents 的领导者/控制者。

当我看到一个敌人或某些人告诉我一个敌人时，我会记住和预测他的位置直到目标信息失去时效。对我来说，跟踪敌人位置是重要的，因为我可能被命令执行以下行为：

（1）什么也不做。

（2）向敌人移动。

（3）远离敌人。

（4）告诉其他人有关敌人的信息。

（5）杀伤敌人或是上述行为的混合。

我也能自己决定执行这些行为或者为其他 Agent 提供类似的服务：告诉他们去哪里，告诉他们攻击什么目标等。

当我移动或射击时将使用资源，这些资源必须经过一段时间才能补充；资源耗尽时，我将不能移动或射击。

我基本上是一个相当好斗的家伙，如果我看到一个敌方 Agent 且处于武器攻击范围之内，我将试图打击该敌方 Agent，除非你告诉我不要进行交战。

3.1.5　Agent 结构

作战实体 Agent 除了需要表示物理域的组成结构外，还需要表示体系中的信息域和认知域行为，因此必须确定合理的作战实体结构，才能支持作战实体的 Agent 表示。

每个 SEAS Agent 对象结构如图 3.5 所示。

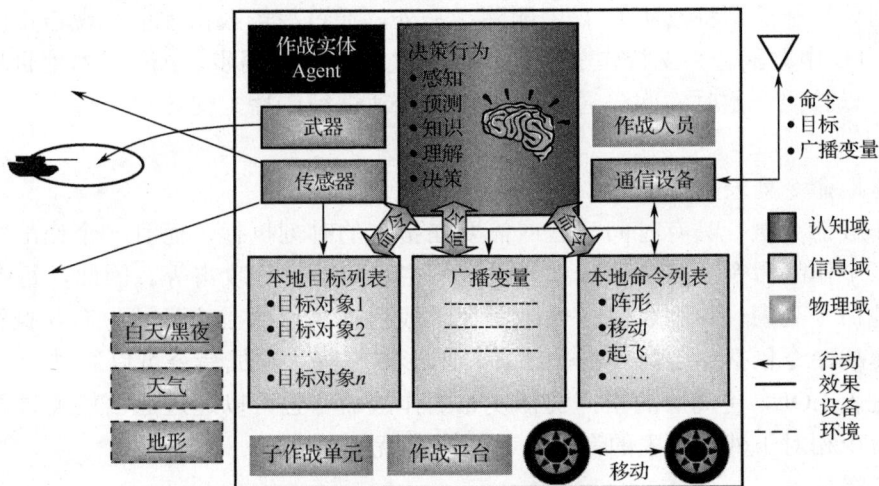

图 3.5　SEAS Agent 对象结构

作战实体 Agent 中的组件主要包括物理域组件、信息域组件和认知域组件。

1. 物理域组件

物理域组件包含武器、传感器、通信设备、子作战单元、作战平台等。这些组件大部分属于装备对象，为 Agent 提供移动、探测、通信和交战能力，代表了作战实体 Agent 的固有能力。

2. 信息域组件

信息域组件需要表示作战实体感知的态势信息。这些态势信息既包括面临的敌方威胁和己方作战实体，也包括需要执行的作战行动和战术协作信息。为此，作战实体 Agent 中的信息域组件主要包括本地目标列表、广播变量和本地命令列表。

在每个 Agent 对象中存在可用于 Agent 行为和交互的四个信息域概念：

- 本地目标列表（Local Target List，LTL）。
- 本地命令列表（Local Orders List，LOL）。
- 广播变量（Broadcast Variables）。
- 目标交互范围（Target Interaction Range，TIR）。

（1）本地目标列表（LTL）

每个 Agent 维护一个本地目标列表，其中包含该 Agent 感知的所有敌方 Agent 的目标信息。本地目标列表构成了 Agent 在信息域中所感知的战场视图。在实际作战过程中，作战实体不会预先知道敌我双方的态势信息，只能通过传感器探测敌方目标信息或通过通信设备接收其他作战实体发送的目标信息，因此在作战实体 Agent 中可以通过本地目标列表动态存储所感知的目标信息，这些目标信息依据探测的传感器性能包含一定的探测误差，而且随作战过程的推进不断地更新。

敌方 Agent 的目标信息通过以下途径进入 LTL：

- Agent 本地传感器探测。
- 通过通信信道获得目标探测信息。

在默认情况下，SEAS 在 LTL 中采用不同信息融合方法管理不同来源的目标探测信息。如果在 Agent 的"threatHold"属性确定的时间内，敌方目标信息没有通过上述两种方法进行更新，则该目标信息将被从 LTL 中删除；另外，通过战场毁伤评估发现被击毁的敌方目标也被从 LTL 中删除。为支持作战实体 Agent 之间的作战同步，Agent 本地目标列表中的目标信息可以按照一定时间间隔通过通信设备自动进行广播，支持整个体系中的目标信息更新。

（2）本地命令列表（LOL）

由于作战命令执行具有时间延迟或需要在指定的时刻执行，而且一个作战实体也可能同时执行多个作战命令，如 Agent 在行进过程中对目标进行攻击等。因此，每个 Agent 维护一个本地命令列表，该列表包含一个命令堆栈用于执行所在信息域中需要执行的作战命令。这些作战命令包括移动、攻击、部署、阵形调整等。作战命令可以通过 Agent 本地的 TPL 行为进入 LOL，更高层的指挥实体发布的作战命令也可以通过通信信道进入 LOL；本地发布的命令相对于外部产生的命令具有更高的优先级。

（3）广播变量

广播变量是用户定义的可以在通信信道上传送的战术协作变量，如当前进攻目标、集结地域、同步时间等。由于这些战术协作过程类型繁多，一般需要在决策行为模型中由分析人员自行定义。决策行为模型可以依据广播变量的值确定作战行动，也可以确定协作变量的值，通过通信设备将广播变量发送给其他作战实体，影响其他作战实体的作战行为。

（4）目标交互范围（TIR）和广播间隔（BI）

在 Agent 目标交互范围之外的目标不会进入 LTL 中。即使通过通信信道获取了某个目标的探测信息，如果该信息中确定的目标对象处于该 Agent 的目标交互范围之外，则将自动丢弃该目标信息。

最大目标交互范围默认设置为 Agent 拥有的传感器或武器中最大作用范围的 2.5 倍，然而分析人员可以使用 Agent 的"maxTargetRange"属性重载该默认设置。另外，Agent 以"broadcastInterval"属性定义的固定时间间隔广播其 LTL 中的目标探测信息。

3. 认知域组件

认知域组件是控制作战实体 Agent 行为的核心组件，反映了作战实体 Agent 的决策行为。分析人员可以通过认知域的决策行为模型反映不同作战想定下 Agent 作战行为的差异性，也可以考察体系作战中的信息优势如何转变为决策优势。由于当前认知领域研究水平的限制，难以采用统一的行为建模方法表示所有的决策行为，即使采用也难以进行有效的比较和分析。因此，作战实体 Agent 应提供灵活的可定制的行为建模方法，由分析人员根据问题中作战实体的行为建模需求定制不同想定条件下的作战实体行为。

根据作战实体的物理域组件和信息域组件，Agent 行为模型可以访问和设置这些组件的状态，如根据当前本地目标列表是否包含目标信息决定是否进行攻击；设置传感器的工作状态是否启动探测；通过通信设备发送命令、目标信息或广播变量等。另外，为简化 Agent 行为表示的复杂性，Agent 决策行为应可以执行不同的作战命令，这些命令可以通过物理域组件和信息域组件自动完成相关的具体动作。分析人员的行为决策模型实际上相当于这些命令的组合模型。

另外，如果 Agent 没有设置决策行为，Agent 应包含默认的反应式行为，如发现目标进行探测；探测信息应保存于局部目标列表中；局部目标列表可以自动更新并通过通信设备进行目标信息发送；通信设备可以接收满足接收条件的目标信息；武器系统可以对处于打击范围之内的敌方目标进行攻击等。3.5 节给出了认知域组件行为决策模型的详细讨论。

3.1.6 Agent 分形网络结构

1. 战场空间中的作战实体与自然生命形式

战场空间中的作战实体与自然生命形式是类似的，图 3.6 从结构上对比了战场空间中的作战实体与自然生命形式的相似性。

2. Agent 分形网络

兵力结构和它的作战概念 CONOPS（Concept of Operations）构成了一个 Agent 分形网络。在战术、行动和战略层次都包含了不同层次的作战实体 Agent 及其 OODA 循环过程，其中层次越低的作战实体 Agent 的 OODA 循环频率越快，交互范围也较小，可操作的武器系统能量也较小。反之，层次越高的作战实体 Agent 的 OODA 循环频率越慢，交互范围也越大，可操作的武器系统能量也越大。信息化战争的目的就是通过各类作战平台、武器系统、传感器和通信设备等加快整个作战分形网络的 OODA 循环频率，通过信息优势保证自身的决策优势进而形成其作战优势。另外，由于战场空间中实体交互的复杂性，这种 Agent 分形网络也可能发生"蝴蝶效应"，即低层作战实体的特定行为也可能导致整个作战体系的崩溃，这也是敌方指挥官希望达成的作战目的。一个 SEAS 想定本质上是一个分形交互网络 CAS，当建立一个输入想定时，将会构建每一个作战方的 Agent 分形网络结构，这些网络结构进行冲突和对抗所产生的输出结果空间是巨大的。

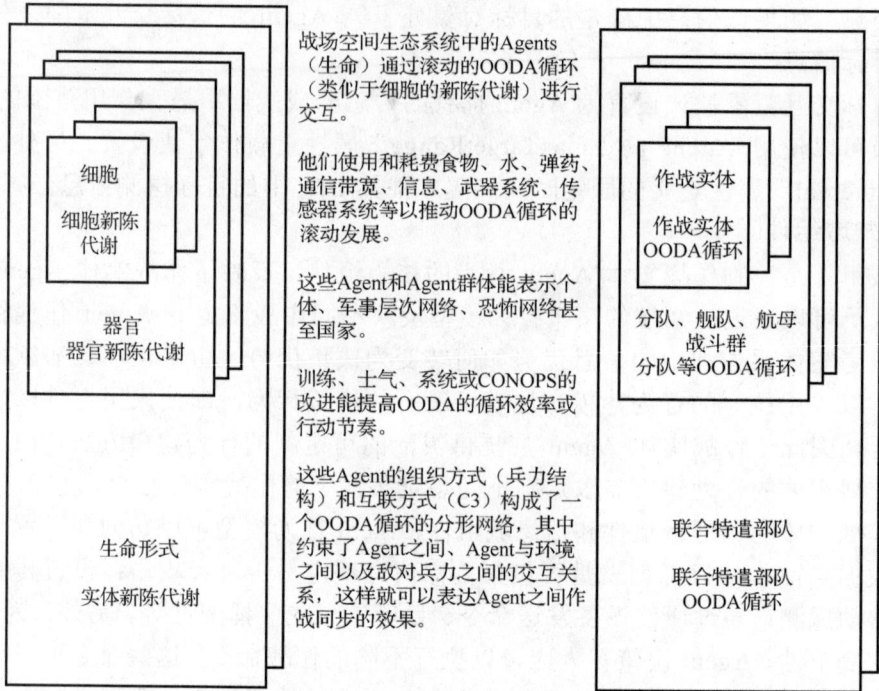

图 3.6　战场空间中的作战实体与自然生命形式的相似性

3.2　作战实体 Agent

3.2.1　对象层次

SEAS 对象层次如图 3.7 所示。一个想定可以包含多个作战方，作战方由多个作战兵力组成，作战兵力则由多个作战单元和卫星组成。作战兵力将作战单元整合起来，形成一个可以进行协作的组织并定义了作战兵力之间的关系（联盟、敌军、中立）。

作战方对象定义了体系对抗中的顶层作战组织层次。分析人员应在想定中明确参与体系分析的不同作战方，一般通过国家或地区确定作战方。一个想定中可包含多个作战方。一个作战兵力是一个包含多个作战单元的组织元素。作战兵力应包含作战兵力名称；作战兵力所属的作战方；敌方作战兵力；该作战兵力包含的作战单元类型和数量。一般卫星属于战略性武器，所以可以在作战兵力中定义包含的卫星实体。

从图 3.7 中可以知道，作战环境覆盖了整个战场空间的所有实体，这些环境因素包括天气、地形、干扰等因素。战场环境中包含了多个作战方。每个作战方涉及不同的作战兵力。这些作战兵力由作战单元（舰艇编队、防空阵地、机场、指挥所等）构成。每个作战单元又包括不同的作战平台（舰艇、装甲车、飞机、卫星等）和传感器、通信设备和武器等 Devices。这里作战单元本身可能也包含传感器、通信设备和武器等 Devices，而作战平台根据需要可能也包含传感器、通信设备和武器等不同的组成结构。由于卫星一般属于战略性武器，所以卫星可以由作战兵力层次的作战实体指挥。

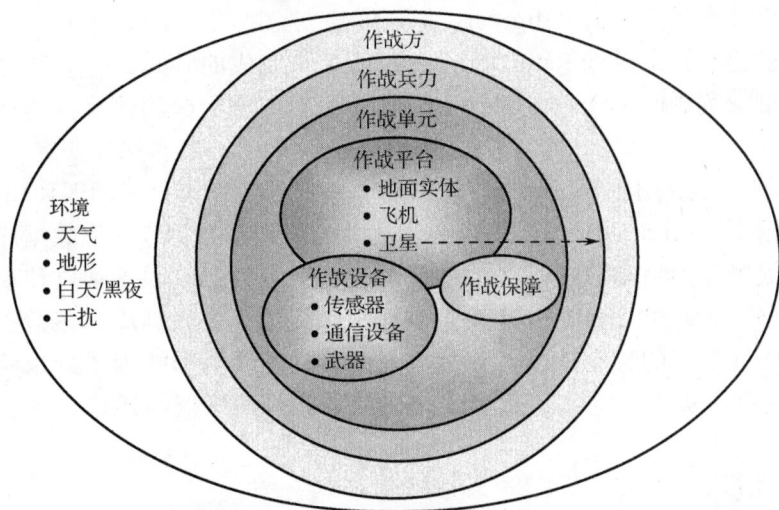

图 3.7　SEAS 对象层次

仅当作战兵力之间声明为敌对关系时，他们所属的 Agent 之间才会发生探测和毁伤关系。根据前面的 Agent 概念可以知道，作战单元和作战平台（卫星、地面实体和空中实体）是 Agent，而作战方、作战兵力、环境对象不是 Agent。另外，可装配组合的 Device（传感器、通信设备和武器）本身不具备 Agent 的特点，其作战使用依赖于作战实体的行为和命令，所以也可以将其作为设备对象考虑。

3.2.2　作战单元 Unit

作战单元中定义了子作战单元和作战平台（地面实体、飞机、卫星）的指挥层次和空间结构。它可以包含作战行为逻辑，通过通信设备指挥所属的子实体 Agent。

1.　作战单元属性

作战单元的主要属性如下所示。

- 人员数量（bodies）：作战单元中的作战人员数量。作战单元损耗根据作战人员的损失数量计算。
- 重要度（mass）：作战单元的重要度。当采用 Locate 命令查询 LTL 时，可以基于重要度判断探测目标的重要度和目标重心位置。
- 是否忽略指挥命令（ignoreParent）：是否遵守父实体的指挥命令。
- 部署间隔（interval）：子作战单元或平台的空间间隔。
- 部署延迟（deployDelay）：部署完成的时间延迟。
- 机动高度（altitude）：作战单元移动时的高度。
- 速度（speed）：作战单元移动的速度。
- 目标交互范围（maxTargetRange）：在本地目标列表中过滤目标实体的最大距离。

- 目标信息存储时间（threatHold）：保存于本地目标列表中实体的附加延迟时间。
- 广播间隔（broadcastInterval）：本地目标列表的广播间隔。
- 数据融合方法（fusionType）：确定目标信息的融合方法，即最优融合、均匀融合、不融合。
- 隐蔽工事开始建立时间（digStart）：开始建立隐蔽工事的时间。
- 隐蔽工事建立结束时间（digDone）：隐蔽工事完成的时间。
- 隐蔽工事探测影响因子（digPd）：隐蔽工事对传感器探测该目标的探测概率的影响系数。
- 隐蔽工事毁伤影响因子（digPk）：隐蔽工事对武器毁伤该目标的毁伤概率的影响系数。
- 地形数据库（terrainDB）：定义影响作战单元的地形数据库，该数据库的影响因子将影响作战单元的移动速度，作战单元的移动速度为影响因子乘以移动速度。
- 天气数据库（weatherDB）：定义影响作战单元的天气数据库，该数据库的影响因子将影响作战单元的移动速度，作战单元的移动速度为影响因子乘以移动速度。

另外，作战单元实体还定义了从属于该作战单元的传感器、通信设备、武器系统、子实体和作战行为。

2. 作战单元行为

如果作战单元没有通过 TPL 脚本调整相关行为，那么在体系仿真过程中，这些作战单元将按照默认行为执行相关动作。这些默认行为主要包括以下几种。

1）武器系统行为

（1）如果探测到的敌方目标处于该作战单元包含的武器攻击范围之内，在毁伤交互数据表中存在该武器与目标的毁伤交互数据，而且满足其他的武器射击约束条件，作战单元将通过该武器系统自动打击该敌方目标。

（2）如果武器弹药消耗完毕，必须等待一段时间后才能重新补充武器弹药。该等待时间为武器系统确定的弹药补充时间（属性为 reloadTime）。

2）通信设备行为

（1）根据作战单元确定的广播间隔，通过所有可以发送目标信息的通信设备广播 LTL 中的所有目标。

（2）立刻通过所有可以发送作战命令的通信设备广播内部生成的作战命令（如移动）。

（3）如果接收到目标信息，而且目标处于 Agent 的 TIR 之内，则按照时间最近更新顺序将目标信息保存到 LTL 中。

（4）如果接收到作战命令，则将其保存到 LOL 中。这些接收的作战命令比 Agent 内部生成的命令具有更高的优先级。

3）传感器行为

将所有探测到的、处于 TIR 之内的目标信息保存到 LTL 中。如果在 LTL 中已有该目标信息，则按照数据融合方法进行信息融合计算。

4）作战单元部署

当开始部署时，作战单元中所有的子对象配置在一起，直到仿真时间推进到该作战单元的部署延迟为止，这模拟了作战单元子实体的集合和分散过程。

5）隐蔽工事

如果作战单元没有移动，通过隐蔽工事作战单元将更加难以被发现和毁伤。

6）毁伤

（1）当所有作战单元中的人员被杀死后，该作战单元将被摧毁。

（2）经过一个延迟后，一个作战单元可以通过子实体进行重构。

（3）当作战单元处于一个武器投放的毁伤半径中而且随机抽样满足毁伤概率条件时，将进行毁伤计算。

（4）没有包含人员的作战单元不能被摧毁。

7）机场

如果一个作战单元拥有飞机类型的实体，则该作战单元自动成为一个机场并具有下述特定的行为特征。

（1）当作战单元处于一个武器投放的毁伤半径中时，将增加机场中飞机的维护时间。

（2）机场中的飞机每 1min 的维护时间相当于 8min 的仿真时间。

（3）当一个机场被摧毁时，所属飞机的维护时间将增加到 24h。

上述作战单元的默认行为可以通过 Agent 的行为脚本进行调整。

3.2.3 地面实体 Vehicle

地面实体一般用于表示舰艇和地面车辆，其运动遵循地球表面运动规律。考虑地球惯性作用，可以采用地球大圆方式描述其运动规律，所以可以用地面实体表示在地球表面或近地球表面空间运动的实体，如装甲车辆、UAV（无人机）、舰艇、潜艇等作战实体。地面实体具有下述行为特点：

- 当地面实体从父作战单元接收到"Move"命令或在本地行为脚本中执行"Move"命令时，地面实体将进行移动。
- 如果设置地面实体的 UAV 标志并且设置地面实体的 TAO 属性，地面实体则可以沿一个战术活动区域（Tactical Area of Operations，TAO）边界移动。
- 当进行武器射击时，地面实体必须准备等待一段时间才可以射击。这主要用于区分坦克和火炮。
- 地面实体还可以包含其他地面实体。

1. 地面实体属性

地面实体的主要属性如下所示。

- 装备价值（value）：地面实体的装备价值，可用于跟踪装备的费用损耗。
- 人员数量（bodies）：地面实体中的作战人员数量。地面实体损耗根据作战人员的损失数量计算。
- 重要度（mass）：用户定义的地面实体的重要度。当采用 Locate 命令查询 LTL 时，可以基于重要度判断探测目标的重要程度和目标重心位置。
- 是否忽略指挥命令（ignoreParent）：是否遵守父实体的指挥命令。
- 是否为 UAV（uav）：true 表示为 UAV 实体，将按照指定的 TAO 路线进行移动；false 表示非 UAV 实体。
- 机动高度（altitude）：地面实体移动时的高度。

- 速度（speed）：地面实体移动的速度。
- 燃料容量（fuelCapacity）：携带的油量。当地面实体的油量耗尽后，它将停止运动。
- 燃料消耗率（fuelUse）：地面实体每分钟的耗油量。仅在移动过程中才进行油料消耗计算。
- 开火延迟（fireWait）：一个地面实体在射击前的准备时间，在射击后也需要进行相同时间的延迟。
- 目标交互范围（maxTargetRange）：本地目标列表中过滤目标探测信息的最大距离。
- 目标信息存储时间（threatHold）：保存于本地目标列表中实体的附加延迟时间。
- 广播间隔（broadcastInterval）：本地目标列表的广播间隔。
- 数据融合方法（fusionType）：确定目标信息的融合方法，即最优融合、均匀融合、不融合。
- 隐蔽工事开始建立时间（digStart）：开始建立隐蔽工事的时间。
- 隐蔽工事建立结束时间（digDone）：隐蔽工事完成的时间。
- 隐蔽工事探测影响因子（digPd）：隐蔽工事对传感器探测该目标的探测概率的影响系数。
- 隐蔽工事毁伤影响因子（digPk）：隐蔽工事对武器毁伤该目标的毁伤概率的影响系数。
- TAO（tao）：地面实体为 UAV 时的移动路径。
- 地形数据库（terrainDB）：定义影响地面实体的地形数据库，该数据库的影响因子将影响地面实体的移动速度，地面实体的移动速度为影响因子乘以移动速度。
- 天气数据库（weatherDB）：定义影响地面实体的天气数据库，该数据库的影响因子将影响地面实体的移动速度，地面实体的移动速度为影响因子乘以移动速度。

另外，地面实体还定义了从属于该地面实体的传感器、通信设备、武器系统、子实体和作战行为。

2. 地面实体行为

如果没有在 TPL 脚本中调整地面实体的相关行为，这些地面实体将按照默认行为执行相关活动。这些默认行为主要包括以下几种。

1）武器系统行为

（1）如果探测到的敌方目标处于地面实体武器攻击范围之内，在毁伤交互数据表中存在该武器与目标的毁伤交互数据，而且满足其他的武器射击约束条件，地面实体将通过该武器系统自动打击该敌方目标。

（2）如果武器系统弹药消耗完毕，必须等待一段时间后才能重新补充武器弹药。该等待时间为武器系统确定的弹药补充时间（属性为 reloadTime）。

2）通信设备行为

（1）根据地面实体确定的广播间隔，通过所有可以发送目标信息的通信设备广播 LTL 中的所有目标信息。

（2）通过所有可以发送作战命令的通信设备广播内部生成的作战命令（移动）。

（3）如果接收到目标信息，而且目标处于 Agent 的 TIR 之内，则按照时间最近更新顺序将目标信息保存到 LTL 中。

（4）如果接收到作战命令，则将其保存到 LOL 中。这些接收的作战命令比 Agent 内部生成的命令具有更高的优先级。

3）传感器行为

将所有探测到的、处于 TIR 之内的目标信息保存到 LTL 中。如果在 LTL 中已有该目标信息，则按照数据融合方法进行信息融合计算。

4）地面实体部署

当开始部署时，地面实体与父实体配置在一起，直到仿真时间推进到父实体的部署延迟为止，这模拟了地面实体子实体的集合和分散过程。

5）移动

当油料耗尽时，必须等待 30min 后进行加油和重新武装。

地面实体的"fireWait"属性确定了地面实体在开火后需要多长时间才能保持静止和稳定。

6）隐蔽工事

如果地面实体没有移动，通过隐蔽工事，地面实体将更加难以被发现和毁伤。

7）毁伤

当地面实体处于一个武器投放的毁伤半径中而且随机抽样满足毁伤概率条件时，平台将被击毁。

上述地面实体的默认行为可以通过 Agent 的行为脚本进行调整和控制。

3.2.4 空中实体 Plane

空中实体表示在大气层空间飞行的实体，也遵循地球表面运动规律，采用地球大圆方式描述其运动规律，但行动受到较大的空中运动影响和限制，可以表示战斗机、预警机、加油机等各类飞机和导弹等作战实体。空中实体具有下述行为特点：

- 空中实体可以接收来自父作战单元的"Fly"命令执行空中作战使命。
- 空中实体飞到"Fly"命令指定的地理位置，在空中盘旋"loiter"参数指定的时间。如果在盘旋过程中机载弹药耗尽，空中实体将提前返航。
- 在返回基地后，一个空中实体必须在地面上停留"turnAround"属性指定的维护和弹药补充时间。
- 在仿真运行时，上面这两个参数可以通过 TPL 脚本进行控制。

1. 空中实体属性

空中实体的主要属性如下所示。

- 装备价值（value）：空中实体的装备价值。可用于跟踪装备的费用损耗。
- 人员数量（bodies）：空中实体中的作战人员数量。作战单元损耗根据作战人员的损失数量计算。
- 重要度（mass）：用户定义的空中实体的重要度。当采用 Locate 命令查询 LTL 时，可以基于重要度判断探测目标的重要程度和目标重心位置。
- 是否忽略指挥命令（ignoreParent）：是否遵守父实体的指挥命令。
- 机动高度（altitude）：空中实体移动时的高度。
- 速度（speed）：空中实体移动的速度。
- 目标交互范围（maxTargetRange）：在本地目标列表中，过滤目标实体的最大距离。

- 目标信息存储时间（threatHold）：保存于本地目标列表中实体的附加延迟时间。
- 广播间隔（broadcastInterval）：本地目标列表的广播间隔。
- 数据融合方法（fusionType）：确定目标信息的融合方法，即最优融合、均匀融合、不融合。
- 返航维护时间（turnAround）：在基地进行重新加油和挂载武器的时间。一旦返航维护时间结束，飞机就可以再次起飞。
- 目标位置停留时间（loiter）：在最终飞行位置上的停留时间。
- 作战时间（daylightOnly）：定义飞机执行任务受到的白天和黑夜的限制。这些限制包括白天和黑夜均可执行作战；仅在白天执行作战；仅在夜晚执行作战。
- 天气数据库（weatherDB）：定义影响空中实体的天气数据库。该数据库的影响因子将影响空中实体的移动速度，空中实体的移动速度为影响因子乘以移动速度。

另外，空中实体还定义了从属于该空中实体的传感器、通信设备、武器系统和作战行为。

2. 空中实体行为

如果没有通过战术编程语言脚本调整空中实体的相关行为，这些空中实体将按照默认行为执行相关动作。这些默认行为主要包括以下几种。

1）武器系统行为

（1）如果探测到的敌方目标处于其武器系统攻击范围之内，在毁伤交互数据表中存在该武器与目标的毁伤交互数据，而且满足其他的武器射击约束条件，空中实体将通过该武器系统自动打击该敌方目标。

（2）如果武器弹药消耗完毕，则必须返回基地。

2）通信设备行为

（1）根据空中实体确定的广播间隔，通过所有可以发送目标信息的通信设备广播 LTL 中的所有目标信息。

（2）通过所有可以发送作战命令的通信设备广播内部生成的作战命令（移动）。

（3）如果接收到目标信息，而且目标处于 Agent 的 TIR 之内，则按照时间最近更新顺序将目标信息保存到 LTL 中。

（4）如果接收到作战命令，则将其保存到 LOL 中。这些接收的作战命令比 Agent 内部生成的命令具有更高的优先级。

3）传感器行为

将所有探测到的、处于 TIR 之内的目标信息保存到 LTL 中。如果在 LTL 中已有该目标信息，则按照数据融合方法进行信息融合计算。

4）空中实体部署

部署时，飞机与父实体配置在一起，直到仿真时间推进到父实体的部署延迟为止，这模拟了实体的集合和分散过程。

5）移动

当作战单元发布一个 Fly 命令时，飞到"Fly"命令指定的地理位置。

6）毁伤

当空中实体处于一个武器投放的毁伤半径中而且随机抽样满足毁伤概率条件时，空中实体将被击毁。

上述地面实体的默认行为可以通过 Agent 的行为脚本进行调整。

3.2.5　空间实体 Satellite

空间实体表示其物理运动必须遵循万有引力定律等空间运动规律，可以表示卫星、空间站等天基平台。一个空间实体 Agent 对象定义了卫星轨迹（轨道）、载荷和作战行为。在SEAS 中，空间实体按照内部和外部两种模式进行运动。

（1）默认支持空间实体按照设定的轨道根数进行运动。

（2）空间实体可以按照外部提供的轨道文件进行运动。轨道文件中确定了每隔 1min 卫星的经度、纬度和高度信息。

1. 空间实体属性

空间实体的主要属性如下所示。

- 装备价值（value）：空间实体的装备价值。可用于跟踪装备的费用损耗。
- 重要度（mass）：用户定义的空间实体的重要程度。
- 是否忽略指挥命令（ignoreParent）：是否遵守父实体的指挥命令。
- 目标交互范围（maxTargetRange）：在本地目标列表中过滤目标实体的最大距离值。
- 目标信息存储时间（threatHold）：保存于本地目标列表中实体的附加延迟时间。
- 广播间隔（broadcastInterval）：本地目标列表的广播间隔。
- 数据融合方法（fusionType）：确定目标信息的融合方法，即最优融合、均匀融合、不融合。
- 轨道根数历元（initialTime）：轨道根数的历元时间。
- 卫星轨道文件（pathFileName）：卫星轨道文件（.sat 文件）。如果卫星轨道文件中包含数据，将忽略轨道参数。如果没有包含数据，则将用给定名称的文件产生数据。如果未提供路径文件，SEAS 将按照定义的轨道参数产生轨道数据。
- 日月引力影响（sunMoon）：轨道计算是否考虑日月引力影响。
- 轨道倾角（inclination）：轨道平面和赤道面的夹角。
- 轨道周期（period）：卫星沿轨道飞行一周需要的时间。
- 近地点方向（orientation）：近地点方量，即轨道升交点到近地点的角度，在轨道面内以卫星运动方向度量。
- 偏心率（eccentricity）：描述卫星轨道的形状。对于椭圆轨道，偏心率是焦距和半长轴之比；对于圆轨道，偏心率为 0。
- 升交点赤经（ascendingAngle）：卫星由南向北穿过赤道面经度点。
- 真近点角（trueAnomaly）：定义卫星相对于轨道近地点的位置。
- 通信附加延迟（delay）：空间实体通信设备传输信息时的附加延迟。

另外，空间实体还定义了从属于该空间实体的传感器、通信设备、武器系统和作战行为。

2. 空间实体行为

如果空间实体没有在 TPL 脚本中调整相关行为，这些空间实体将按照默认行为执行相关动作。这些默认行为主要包括以下几种。

1）武器系统行为

（1）如果探测到的敌方目标处于其武器攻击范围之内，在毁伤交互数据表中存在该武器与目标的毁伤交互数据，而且满足其他的武器射击约束条件，空间实体将通过该武器系统自动打击该敌方目标。

（2）如果武器弹药消耗完毕，必须等待一段时间后才能重新补充武器弹药。该等待时间为武器系统确定的弹药补充时间（属性为 reloadTime）。

2）通信设备行为

（1）根据空间实体确定的广播间隔，通过所有可以发送目标信息的通信设备广播 LTL 中的所有目标信息。

（2）通过所有可以发送作战命令的通信设备广播内部生成的作战命令（移动）。

（3）如果接收到目标信息，而且目标处于 Agent 的 TIR 之内，则按照时间最近更新顺序将目标信息保存到 LTL 中。

（4）如果接收到作战命令，则将其保存到 LOL 中。这些接收的作战命令比 Agent 内部生成的命令具有更高的优先级。

3）传感器行为

将所有探测到的、处于 TIR 之内的目标信息保存到 LTL 中。如果在 LTL 中已包含该目标信息，则按照数据融合方法进行信息融合计算。

4）空间实体部署

当开始部署时，空间实体按照轨道根数或轨道文件数据进行移动计算。Deploy 命令可以确定空间实体何时开始进行轨道计算，参与仿真运行。

5）移动

如果采用轨道文件进行移动计算，则需要确保文件中的轨道数据能支持完整的想定时间。

6）毁伤

当空间实体处于一个武器投放的毁伤半径中而且随机抽样满足毁伤概率条件时，空间实体将被击毁。

上述空间实体的默认行为可以通过 Agent 的行为脚本进行调整。

3.3 装备对象 Device

为保证体系概念的一致性和扩展性，SEAS 将作战实体上装配的不具有自主决策行为能力的实体称为装备对象。这些对象除了包含一些属性外，还包括一些为作战实体提供的可以操作使用的方法接口，以产生相应的交互活动。这些装备对象主要包括传感器、武器系统、通信设备对象。

SEAS 中不同作战实体之间的交互关系主要表现为探测关系、通信关系和毁伤关系。这些交互作用源于不同的作战原理和环境条件。为保障作战体系层次上的灵活分析，作战体系中的实体能够按照作战指挥、通信关系进行灵活组合，并符合动态的探测、对抗和协作描述需求，因此需要在模型框架下定义规范的探测、通信、毁伤和行为交互，促进作战体系架构的可组合性。

1．探测关系

探测交互主要考虑如下因素：传感器的位置、传感器的姿态角和方位角，最大探测距离、最小探测距离、探测位置和速度误差、目标的移动速度、目标探测概率、导弹的发射探测，武器开火探测。针对不同的探测目标，目标探测概率、最大探测距离、最小探测距离都会发生变化。在 SEAS 的传感器探测方法中，针对不同的探测目标，可以建立不同传感器与目标的探测交互关系表，传感器对目标的探测概率随着目标距离的变化线性地下降，位置误差和速度误差也随着探测距离的增加线性地增加。

探测交互关系表列出了每类传感器对不同目标单位时间段内的探测概率，因而探测交互关系通常由传感器和它的探测目标组成。如果一个目标没有出现在特定的传感器探测表中，则传感器对该目标的探测概率默认为 0。天气对探测概率的影响和地形因素对探测作用范围的影响可以通过环境中的作战活动区域进行定义，电子干扰的影响可以通过作战实体的动态行为修改不同传感器的属性和探测范围。

2．通信关系

通信交互关系主要考虑通信设备的性能和效能影响，通过信道表示通信设备共享的链路。每个通信设备必须确定进行通信的信道。信道可能受到地形和天气的影响。根据作战实体的 Agent 的信息域需求，通信信道中主要传输三类消息。（1）命令：指挥其他作战实体的作战命令；（2）目标探测信息：由传感器发出的目标的探测信息；（3）广播变量：使用广播命令传送的用户定义的协同战术的状态变量。通信算法中考虑通信信道、通信距离、通信延迟、通信的可靠性、通信干扰、通信带宽、通信缓冲区等因素。地形对通信的影响主要通过与地形的通视性进行计算。

3．交战关系

武器交战交互关系主要考虑武器的性能和工作约束条件。武器可以分配给作战单元、机动车、飞机和卫星等作战实体。武器用来向敌方作战单元和平台作战实体开火。武器交战算法需要在目标探测（位置、误差）的基础上考虑武器攻击距离、目标引导距离、杀伤半径、装弹时间、发射速率、飞行速度、CEP（Circular Error Probability，圆概率误差）、最大引导数量、是否进行火力协同等。SEAS 中建立不同武器对不同目标的交战交互表，可以将武器分配给特定的目标。交战交互表列出了每类武器对不同目标的毁伤能力，因而交战关系通常由武器和它的毁伤目标组成。如果一个目标没有出现在特定的武器毁伤关系中，则武器对该目标的毁伤概率默认为 0。

对于不同层次的体系问题，可以在上述 Agent 定义中进行调整。例如针对更细层次的导弹攻防体系分析，导弹等武器本身也可以作为作战实体，而弹上装配的导引头则作为传感器，弹头作为毁伤的武器系统，弹上的控制协调设备作为通信设备等，这样可以表示更细层次上的体系分析问题。

3.3.1　通信设备

通信设备对象定义了一个通信设备的性能和作战使用限制。通信设备可以分配给作战单元、地面实体、飞机或卫星平台（每个作战实体可以定义多个通信设备），并为作战实体之间提供了交换信息的途径。一个通信设备可以被分配到作战单元、机动车辆、飞机或卫星，为作战实体交换信息提供支持。信道表示通信设备共享的链路。每个通信设备需要确定进行通信的信道。信道可能受到地形和天气的影响。

1. 通信模型

作战单元和作战平台拥有无线"通信设备"，这些"通信设备"可以通过"通信信道"发送信息。图 3.8 是通信设备通过通信信道进行无线通信的示意图。

通信设备对象定义了一个通信设备的性能和作战使用限制。通信设备可以分配给作战单元、地面实体、飞机或卫星 Agent（每个 Agent 可以定义多个通信设备），并为 Agent 之间提供了交换信息的途径。

通信设备可以传输三种类型的信息。

- 作战命令：用于指示一个 Agent 执行 Move、Deploy 或 Formation 等行动。
- 目标探测信息：传感器产生的包含误差的目标报告。
- 广播变量：用户定义的可以在通信信道上传送的变量，可以使用 Broadcast 命令发送广播变量。

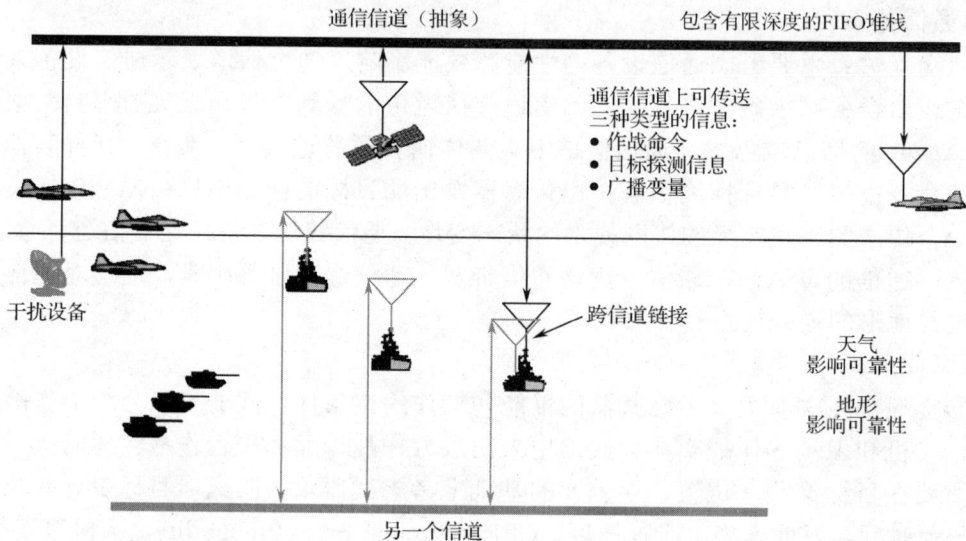

图 3.8　通信设备通过通信信道进行无线通信的示意图

当一个 Agent 拥有不同信道的通信设备时，可以进行跨信道的通信链接，支持信息在不同通信信道之间的信息转发。Agent 在使用通信设备发送信息时，受到通信距离的限制。只有在当前通信设备通信距离之内的 Agent 才能接收到该通信设备发送的信息。

通信设备可以通过通信信道传输作战命令、目标探测信息和广播变量三种类型的信息。Agent 和通信设备针对这三类信息进行不同的信息接收处理。

如果是传感器探测的目标信息，一个 Agent 将按照"broadcastInterval"属性确定的时间间隔广播该 Agent LTL 中的所有目标探测信息。如果其他 Agent 接收到该目标信息，则可以再按照固定时间间隔广播其 LTL 中的所有目标信息。这种广播机制将使得这些目标探测信息不断向其他 Agent 进行跳跃发送与接收，从而在 Agent 之间实现目标探测信息的传播。如果信息是命令消息或广播变量，则必须通过无线路由算法将这些信息发送给指定 Agent。

下面的两个 TPL 通信命令，采用路由通信算法将信息发送到指定的 agent。comm 为通信设备的类型名称或通信设备对象。agent 为信息的目标 Agent 实体名称，或 Agent 对象，或特定类型的 Agent 类型名称。

- BroadcastTo（var1，…，varN，comm，agent）。
- SendCommand（CmdStrg，agent，comm）。

在仿真运行时，通信路由表是动态建立的。当前采用了最简单的路由算法：

- 发送方试图直接将信息发送给目标方。
- 如果接收方超出接收距离，则采用同样的通信设备将目标信息发送给最近的 Agent，一直持续发送直到目标 Agent 接收到信息或不能接收信息。

该算法不是最优的，但相当简单、速度较快，而且适合大部分的作战想定场景。

2. 通信信道 Channel

通信信道表示通信设备的共享链路。每个通信设备必须确定进行通信的信道。通信信道可能受到地形和天气的影响。通信信道也会受到配置为干扰机的通信设备的干扰。

通信信道的主要属性如下所示。

- 名称：通信信道名称。
- 地形数据库：定义影响通信信道的地形数据库。该数据库的影响因子将影响信息的发送距离，如果接收机处于地形数据库的影响范围内，则接收机的接收距离为影响因子乘以接收机的接收距离属性。
- 天气数据库：定义影响通信信道的天气数据库。该数据库的影响因子将影响通信设备的传输成功概率，如果通信设备处于天气数据库的影响范围内，则通信设备的概率为影响因子乘以通信设备的可靠性属性。

3. 通信设备 Comm

通信设备的属性如下所示。

- 名称（name）：通信设备名称。
- 是否为干扰机（jammer）：布尔类型。如该通信设备为干扰设备，将干扰指定通信信道中距离范围内的任何通信设备（仅干扰接收机），同时该通信设备可靠性属性值将作为信息接收被干扰的概率。
- 通信模式（mode）：确定通信设备的通信模式。通信模式包括三类：仅发送信息、仅接收信息、可以同时发送和接收信息。
- 信息类型（messageType）：确定该通信设备可以发送或接收的信息类型。信息类型包括：目标探测信息；作战命令信息；目标探测和作战命令信息；广播变量信息、目标探测和广播变量信息；广播变量和作战命令信息；目标探测、作战命令和信息广播变量。
- 通信信道（channel）：确定该通信设备使用的通信信道名称。如果设备为干扰机，则该设备将干扰通信信道。
- 装备价值（value）：通信设备的装备价值。
- 最大距离（range）：通信设备的最大通信距离。
- 遮挡计算（ridgeBlocked）：确定是否考虑影响通信设备的通视性计算（line-of-sight，LOS）。
- 通信带宽（bandWidth）：通信设备带宽（仅用于接收机）。

● 静态延迟（delay）：通信设备固有的静态消息延迟时间，仅用于传输通信设备计算。

● 动态延迟（dynamicDelay）：在静态延迟上附加的指数分布的时间延迟，仅用于传输通信设备计算。

● 可靠性（reliability）：通信设备成功传送一个信息的概率，仅用于传输通信设备计算。

3.3.2 传感器

传感器对象定义了一个传感器的性能和作战使用限制。传感器设备可以分配给作战单元、地面实体、飞机或卫星实体（每个作战实体可以定义多个传感器设备），并为作战实体提供了探测目标的位置、速度、导弹发射、武器开火、通信活动和反辐射探测的功能。另外，可以在探测概率表（Probability of Detection Table，Pd）中确定不同传感器对目标的探测概率。

1. 传感器概念模型

在 SEAS 中，传感器可以探测敌方 Agent 的位置、速度、导弹发射、武器开火、通信活动和其他主动传感器。因此，传感器的探测目标包括下述类型：

● 静止目标。

● 移动目标。

● 静止和移动目标。

● 正在射击的目标。

● 主动辐射的目标。

传感器类型主要包括被动传感器、主动传感器和跟踪传感器。

1）传感器探测过程

传感器的探测过程如图 3.9 所示。

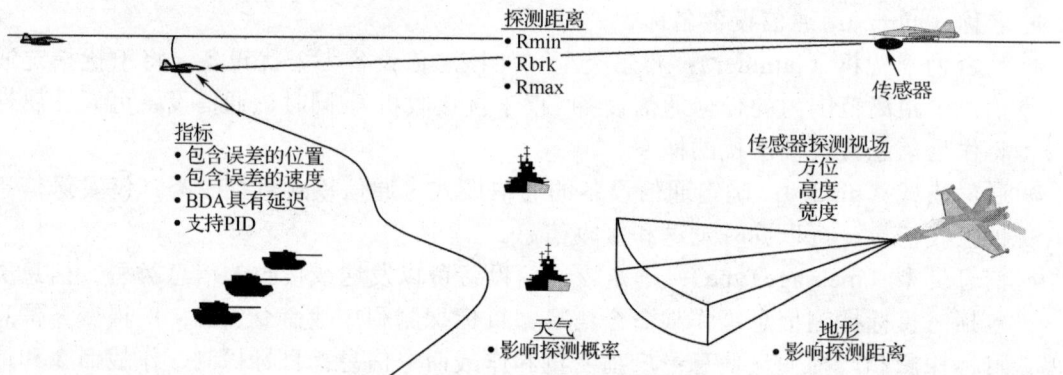

图 3.9　传感器的探测过程

其中，传感器的探测能力受到最小、最大探测距离的限制；它可以探测包含在其探测视场之内的目标对象；传感器的探测结果包括存在误差的目标位置和速度；战场毁伤评估也需要一定时间才能完成；有些传感器还有一定的目标识别能力。

在探测视场之内，传感器对不同的目标有不同的探测概率。在探测概率表中可以指定不同传感器针对特定目标类型的探测概率 Pd 和最大探测距离。

传感器的目标探测还受到环境的影响。如果目标或传感器处于不同的天气区域，可能会影响其对目标的探测概率；如果目标或传感器处于不同的地形区域，可能会影响其对目标的探测距离。

另外，传感器还可以得到一定的目标指示和引导。在传感器得到目标指示后，传感器对于目标具有增强的探测距离和探测概率。最后，传感器还受到最大跟踪数量的限制，探测到的目标信息在通信网络中也有通信传播次数的限制。

2）传感器探测视场

传感器探测视场如图 3.10 所示。

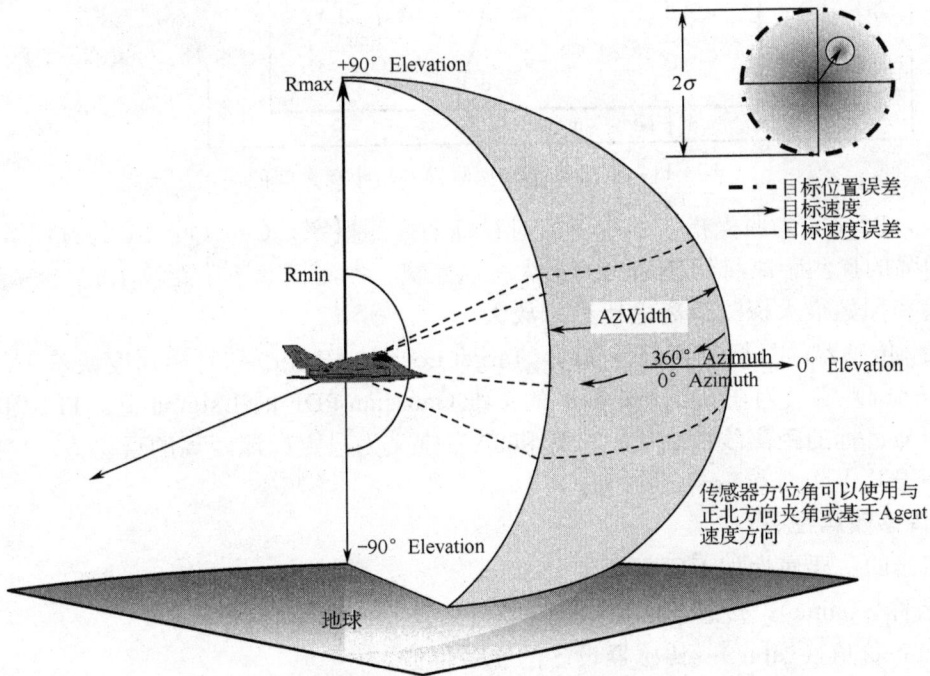

图 3.10　传感器探测视场

传感器视场由最大探测距离、最小探测距离、视场宽度角（AzWidth，0～360°）、俯仰高度角（Elevation，−90～90°）定义。另外，该视场还可以由传感器的方位角控制探测方向。传感器方位角可以使用与正北方向夹角或基于 Agent 速度方向。传感器探测的目标位置误差和速度误差假设服从高斯分布。

3）传感器探测计算

这里传感器探测时考虑了目标位置误差、目标速度误差与传感器到目标之间距离的依赖关系。其探测计算原理如图 3.11 所示。

这里传感器对目标的探测概率在最小探测距离 Rmin 和最大探测距离 Rmax 之间不是保持不变的，其中存在一个探测概率下降距离 Rbrk。当传感器到目标的距离处于 Rbrk 到最大探测距离 Rmax 之间时，传感器对目标的探测概率会从探测概率表中指定的 Pd 线性下降到 0。

如图 3.11 所示。当一个传感器得到目标指示时，其探测概率和探测距离都会得到增强。得到目标指示的传感器对目标的探测概率依照下述公式计算。

$$\text{Cued Pd} = 1-(1-\text{Pd\_old})(1-\text{Cue\_Quality})$$

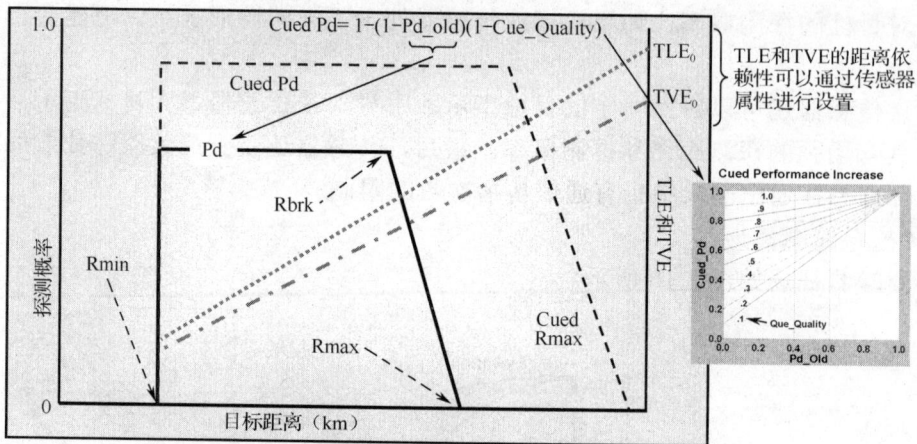

图 3.11　探测概率和探测误差与距离之间的关系

其中，Pd_old 为原先指定的传感器对目标的探测概率，Cue_Quality 为目标增强系数。同时，增强的探测距离将代替原先的最大探测距离，探测概率下降距离 Rbrk 也依据增强的探测距离和原始最大探测距离之比进行放大。

最后，传感器的目标位置误差 TLE（Target Location Error）和目标速度误差 TVE（Target Velocity Error）定义为在 6 sigma 截断的 2 维 Gaussian PDF 的 1 sigma 值。TLE 和 TVE 随着传感器与目标的距离线性增大，TLE 和 TVE 定义为最大探测距离的误差值，在探测距离为 0 时，误差也降为 0（$s = r\theta$）。

2. 传感器属性

传感器的主要属性如下所示。

- 名称（name）：传感器名称。
- 装备价值（value）：传感器设备的装备价值。
- 最大探测距离（maxRange）：探测概率下降到 0 的距离。
- 最小探测距离（minRange）：最小探测距离。
- 俯角（elMin）：传感器视场的最小高度角。
- 仰角（elMax）：传感器视场的最大高度角。
- 宽度角（azWidth）：传感器视场的宽度角。
- 探测概率下降距离（breakRange）：探测概率开始线性下降，到最大探测距离为 0 的距离。
- 反辐射探测（detectsActive）：该传感器能否探测其他有辐射的主动式传感器或通信设备。
- 主动式探测（active）：该传感器探测时是否会进行辐射，这样可能会被其他反辐射探测的传感器发现。
- 导弹发射探测（detectsLaunches）：该传感器能否探测导弹发射。
- 敌我识别错误概率（iffProb）：将敌方目标错识别为己方目标的概率。
- 目标识别概率（PID）：传感器进行目标识别的概率。
- 探测目标类型（MTI）：移动目标探测模式，主要包括探测移动目标和静止目标；仅探测移动目标；仅探测静止目标。

- 武器开火探测（detectsWeapons）：该传感器能否探测武器开火。
- 最小目标可探测速度（MDV）：最小可探测的目标速度。
- 目标位置误差（TLE）：基于 Gaussian 分布的探测位置误差。
- 目标速度误差（TVE）：基于 Gaussian 分布的探测速度误差。
- 定位误差纵横比（tleAspect）：横向 TLE 和纵向 TLE 距离之比。
- 定速误差纵横比（tveAspect）：横向 TVE 和纵向 TVE 距离之比。
- 探测误差与距离相关（tleMode）：确定 TLE 与 TVE 是否与距离相关。
- 目标指示（cued）：传感器能否使用引导信息增强探测范围和探测概率。
- 目标指示距离（cueRange）：最大目标指示探测距离。
- 探测增强概率（cueQuality）：目标指示条件下的探测增强概率。
- 最大目标跟踪数量（maxTracks）：可以跟踪的目标数量。
- 目标跟踪时间（designator）：一个探测目标可以在多长时间后被完全跟踪（不考虑探测概率）。
- 目标信息传播次数（maxHops）：该传感器的目标信息可以在通信设备中被自动传播的次数。
- 战场毁伤评估时间（bdaTime）：执行战场毁伤评估（Battle Damage Assessment，BDA）的时间。
- 战场毁伤评估概率（bdaProb）：传感器进行正确 BDA 的概率。
- 适用时间（dayLightOnly）：主要包括三种类型，即传感器可以在白天和夜晚探测；传感器仅能在白天探测；传感器仅能在夜晚探测。
- 地形数据库（terrainDB）：定义影响传感器探测的地形数据库。该数据库的影响因子将影响最大探测距离。如果传感器或目标处于地形数据库的影响范围，则传感器的探测距离为影响因子乘以传感器的最大探测距离属性。
- 天气数据库（weatherDB）：定义影响探测的天气数据库。该数据库的影响因子将影响探测概率。如果传感器或目标处于天气数据库的影响范围，则传感器对目标的探测概率为影响因子乘以探测概率表中传感器对目标的探测概率。

3.3.3　武器系统

武器系统通过毁伤敌方作战单元和平台导致敌方 Agent 行为发生变化（如移动、投降、撤退等）。武器系统对象定义了武器系统的性能和作战使用限制。武器系统可以分配给作战单元、地面实体、空中实体或空间实体 Agent（每个 Agent 可以定义多个武器），并为 Agent 提供了向敌方作战单元和平台开火的能力。武器系统可以在毁伤概率（P_k）表（Probability of Kill Table）中确定不同武器对不同目标的毁伤效果。天气可以影响 P_k，用户可以通过地形考虑对武器攻击距离的影响。在战术编程时，通过设置不同的武器属性可以调整武器系统的作战使用限制。

1. 武器系统概念模型

1）武器系统攻击过程及影响因素

武器系统攻击过程如图 3.12 所示。

这里的武器系统分为两种类型：导弹和非导弹。这里定义的导弹类型武器一般是飞行时间>1 分钟的武器，而非导弹武器是打击目标<1 分钟的武器。仅当武器被声明为导弹类型时才能产生间接毁伤计算。

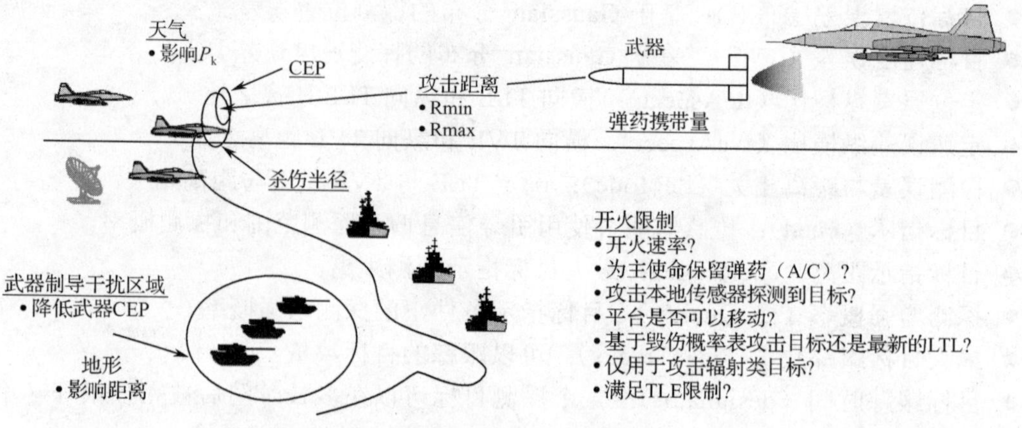

图 3.12　武器系统攻击过程

武器系统根据本地目标列表中的目标位置信息，只向处于攻击范围的目标开火。攻击范围由最大距离 Rmax 和最小距离 Rmin 限制。一旦武器系统发射，如果是导弹武器，则按照距离和导弹飞行时间计算毁伤时刻及其攻击点位置；如果是非导弹武器，则立即计算武器的攻击点位置。攻击点位置计算受到武器系统 CEP 的限制。如果目标处于武器攻击点的杀伤半径，则根据武器系统对目标的毁伤概率计算目标对象的毁伤结果。

每个平台上的武器系统发射都会受到弹药携带量的限制，而且武器系统开火也会受到多种因素制约。这些因素包括：

- 开火速率限制，确定武器系统的开火或发射间隔。
- 是否保存弹药用于飞机主使命。如飞机执行任务时只有飞到执行使命的攻击点才会发射武器，不能因为中途交战而损耗在攻击点所使用的武器。
- 需要本地传感器的目标探测信息。相当于武器系统只能打击平台自身传感器探测到的目标。这里主要考虑打击过程中需要平台引导等方面的限制。
- 平台不可以移动，即当武器系统开火时是否需要保持平台不动。
- 基于毁伤概率表还是 LTL 攻击目标。这是打击目标的优先排序问题，即是按照毁伤概率表的顺序打击目标还是根据 LTL 中的目标排序打击目标。
- 仅用于攻击辐射类目标。确定武器系统是否属于反辐射武器，如果是反辐射武器，则攻击处于主动探测状态的传感器及其平台。
- 满足 TLE 限制。是否需要目标位置误差满足一定的精度限制，如果目标位置误差过大则无法打击目标。

武器系统对不同的目标有不同的毁伤概率。在毁伤概率表中可以指定不同武器系统对特定目标的毁伤概率 P_k 和杀伤半径；另外，武器系统对目标的毁伤还受到环境的影响。如果目标处于不同的天气区域，可能会影响其对目标的毁伤概率 P_k；如果目标或武器系统处于不同的地形区域，可能会影响其对目标的攻击距离。武器系统的攻击目标可以分为非辐射目标和辐射目标两类。如果是辐射目标（如雷达、声呐等），则攻击处于主动探测状态的传感器及其平台。

2）武器系统 CEP 与距离

SEAS 中武器系统投放考虑了 CEP 的影响。其 CEP 与毁伤概率的计算关系如图 3.13 所示。

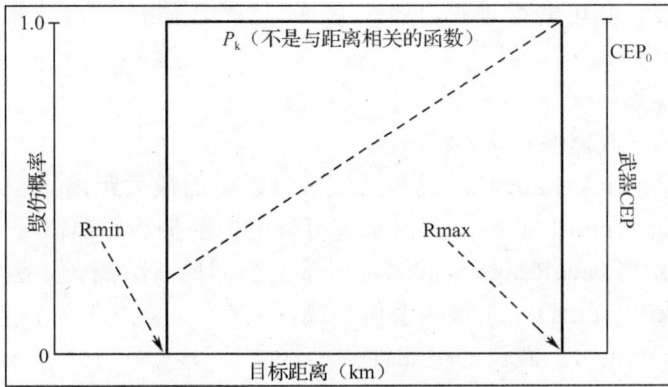

图 3.13 CEP 与毁伤概率的计算

这里毁伤概率不是距离的函数，在攻击距离限制内保持不变。

CEP 定义为在 6 sigma 截断的 2 维 Gaussian PDF 的 1 sigma 值。类似于传感器的 TLE，CEP 随着武器系统与目标的距离线性增大，分析人员确定的 CEP 为最大攻击距离的 CEP，在距离为 0 时，CEP 也降为 0（$s=r\theta$）。

3）瞄准点与杀伤半径

图 3.14 中给出一个轰炸机在攻击一个地面目标时，武器系统瞄准点与杀伤半径之间的几何关系。

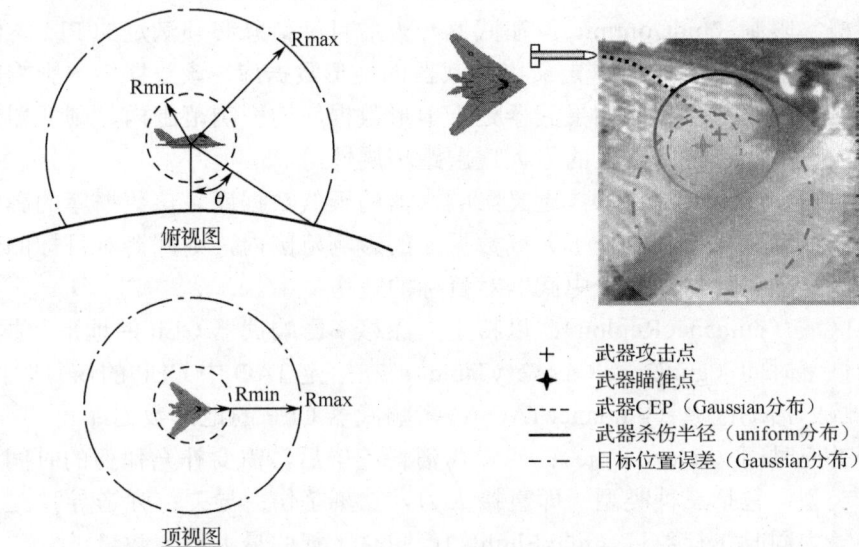

图 3.14 武器系统瞄准点与杀伤半径的几何关系

这种关系说明了传感器导致的瞄准误差、武器系统自身的投放误差、武器系统的杀伤半径以及武器对目标的毁伤概率等多种概率模型所导致的武器系统毁伤计算过程。

在武器系统打击目标过程中，传感器探测到的目标信息包含了目标位置误差，而且目标信息具有时效性，导致武器系统对目标瞄准时也具有偏差。另外，武器系统按照该目标信息进行武器射击或投放，也会由于武器系统自身的射击或投放偏差导致其具有圆概率误差，使得武器不能准确投放到瞄准点上，而是一个包含圆概率误差的随机位置。在该位置上，武器只能对处于杀伤半径之内的目标按照毁伤概率造成毁伤。如果被打击目标在打击过程中增加了机动性，则可能很难对目标造成毁伤。

2. 武器系统属性

武器的主要属性如下所示。

- 名称（name）：武器系统名称。
- 最大攻击距离（maxRange）：武器系统可以射击的最大距离。
- 最小攻击距离（minRange）：武器系统可以射击的最小距离。
- 导引头捕获距离（acqRange）：武器导引头的目标捕获距离。仅应用于导弹类型武器。
- 杀伤半径（killRadius）：武器的杀伤半径。
- 可靠性（reliability）：武器的可靠性。
- 弹药携带量（useLimit）：武器系统在重新补充弹药前可以射击的弹药量。
- 攻击速率（maxRate）：该武器每分钟可以射击的最大次数。
- 毁伤量（power）：针对作战单元的毁伤数量计算。
- 最大杀伤量（maxKills）：一次射击可以杀伤的最大 Agent 数量。
- 装备价值（value）：武器的装备价值。
- 飞行速度（speed）：武器的飞行速度。仅应用于导弹类型武器。
- CEP：围绕瞄准点抽样的二维对称 Gaussian 分布的 1 sigma 值。
- CEP 长短轴比（cepAspect）：CEP 垂直半径和横向半径之比。
- 位置误差限制（tleLimit）：一次射击允许的最大瞄准误差。
- 识别概率限制（pidCommit）：在武器开火前目标信息必须满足的 PId 阈值。
- 地形数据库（terrainDB）：定义影响武器的地形数据库。该数据库的影响因子将影响武器的最大攻击距离。如果武器处于地形数据库的影响范围内，则武器的最大攻击距离为影响因子乘以武器的最大攻击距离属性。
- 天气数据库（weatherDB）：定义影响武器的天气数据库。该数据库的影响因子将影响毁伤概率。如果武器处于天气数据库的影响范围内，则武器对目标的毁伤概率为影响因子乘以毁伤概率表中武器对目标的毁伤概率。
- 制导区域（guidanceRegion）：以特定的漂移率影响武器 CEP 的地形数据库。
- 制导恢复时间（guidanceRecoveryTime）：在给定 TAO 中 CEP 的恢复时间。
- 制导战术活动区域（guidanceTAO）：影响武器 CEP 的地形数据库。
- 弹药补充时间（reloadTime）：当弹药消耗完毕后，需要补充弹药的时间。
- 武器类型：包括三种类型，即直接火力，立刻杀伤；导弹；弹道导弹。
- 导弹最大同时飞行数量（maxFlights）：同时飞行的最大导弹数量。
- 反辐射武器（radar）：确定该武器是否仅用于攻击包含主动辐射传感器的平台。
- 移动开火（fireWhileMoving）：确定该武器能否在平台移动时开火。
- 火力协调数量（coordinateFire）：如果一个目标的被攻击次数超过了火力协调数量规定的次数，则阻止对该目标的后续打击。这样可以避免重复打击。
- 优先射击（prioritize）：确定是按照毁伤概率表规定的顺序而不是最新的目标列表顺

序选择攻击目标。

- 为飞行任务保留弹药（save）：对于飞机 Agent，是否应保留武器弹药直到到达飞行目的地。
- 攻击本地探测目标（needLocal）：确定该武器攻击目标是否为本地探测的目标。

3. 传感器与武器系统交互过程

一般武器系统发射或开火时间与传感器探测目标的时间相比是滞后的。显然，武器爆炸毁伤目标的时间与传感器探测目标的时间相比，滞后更多。如果武器是飞行时间较长的导弹武器，或传感器与武器属于不同平台，这种现象将更加明显。为此，武器系统在开火或发射时需要根据目标位置和速度对目标运动进行预测攻击。图 3.15 中给出了这种从传感器探测目标到武器对目标造成毁伤的计算过程。

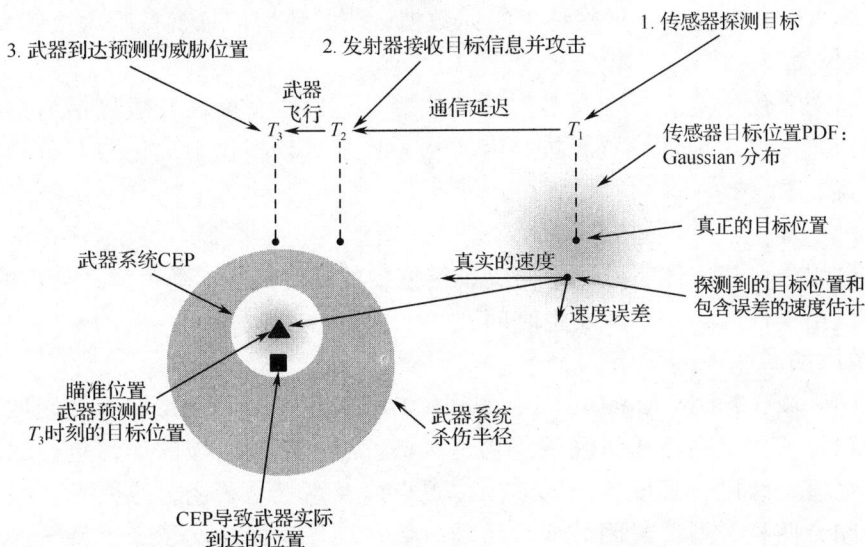

图 3.15　从传感器探测目标到武器对目标造成毁伤的计算过程

（1）T_1 时刻，传感器探测目标。目标探测信息中包含目标位置误差和目标速度误差。

（2）T_2 时刻，武器发射。由于通信延迟，T_2 时刻，武器系统可能才获取前面 T_1 时刻的目标位置信息。此时，武器系统通过 T_1 时刻的目标位置信息，根据包含误差的探测速度预测 T_3 时刻投放的武器可以与目标相遇，而且将相遇位置作为瞄准点。

（3）T_3 时刻，武器毁伤计算。经过武器飞行后，由于武器系统的 CEP，T_3 时刻投放的武器到达正方形标识的投放点，而不是准确的瞄准点位置。在该位置，武器弹药对杀伤半径之内的目标造成毁伤。显然在 T_3 时刻，目标如果按照真实的速度运行可能处于圆圈点，这时武器可能就无法对目标造成毁伤。

上述计算过程已经将武器系统的导航和导引头等性能因素包含到 CEP 和杀伤半径中，只有目标在杀伤半径之内才能检查其毁伤效果。

通过上述传感器与武器的交互过程可以发现：上述传感器与武器的信息延迟和信息误差对目标毁伤会产生巨大的影响，而减少这种信息延迟和误差是网络中心战中提高打击效率的关键。

通过上述计算过程可以发现相关的概率计算模型、信息上的时间效应及其计算关系大大提高了建立解析计算模型的难度。采用仿真方法不需要解析模型的高度抽象过程，可以依据 Agent 和对象随时间的不同活动过程，基于上述概率模型进行抽样计算，从而大大提高这种复杂计算的灵活性。采用这种仿真方法，每次仿真运行相当于作战过程的一次抽样，每次仿真运行产生的仿真结果也具有随机性。仿真实验时必须采用蒙特卡洛批量实验方法，通过对多次仿真运行结果的统计估算进行战果评估。

3.4 战场环境对象

SEAS 体系模型框架中设计了面向军事行动的动态战场环境，限制作战实体 Agent 和装备对象 Device 在地理空间内的移动、探测、交战和通信行为。环境实体一般主要为实体对象，作战实体 Agent 可以访问这些环境实体数据，获取环境信息支持行为决策和交互过程。

1. 地理位置

地理位置对象用于定义一个命名的地理位置。地理位置属性一般包括名称、地理位置经度、地理位置纬度、地理位置海拔高度。行为模型可以根据地理位置对象确定作战行动的目标和位置。

2. 事件

事件可以用于作战实体 Agent 行为决策模型中的行动同步，确定体系分析的开始时间。其属性主要包括事件名称和事件发生时间。

3. 战术活动区域

战术活动区域（Tactic Area of Operation，TAO）用于表示地形和天气区域，地面实体运动遵循的路径或用于高级逻辑测试的物理区域。战术活动区域的属性包括战术活动区域名称、采用经度、纬度、高度表示的多个位置点以及路径是否闭合等信息。战术活动区域分为开放和闭合两种类型。封闭的战术活动区域在地球表面定义了一个特殊区域，由一系列有序的经纬度的点组成。封闭的战术活动区域仅能支持简单的多边形。开放的战术活动区域一般为 Agent 移动时遵循的路径。战术活动区域的一些应用包括：通过封闭的战术活动区域可以用于定义影响体系作战的天气或地形区域，简化环境影响的表示和描述；多个战术活动区域可以交叉，表示多种环境影响的综合效果；作战实体能够确定它们是否处于一个战术活动区域中，确定后续采取的作战行动等。

4. 天气

天气环境对象用于表示天气区域的相关信息。体系分析人员可以在天气区域中定义多个对作战行动有不同影响效果的区域。天气环境对象一般由多个区域组成，表示相关 Agent 和装备受到该天气环境的影响。天气区域的属性包括指定的战术活动区域、影响因子、云底高、云顶高、开始作用时间、作用结束时间等。其中，影响因子可以表示在一个天气特定区域中对一个对象性能或效能影响大小的因子。

可以为作战实体（作战单元、地面实体）或设备（传感器、武器、通信信道）指定天气数据库。天气的影响作用可以归纳为：

- 对作战单元和地面实体的速度影响。
- 对传感器探测概率的影响。
- 对武器毁伤概率的影响。

● 对通信设备可靠性的影响。

如果天气中的区域发生重叠，则重叠区域的影响因子为多个重叠区域影响因子的叠加。这样可以使分析人员对复杂天气区域的多重影响进行分析。

5. 地形

地形环境对象用于表示地形区域的相关信息。体系分析人员可以在地形数据库中定义多个对作战行动有不同影响效果的区域。地形环境对象一般由多个区域组成，表示相关Agent和装备受到该地形环境的影响。地形的属性包括指定的战术活动区域、影响因子、开始作用时间、作用结束时间等。

可以为作战实体（作战单元、地面实体）或设备（传感器、武器、通信信道）指定地形数据库。地形的影响作用可以归纳为：

● 对作战单元和地面实体速度的影响。
● 对传感器探测距离的影响。
● 对武器攻击距离的影响。
● 对通信设备通信范围的影响。

如果地形中的区域发生重叠，则重叠区域的影响因子为多个重叠区域影响因子的叠加。这样可以使分析人员对复杂地形区域的多重影响进行分析。

6. 山脊线

山脊线环境实体可以用于表示更加真实的地形。山脊线可以基于通视性算法（LOS）判断传感器的探测和通信是否受到遮挡。山脊线是包含多个不同高度点的路径。山脊线的属性包括山脊线名称，采用经度、纬度、高度表示的多个位置点。可以通过设置传感器和通信设备的遮挡计算打开或关闭山脊线的LOS计算，确定山地环境对作战的影响。

7. 地面交通网络

地面交通网络可以描述不同位置节点的连接和代价信息。作战实体可以访问遍历交通网络拥有的道路节点，查找两个道路节点之间的最短路径，查找与指定位置最近的道路节点。作战实体可以依据道路节点的连通信息确定行进路线，进行移动计算。

3.5 Agent 行为表示

作战实体 Agent 的行为决策过程体现了信息化条件下 Agent 如何将信息优势转换为决策优势乃至最终作战优势的复杂过程，其中包含了一系列的信息处理、态势感知、态势预测、威胁判断、决策行动等过程。同时，该过程也是体系研究中可变性最强的部分。如何合理有效地支持 Agent 决策行为表示是体系效能评估研究的一项核心内容。

由于不存在完全通用的认知域决策模型，SEAS 采用战术编程语言 TPL 支持分析人员开发面向军事想定特定需求的 Agent 行为模型。因此，TPL 相当于为 Agent 提供了一种行为逻辑表示方法。TPL 类似于 BASIC 的脚本语言。分析人员采用 TPL 定义 Agent 的行为脚本，该脚本用于模拟一个 Agent 的认知域大脑决策，告诉 Agent 如何在自己的指挥层次中进行交互以及如何响应和适应敌方兵力和该 Agent 所处的环境。

3.5.1 行为建模方法比较

作战实体的决策行为建模是一个复杂的建模过程，其决策结果对作战结果的影响也最显著。为在仿真中描述决策行为，当前也形成了多种行为表示方法，主要包括反应式的行为表示方法、基于规则的行为表示方法和基于活动的行为组合方法。

1. 反应式的行为表示方法

反应式的行为表示方法一般用于简单的 Agent 行为建模。简单的反应式决策规则允许 Agent 与其他 Agent 执行交互行为，并对环境变化做出响应。简单的反应式规则通常将外部的刺激与特定的相关反应关联起来。反应式的行为表示方法由于表示简单，可以采用事件的方式响应外部环境变化和交互关系，也属于一种基于事件的行为表示方法。但是，由于这些规则非常简单，Agent 的适应性通常很差或不具有进化能力。因此，反应式的行为表示方法难以描述面向体系作战的跨越物理域、信息域、认知域的复杂作战实体的 Agent 行为建模。

2. 基于规则的行为表示方法

产生式规则系统是一种发展比较成熟、在人工智能各领域得到广泛应用的技术。其结构逻辑容易为军事人员所掌握使用，易于理解和维护，可以采用产生式规则描述作战实体决策行为，用基于产生式规则推理的方法实现作战实体 Agent 决策行为表示。基于产生式规则的决策推理方法的优点在于知识容易表示，整个推理过程只有前件匹配，后件动作，不牵扯复杂的计算，规则的模块性好，有利于知识和规则的添加、修改、删除，适应于规范化较好的作战实体的决策行为。

相对于简单规则，复杂规则虽然能够增加模型的细节、逼真度和表现力，但却有更加复杂的激活条件。复杂规则的外部刺激或者激活条件通常都是互斥或者具有优先级的，在单个 Agent 的决策环内通常都有多个复杂规则被激活或包含嵌套规则。在解决体系仿真分析中，这种方法存在以下不足：

（1）规则的推理是一个静态的过程，不能体现出作战过程随时间变化的动态性。

（2）灵活性不强，分析人员不能根据需要灵活调整决策规则，不容易反映自治 Agent 的智能性和适应性。

（3）不能有效地解决作战过程中出现的物理域计算问题，例如动作参数难以固化在规则中。

（4）复杂规则模型很难将注意力集中在基本的模式上，同时增加了开发费用，增加了行为模型验证与确认的困难。

3. 基于活动的行为组合方法

基于活动的行为组合方法是灵活性较强的一种 Agent 行为表示方法。该方法可以依据 Agent 在仿真过程中执行活动的顺序表示 Agent 在不同时间、不同条件下的不同活动。每个活动可以是包含时间延迟的活动，也可以是一种计算过程。分析人员可以采用编程方法灵活组合不同的语句描述各种复杂的活动过程。例如，飞机执行对地攻击任务的行为过程可以表示为如下活动：

（1）飞机起飞。

（2）若接收航线变更计划，则改变航线飞行。

（3）若发现巡逻飞机并遭受攻击，则交战并继续向目标飞行。

（4）若发现防空阵地，则变更航线飞行。

（5）若到达目标区域，则攻击目标。

（6）在目标空域停留一段时间后，返航。

上述活动代表了作战实体在作战过程中执行的活动和顺序，表示了飞机实体在整个仿真过程中的完整活动。分析人员按照作战任务需要可以灵活调整上述活动，反映作战实体在不同想定中执行不同任务的活动过程，也符合作战实体活动的自然描述。如果需要提高作战实体 Agent 的适应性和智能性，也可以采用逻辑编程的方法将神经网络、高级搜索技术、分布式问题求解，以及非单调推理等计算模块作为活动中的计算模块使用。

3.5.2　基于进程交互仿真的 TPL 脚本

基于活动的行为组合方法要求作战实体的行为能够按照进程或线程的串行方式进行描述。面向作战实体的 OODA 决策过程易于表示为一个串行过程，基于这种串行的活动描述是一种较为自然的行为决策描述方法。但是，这种表示方法要求决策活动必须在仿真过程中发生延迟时能够暂停行为执行，保证不同 Agent 间活动执行过程在时间上的因果正确性。为此，SEAS 系统采用进程交互仿真方法解决 Agent 行为活动的表示和调度问题。

在基于进程的活动表示方法支持下，每个作战实体的决策行为可以表示为一个仿真进程。每个实体的决策进程由一系列的活动组成，它可以描述一个作战实体从开始活动到仿真结束时所经历的完整过程，包括期间发生的若干个事件和若干项活动，以及这些事件和活动之间的逻辑和时序关系。这些活动在进程中的表达顺序代表了活动执行的先后顺序，可以通过灵活的控制语句表示活动执行的条件。进程是事件与活动的组合，因此可以更加完整地描述作战实体决策活动中状态迁移的过程。

为在基于进程的行为表示方法中简化对作战实体某些行为的描述，需要对作战实体公用的一些活动或计算进行抽象，形成命令或函数。这样，分析人员在采用进程描述作战实体决策行为时可以直接使用这些函数和命令，简化行为模型开发的难度。例如使用飞机飞行命令，可以使飞机执行自动起飞、开始向目标位置移动的活动。这样，决策行为不必给出飞机飞行活动的每个计算过程，这些计算过程自动由飞行命令完成。这些公用的活动或计算可以作为行为原语支持作战实体 Agent 的行为决策模型开发。

信息化条件下的作战行动原语给出了作战实体 Agent 中决策行为需要执行的主要内容。探测环节主要基于传感器物理组件和通信组件完成探测结果的获取，并将其转换为可以进一步理解的信息。而知识、感知、理解和决策与作战实体个体的认知能力、文化、训练背景等因素相关，无法采用统一的方法或模型进行描述和表达。行动发生在物理域，通过物理域组件可以执行行动。因此，Agent 行为过程应在信息域和物理域组件的支持下为分析人员提供一种灵活的行为表示方法，这种行为表示了作战实体在不同作战条件下的知识、感知、理解和决策过程，这种方法应是一种可组合的行为表示方法，分析人员可以根据需要灵活组合面向不同作战原语的命令，反映不同类型的决策过程。

3.5.3　行为原语

作战体系中的行为决策应考虑默认定义的行为模式和用户自定义的行为模式。如果在体系对抗想定中不考虑特殊的行为和指挥行为，作战实体可以按照默认行为进行运动、决策和交战；如果在体系对抗想定中考虑特殊的行为和指挥模式，用户可以在行为原语的支持下补充特定的作战决策行为。这些高层行为原语一般包括：移动、部署、建立作战队形、飞机起飞、发送作战命令和探测信息、待命、开火、作战编成调整、目标列表过滤、维修保障等。这些行为原语属于基本的作战活动，通过灵活组合可以形成面向不同体系任务和能力的作战使命和作战任务。

行为原语是对作战实体决策行为过程公共活动和计算的抽象，可以根据认知域对物理域和信息域的表示需求，通过对不同类型作战实体 Agent、装备对象和环境元素进行抽象获得。表 3.1 给出 SEAS 中部分抽象的不同行为原语及其适用的认知域环节。

表 3.1　SEAS 中部分抽象的不同行为原语及其适用的认知域环节

行为原语	作战实体 Agent	认知域环节	说　　明
移动	所有 Agent	行动	实体移动命令。该命令通过可以传送命令的通信设备将移动命令向下发送给所有子实体。 Move、SubMove、ArrayMove 等
部署	作战单元	行动	Deploy，在某个地理位置部署 Agent
阵形	作战单元	行动	Formation，设置一个作战单元的阵形类型和方向。阵形类型包括"Circle"、"Front"、"Hemisphere"、"Wedge"、"Column"、"Square"或"Random"
飞行	飞机实体	行动	Fly，拥有飞机的 Agent（作战单元）用该命令执行一个飞行使命任务。该飞行使命任务使飞机飞到某个位置，盘旋停留一段时间，然后返回基地，重新挂载武器和加油
发送目标	所有 Agent	行动	Broadcast，广播本地目标列表中的目标信息
发送命令	所有 Agent	行动	SendCommand，该命令通过某个可以传送命令的通信设备向某个 Agent 发送命令
延迟	所有 Agent	行动	Delay，当前决策行为延迟一段时间后继续执行
开火	所有 Agent	行动	Fire，使用某个武器向某个位置射击。在执行开火前将需要满足一般的开火条件。该命令一般支持火力压制任务（不向某个特定目标开火）
目标信息查询	所有 Agent	信息/知识	Locate、Targets、Enemy 等，这些命令确定某个范围内某种敌军兵力的位置信息。这些命令基于本地目标列表进行计算
目标对象融合	所有 Agent	信息/知识	Merge，将两个目标信息对象进行合并，将目标对象的 ID 合并到第一个对象中。该函数主要用于对目标信息进行手工融合，维护观察信息 ID 的一致性
距离计算	所有 Agent	信息/知识	GCDistance、Distance，用于计算两个地理位置之间的直线距离或地球大圆距离

行为原语	作战实体 Agent	认知域环节	说　　明
目标位置计算	所有 Agent	信息/知识	根据大圆距离和方位角计算相对于某个位置的新的位置
…	…	…	…

另外，在基于进程的行为表示方法中应设置一些内置对象类型，以表示传感器、武器系统、通信设备、环境对象、随机数对象等。分析人员在行为模型中可以操作和访问这些对象的属性，根据需要灵活地表示不同类型的决策行为。

下面是 SEAS 示例中一个机场部署和起飞飞机的 TPL 示例。

```
Orders
  Deploy BAB
  Loop
    If MissionReady ("F15E") > 0
      Fly Baghdad, "F15E", 1
    EndIf
  Endloop
EndOrders
```

3.6　基于 ABMS 的体系模型组合规范

SEAS 体系模型框架确定了一种基于 ABMS 的可组合体系仿真模型框架。在该体系模型框架支持下，根据作战实体的类型及其交互作用，采用时间片步长推进的方式不断更新作战实体的状态和交互作用，从而形成不同时刻战场的作战态势。在信息化作战条件下，体系作战过程涉及信息域、物理域和认知域之间的复杂交互过程。任何作战实体都由通信设备、武器、传感器和作战人员组成。不同的作战实体如导弹、卫星、指挥控制系统等通过通信设备进行通信。它们之间的通信主要传输不同平台探测的目标和作战命令。作战实体根据自身探测的目标和其他作战实体共享的目标可以形成该实体的本地目标列表，同样实体需要执行的作战命令也组成了本地命令列表。由于作战实体需要按照不同的作战态势进行战术决策，所以作战实体的行为应是一种可调整和可编程的作战行为。这些作战行为可以改变通信设备、武器、传感器的状态，产生新的作战命令、取消或延迟作战命令的执行等。其中，通信设备和目标处理过程表示信息域的主要活动；物理域表示为平台机动、探测和火力毁伤过程；而作战行为决策则表示认知域的活动过程。

另外，作战实体可以通过传感器探测敌方战场目标，这些传感器的探测受到位置误差、速度误差、探测范围、探测距离、天气、地形等条件的约束。一般作战实体在执行作战任务时都在作战计划中确定的战术活动区域（TAO）中活动。这些 TAO 可以与相关战场环境如天气、地形等结合起来，限制作战实体的探测、通信和武器系统作战效能的发挥。

可组合的 SEAS 体系模型框架定义了一种面向体系效能分析的 Agent 类型、装备对象、交互关系和交互对象的建模概念，确定了建立体系仿真应用模型的体系模型组件。分析人员可以依据这些组件定义面向不同体系问题的作战实体、装备对象、环境元素、交互关系和作战实体行为，这些模型组件是建立基于 ABMS 的体系仿真应用的仿真模型基础。基于 ABMS 的体系模型组件构成如图 3.16 所示。

图 3.16 中的组件和数据仅代表用户在进行体系仿真应用开发时需要定义和使用的组件。本地目标列表对象、本地命令列表对象、广播变量等属于仿真模型组件支持的功能，分析人员不需要在开发体系仿真应用时定义这些内容。

在体系模型组件中，作战方由不同的作战兵力构成，作战兵力包含可以指挥的作战单元。由于作战指挥可能包含多个层次，因此作战单元本身是一个可以包含子作战单元的对象。作战单元派生自作战实体对象，这样作战实体既可以表示由多个作战实体组成的作战单元，也可以表示单个作战实体。另外，为表示航母编队、机场等复杂层次化的组合实体，作战实体本身也可能由多个作战实体组成。无论是作战单元还是单个作战实体，都可能包含自身的作战平台、多个传感器系统、武器系统和通信设备。不同类型的作战实体和装备对象都包含一系列的内置属性对象。在开发不同类型的实体和装备时，可以为这些实体和对象指定不同的属性值，表示特定类型的对象，行为脚本也可以访问和设置这些属性，操作相关的装备状态。

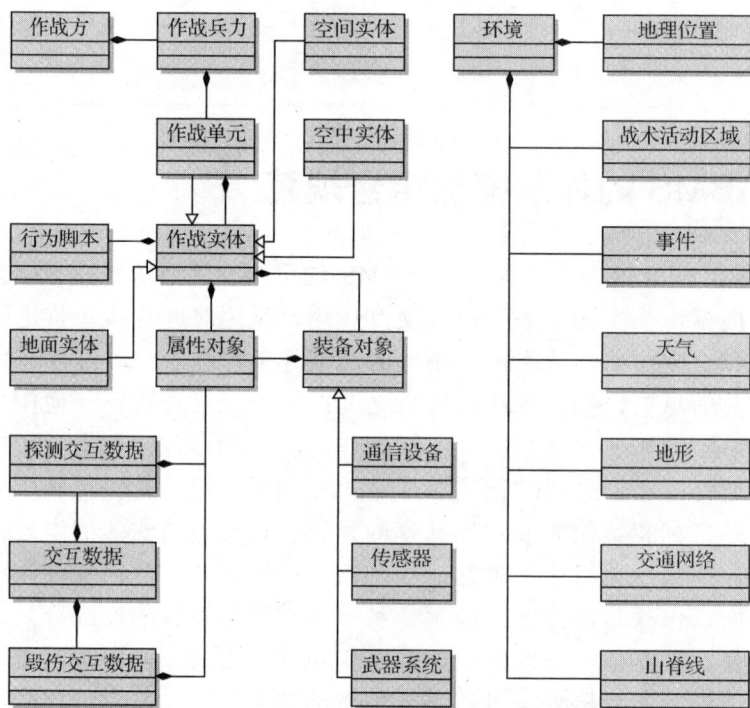

图 3.16　基于 ABMS 的体系模型组件构成

由于作战实体本身需要根据观测到的目标和接受的作战命令执行作战任务，所以作战实体内置了相应的目标列表对象和命令列表对象，从而管理相关的目标探测信息和作战命令信息。行为脚本由分析人员根据作战想定的需要进行调整和开发，可以在不同条件下通过行为脚本创建、删除和操作作战命令，根据目标列表中的目标探测信息决定采取何种行动以及访问哪些特定的状态信息，从而支持灵活的认知过程描述和指挥决策建模。由于作战实体为作战单元的基类，所以作战单元也同样具备作战实体的组合和行为决策能力。另外，通过组合不同的通信设备、武器和传感器系统可以构建不同类型的防空阵地、飞机编队、战场目标等作战实体和作战单元。作战实体实际上提供了基本的作战功能表示。根据特定类型的作战装备，可以派生特定类型的作战实体，如卫星、地面车辆、导弹、飞机、水面舰艇等。

战场环境提供了作战实体进行战术活动的 TAO 及其相关联的地形和天气数据。TAO 可以支持不同作战实体的移动、探测和交战过程。为简化模型的计算，地形和天气数据主要影响相关 TAO 内的作战实体的探测概率、毁伤概率和通信可靠性。另外，地形数据还可以通过山脊线表示对通信和探测关系的影响。作战实体之间的探测、通信和毁伤关系按照概念模型考虑的因素采用统一的探测、通信和毁伤算法进行表示，这样可以实现体系层次的交互关系抽象以避免大量的重复性工作。其中，武器对目标的毁伤概率可以通过毁伤交互数据进行定义；传感器对目标的探测概率主要通过探测交互数据进行定义。

在体系模型组件的支持下，可以建立面向体系仿真应用开发的体系模型组合规范。该规范定义了分析人员开发体系效能仿真应用时需要定义的模型组件和这些组件之间的组合关系及文件格式标准。基于 ABMS 的体系仿真引擎可以读取符合该规范的体系效能仿真应用模型执行仿真计算实验。

由于体系效能分析应用涉及的作战实体的组合关系是层次化的组合关系，可变性很强，一般难以采用关系数据库等格式存取。SEAS 软件中，通过 .war 文本文件定义体系仿真应用模型。为此，SEAS 软件确定了 .war 文件的文件格式，确定采用何种语法表示上述不同的体系模型组件。这样，分析人员可以像采用 Word 一样直接采用 UltraEdit 等文本编辑工具开发模型，其中内置了面向 .war 文件的编辑插件，可以快速定义不同类型的体系模型组件文本。随着计算机软件技术的发展，可以采用多种文件形式定义体系模型组合规范。XML 标准是一个可行的选择。这样可以采用基于 XML 的文件规范表示体系模型组合规范，采用 XML 标准的 XSD 格式定义体系模型组合规范的元数据模型。

第 4 章 基于进程的 Agent 体系仿真

Agent Based Modeling and Simulation

基于进程的行为表示方法可以有效地简化对作战实体行为的描述，因而可以采用基于进程的仿真方法描述和表示作战实体的 Agent 行为，也要求 Agent 体系仿真模型框架支持基于进程的仿真方法。为此，本章介绍了进程交互仿真方法，在第 3 章的体系仿真模型框架的基础上给出了基于进程仿真的 ABMS 仿真调度策略、体系仿真引擎，以及基于 JavaScript 脚本的 Agent 行为表示。

4.1 进程交互仿真及实现方法

4.1.1 进程交互仿真

仿真策略是仿真模型的核心，不仅约定了仿真模型的基本框架及其建模方法，同时也对仿真模型的解算方法和仿真运行管理方法（统称仿真算法）进行了约定，从根本上决定了仿真模型的结构。迄今为止，离散事件系统形成了事件调度、活动扫描和进程交互三种基本的仿真策略。其中，进程交互法由于其面向实体描述，可以给出实体的完整行为序列，不需要建立大量关联关系复杂的事件例程和活动例程，易于描述实体完整的生命周期，所以在 GPSS、SLAM II 和 SIMSCRIPT II.5 等仿真环境中获得了广泛应用。同样，采用进程交互仿真可以大大降低 Agent 复杂行为表示的难度，可以为 Agent 提供一种更加自然的行为表示方法，并大大提高 Agent 行为建模的效率。

传统的进程交互法采用基于当前事件表（Current Event List，CEL）和未来事件表（Future Event List，FEL）实现。这种方式的软件实现比事件调度、活动扫描法都要复杂得多，而且当用户建立的实体行为比较复杂时，不利于实体行为的扩展。随着计算机技术的发展，特别是支持多线程技术的高级编程语言（如 Java）的出现，计算机线程可以方便、高效地完成操作系统级别上的挂起、阻塞、唤醒等操作，采用线程来实现面向进程例程的进程交互法成为一种更自然、更便利的途径。

进程交互法的基本模型单元是进程，它是针对实体的生命周期而建立的。一个进程要表示实体行为中发生的所有事件和活动。在运行过程中，实体的进程需要随时间不断推进，直到某些延迟发生后被暂时锁住。一般进程中需要考虑以下两种延迟的作用。

（1）无条件延迟：在无条件延迟期，实体停留在进程中的某一点上不再向前移动，直到预先确定的延迟期满。

（2）条件延迟：条件延迟期的长短与系统的状态有关，事先无法确定何时结束。条件延迟发生后，实体停留在进程中的某一点上，直到某些条件得到满足后才能继续向前移动。

在延迟结束后，实体进程将继续推进。延迟结束时，实体所到达的位置即进程继续推进的起点，称为进程中的复活点。进程交互法的基本思想是，通过所有进程中时间值最小的无条件延迟来推进仿真时钟；当时钟推进到一个新的时刻点后，如果某一实体在进程中解锁，就将该实体从当前复活点一直推进到下一次延迟发生为止。

进程交互法由于将实体生命周期内的所有活动都封装在了一个独立的逻辑进程内，不需要像事件调度法和活动扫描法那样定义众多错综复杂的事件或活动例程，建模方式简洁、直观，模型表示最接近于实际系统。但在实现上，实体的进程要能够挂起，并正确保存进程挂起时的参数、局部变量和程序地址指针等信息，这样在条件满足时，才能从挂起点继续运行进程，这在系统实现上要比事件调度法和活动扫描法复杂得多。进程交互法建模的清晰性实际上是以实现的复杂性为代价的。

4.1.2 进程交互仿真的实现方法

1. 基于 CEL 和 FEL 的进程交互仿真算法

基于 CEL 和 FEL 的进程交互仿真算法的主要代表是 SLAM 和 SIMAN。它们主要面向最终的仿真用户，为用户提供预定义的仿真模块，如 Create、Goon、Assign、Queue、Select、Terminate 等节点以及 Branch、Activity 等关系支持对仿真问题进行图形建模，通过可视化的网络模型描述实体的生命周期。

在基于 CEL 和 FEL 的进程交互法中，FEL 中的实体需要满足以下两个条件：

（1）实体的进程被锁住（处于延迟中）。

（2）被锁实体的复活时间是已知的。

CEL 则含有以下两类实体的记录：

（1）进程被锁而复活时间等于当前仿真时钟值的实体。

（2）进程被锁且只有当某些条件满足时才能解锁的实体。

因此，FEL 存放的是处于无条件延迟的实体记录；CEL 存放的或者是当前可以解锁的无条件延迟的实体记录，或者是处于条件延迟的实体记录。仿真执行过程中首先扫描 FEL，确定下一个最早发生事件，调度相关实体进行推进，直到发生延迟为止。然后，扫描所有 CEL 中的实体，如满足实体复活条件，则激活实体，沿进程表示向前推进，直到发生延迟为止。基于 CEL 和 FEL 的进程交互仿真算法可以根据当前定义的不同进程模块实现不同的 FEL 和 CEL 的事件处理例程，支持进程交互仿真。然而，在用户建立的实体行为复杂，无法采用既有模块描述进程时，将面临事件处理扩展和行为扩展问题。当前，SLAM 就提供了 Event 节点和 Enter 节点等支持用户扩展进程模块，但是用户扩展新的实体行为需要更加复杂的实现。

2. 面向进程例程的进程交互仿真算法

面向进程例程的进程交互仿真算法采用了计算机的例程处理技术，以避免采用事件调度方法带来的行为扩展问题。该方法将任何实体的进程封装为独立的程序例程。程序例程描述了进程的所有活动，包括无条件延迟（如通过 Delay、Hold、Work 等语句描述）和有条件延迟（如采用 Request 资源语句描述）。如果进程的程序例程执行时遇到了无条件延迟语句，该进程例程将按照延迟时间插入事件队列；如果进程的程序例程执行时遇到了条件延迟语句，该进程例程则处于被动状态，直到其他进程采用 Activate 语句激活它为止。

虽然进程例程方法无法支持类似于 SLAM 或 SIMAN 的进程图形建模，但该方法为进程描述带来了程序级别的灵活性，可以灵活使用和组合不同的延迟语句，无须定义很多特定的事件处理程序，而且可以对 Wait 等语句进行扩展以支持连续和离散混合系统仿真，更易于描述面向对象的实体和进程。按照程序例程封装进程的主要困难是，必须在进程例程处于延迟状态时能保存当前进程例程的参数、局部变量和程序地址指针，便于进程激活时按照保存的地址指针、参数和局部变量正确地继续执行进程例程。当前，SIMSCRIPT II.5 和 SIMULA 采用与操作系统相关的底层调用保证进程例程执行的正确性，而且 SIMSCRIPT II.5 还可以将采用 SIMSCRIPT 脚本的程序翻译成特定的 C 语言代码以保证进程例程执行的正确性和执行效率。

在实现面向进程例程的进程交互仿真中，一个进程必须能在执行中挂起，并可以在后续的某个时间继续执行。这需要进程例程的参数、局部变量、程序地址指针信息能被正确地保存和恢复。由于 SIMSCRIPT II.5 和 SIMULA 采用操作系统相关的实现技术，使得进程例程的调度和执行效率非常高，足以与一般的事件调度方法相媲美。

4.1.3 基于进程例程的进程交互仿真

1. 基于 JavaScript 的进程交互

由于 TPL 采用脚本描述 Agent 决策行为，所以需要我们实现面向 TPL 脚本的进程交互仿真。这样，每个 Agent 的 TPL 脚本都是一个进程例程，这些 TPL 脚本中包含了不同的活动延迟和计算例程。基于高级计算机语言的进程交互仿真一般需要自动完成进程例程参数、局部变量和程序地址指针的保存和恢复。在进程交互仿真过程中，一个进程例程可以暂时挂起，执行另一个进程例程。被挂起的进程例程可以在某一仿真时刻在被挂起的程序点继续执行。这种执行过程是一种交替执行的过程。图 4.1 给出了两个交替执行的进程例程线程。

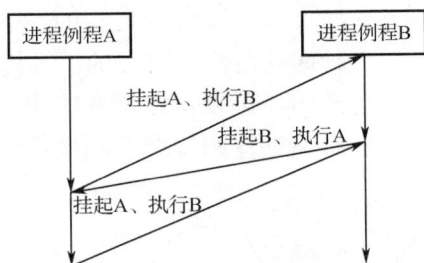

图 4.1 两个交替执行的进程例程线程

这种例程调度一般被称为协作例程（Coroutine）。采用基于线程的方法最容易实现这种协作例程。然而，计算机操作系统中线程的数量限制和线程切换效率决定了基于线程的进程交互仿真会受到规模和进程数量的限制。由于 TPL 脚本可以采用不同的计算机语言实现，所以可以针对脚本语言实现这种协作例程。当前，Python、C#、JavaScript 脚本语言越来越完善，例如，采用 Yield 语句比较容易实现这种协作例程。

由于 JavaScript 语言已经非常成熟，而且在计算机和网络领域中得到了广泛应用，我们以 JavaScript 语言为基础支持 Agent 的 TPL 行为描述，并在其中嵌入了分析人员常用的作战命令。由于 JavaScript 在 Web 领域的广泛应用（当前已成为 HTML 5 标准的动态脚本语言），分析人员可以获得大量的免费学习资料学习 JavaScript 脚本开发，也容易获得大量的 JavaScript 软件库支持复杂模型开发。

采用 JavaScript 语言可以实现面向进程例程的进程交互仿真算法，如针对 SIMSCRIPT 的进程操作语句 Activate，可以实现为：

- 按照进程激活时间将激活进程例程对象插入事件表中。
- 事件表第一个进程例程按照挂起点继续执行。

针对 SIMSCRIPT 的进程操作语句 Passivate，可以实现为：

- 将当前进程例程移出事件表。
- 事件表第一个进程例程按照挂起点继续执行。

针对 SIMSCRIPT 的进程操作语句 Hold，可以实现为：

- 按照进程延迟激活时间将当前进程例程对象插入事件表。

● 事件表第一个进程例程按照挂起点继续执行。

2. 进程交互分析

一般基于进程例程的进程状态具有以下状态。

● 不存在：进程不存在。

● 创建：生成进程对象，但该进程对象不参与仿真运行，等待其他进程调度或处于某种条件延迟或等待销毁。

● 激活：当前进程正在被调度，沿进程语句执行，直到发生延迟为止。

● 等待调度：进程等待或已经执行，按时间和优先级在 FEL 中排序，等待仿真调度，表示该进程处于无条件延迟。

● 等待资源：进程已经执行，处于等待资源排队状态且等待资源对象唤醒，表示进程处于条件延迟。

脚本的创建、运行和 Yield 方法使得脚本对象主要处于四种状态：不存在、创建、运行和挂起。其中，"不存在"、"创建"状态分别对应于进程的"不存在"和"创建"状态；"运行"对应于进程的"激活"状态；"挂起"对应于进程的"等待调度"和"等待资源"状态。通过脚本对象的运行、唤醒和挂起操作，可以实现脚本的状态转移，同样也可以支持进程例程的状态转移，进而支持进程之间和进程例程自身的操作与交互。基于脚本的进程例程状态和交互关系如图 4.2 所示。

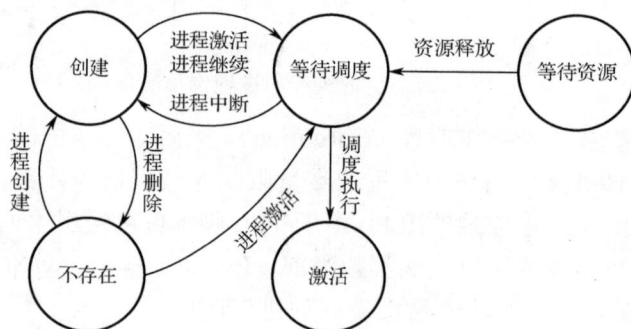

(a) 外部交互引起的进程状态转移

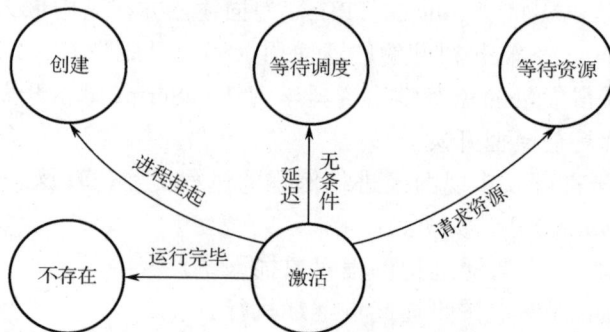

(b) 进程自身交互执行的状态转移

图 4.2　基于脚本的进程例程状态和交互关系

其中，外部对象操作进程例程的交互包括进程创建、进程删除、进程激活、进程中断、进程继续、调度执行和资源释放。进程自身的操作也可以引起进程状态的转移，主要包括进程挂起、进程的无条件延迟（Wait、Work）、运行完毕和请求资源。

- 进程创建：由其他进程或应用创建，可以采用脚本创建方法实现。
- 进程删除：由其他进程或初始对象删除，可以采用脚本删除方法实现。
- 进程激活：由其他进程或初始对象激活，根据激活时间运行脚本进入 FEL 中排序。
- 进程中断：由其他进程或初始对象中断进程例程调度，从 FEL 中删除中断的进程例程。
- 进程继续：由其他进程或初始对象继续进程例程执行，根据继续执行时间，进程例程进入 FEL 中排序。
- 调度执行：由仿真调度策略根据进程例程在 FEL 中的排序调度进程例程执行。如果进程例程没有启动，则启动例程执行，否则仿真调度策略将唤醒进程例程继续执行，直到进程例程发生延迟或运行结束时，进程例程唤醒仿真调度策略继续执行其他进程例程的调度。
- 资源释放：当其他进程释放资源对象时，资源对象的资源发生变化，资源对象判断如果资源可用，则将第一个等待资源的进程例程作为 FEL 中的第一个激活进程由仿真调度策略进行调度。
- 进程挂起：采用 Yield 方法暂停进程例程执行，等待其他进程激活该进程例程或删除该进程例程。
- 进程的无条件延迟：根据进程例程的下一激活时间进入 FEL 中排序。
- 运行完毕：进程例程执行结束，进程执行完毕，唤醒仿真调度策略继续执行其他进程例程的调度。
- 请求资源：进程例程请求资源对象。如果资源对象当前的资源不可用，资源对象则采用 Yield 的挂起方法暂停进程例程执行。

3. 基于 JavaScript 的 TPL 示例

1）进程交互仿真示例

这里采用 SIMSCRIPT II.5 中的一个多服务台多队列的简单仿真过程来说明基于 JavaScript 的进程交互仿真框架的应用。该例将建立一个银行模型，在此模型中，顾客到达时立即到出纳员空闲的服务台接受服务，然后离开。如果出纳员繁忙，到达的顾客将加入到最短的队列中，等待直到接受服务。其中，顾客到达间隔时间服从均值为 5 的指数分布；顾客接受服务时间服从均值为 10 的指数分布。

采用面向进程例程的进程交互仿真，顾客作为流动实体具有自己的进程，服务台和出纳员可以建模为资源，顾客到达过程可以采用 Generator 进程模式建模。图 4.3 给出了该仿真模型的全部代码。在基于 JavaScript 的进程交互仿真中，函数对象的 Actions 函数代表了该对象的进程例程。

代码中包含三个进程对象 Bank、Customer 和 Generator，以及一个服务台资源对象类 Tellers。Bank 是主进程类，它在进程例程 Actions 中启动一个 Generator 进程，然后采用 Hold（Work）命令使该进程处于无条件延迟状态，并在确定的仿真结束时间后再次激活，退出仿真执行。Generator 进程在仿真结束之前按照顾客到达间隔不断产生 Customer 进程；产生一个 Customer 进程后，将采用 Hold（Work）命令使该进程处于无条件延迟状态，并在确定的顾客到达间隔时间后再次激活，重新产生新的 Customer 进程。

由于该模型需要考虑到达顾客加入到最短队列中，所以这里采用 Tellers 对象类封装了多个服务台资源，并支持最短队列服务台查找。因此，Customer 进程首先查找最短队列服务台 teller，并请求 teller 资源；如资源请求不满足，则由 teller 将其插入资源等待队列，进入被动状态；否则将占有资源，采用 Hold（Work）命令使该进程处于无条件延迟状态，并在确定的服务时间结束后再次激活，释放占有的资源，然后离开系统。在释放资源过程中，teller 对象将检查是否存在等待资源的请求进程，使其占有资源并进入激活状态。

```
var simPeriod = 480;
var tellers = null;
var randomInterval = new RandomGenerator(1);
var randomService = new RandomGenerator(2);

Activate(new Bank(3), 0);
Start();

function Bank(n) {
    tellers = new Tellers(n);
    this.Actions = function() {
        Activate(new Generator(), 0);
        Hold(simPeriod + 120);
        tellers.Report();
    }
}

function Tellers(n) {
    this.tellers = new ArrayList();
    for ( var i = 0; i < n; i++) {
        var teller = new Resource("Teller" + i, 1, true);
        this.tellers.Add(teller);
    }

    this.MinimumCustomerTeller = function() {
        var nWaitCustomers = Number.MAX_VALUE;
        var minimumCustomerTeller = null;
        for ( var i = 0; i < this.tellers.Size(); i++) {
            var teller = this.tellers.Get(i);
            if (nWaitCustomers > teller.waitNumber) {
                nWaitCustomers = teller.waitNumber;
                minimumCustomerTeller = teller;
            }
        }
        return minimumCustomerTeller;
    }
```

图 4.3　银行的进程交互仿真模型

```
    this.Report = function() {
        for ( var i = 0; i < this.tellers.Size(); i++) {
            var teller = this.tellers.Get(i);
            teller.report();
        }
    }
}

function Customer() {
    this.Actions = function() {
        var entryTime = Time();
        var teller = tellers.MinimumCustomerTeller();
        Request(teller, 1);
        Hold(randomService.nextExponential(10));
        Relinquish(teller, 1);
    }
}

function Generator() {
    this.Actions = function() {
        while (Time() <= simPeriod) {
            Activate(new Customer(), 0);
            Hold(randomInterval.nextExponential(5));
        }
    }
}
```

图 4.3　银行的进程交互仿真模型（续）

如果需要考虑出纳员具有休息时间等因素，可以简单地修改上述模型，并增加相应的进程控制判断条件，而无须通过事件处理例程来扩展整个模型。所以，面向进程例程的进程交互仿真可以更容易地表示复杂仿真过程，用户不必定义复杂的事件处理函数，可以有效降低大规模复杂仿真模型的开发难度，也为体系 Agent 行为建模提供了仿真基础。

2）Agent TPL 示例

图 4.4 采用基于 JavaScript 进程交互仿真实现了对应于 3.5.3 节的 TPL 示例代码。

```
function B_Airbase_actions(){
    Deploy(Locations.BAB);
    while(true){
        if(MissionReady("F15E") > 0){
            Fly(loc,"F15E", 1);
        }
        Delay(1);
    }
}
```

图 4.4　基于 JavaScript 进程交互仿真的 TPL 示例

上述代码中采用 JavaScript 函数定义了 Agent 的 TPL 行为，该行为按照作战过程执行内置的作战命令。Delay 命令为无条件延迟命令，当遇到 Delay 命令时将暂停该 Agent 行为，直到延迟期满再继续执行该 Agent 的 JavaScript 脚本。当需要为某个 Agent 指定行为时，仅需指定相应的脚本文件和函数名即可。仿真引擎在仿真运行时将按照进程交互仿真策略执行相应的脚本函数。

4.2 基于进程仿真的 ABMS 仿真调度策略

Agent 仿真需要用仿真策略控制仿真时钟的推进和 Agent 模型的调度。仿真策略是 Agent 仿真运行系统的核心。仿真策略支持多个 Agent 活动在仿真时间上的同步。Agent 可以获得当前的仿真时间，相对于当前时间调度 Agent 活动的发生。仿真策略也与 Agent 活动的特点和模式相关。当前主要有两种时间调度方法：第一种方法是基于时间步长的调度方法，可以应用于简单的 Agent 活动调度，但不能应对更复杂的时间变化机制；第二种是离散事件调度方法，表示各种事件发生策略，可以执行更复杂和精确的时间调度。

4.2.1 Agent 模型架构

在 Agent 仿真过程中，需要能够正确调度 Agent 活动的发生，确保 Agent 交互影响关系的正确性。由于 Agent 一般属于独立的个体，所以可以将每个 Agent 活动过程都看成一个进程或独立的软件单元。这样在仿真执行过程中，每个 Agent 都包含一个随时间变化的活动时间序列，可以采用序列图描述多个 Agent 的动态活动过程。图 4.5 给出了 Agent 的动态活动序列示意图。

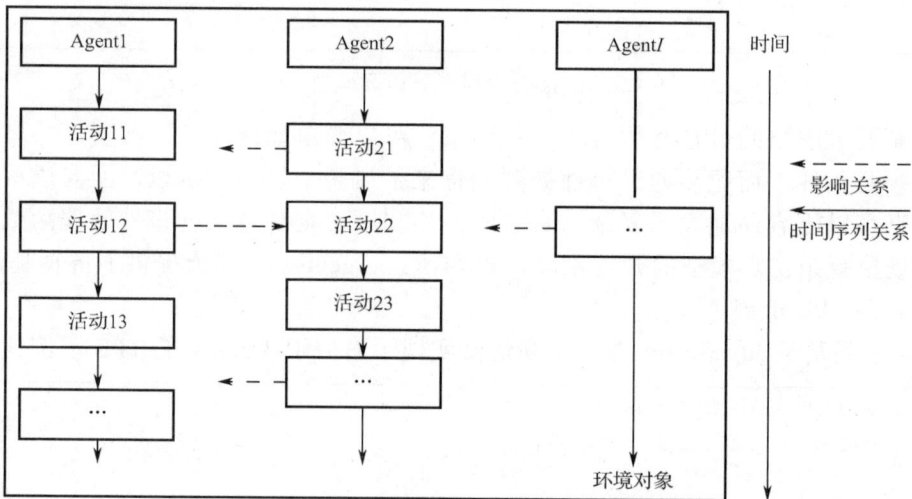

图 4.5 Agent 的动态活动序列示意图

在 Agent 仿真模型中，可能由模型设计人员采用程序描述不同时刻发生哪些活动以及这些活动的逻辑代码。一般将每个 Agent 的活动都封装在一个单独的程序代码中。每次该 Agent 活动发生都将统一调度该 Agent 的活动代码，这样可以将 Agent 活动封装成函数，或作为 Agent 类的活动方法，减少 Agent 模型实现的困难。另外，由于 Agent 在环境中与其他Agent交互,所以一般也需要将环境和交互拓扑关系作为独立的对象进行抽象,简化Agent模型的实现工作。在 Agent 活动过程中,每个 Agent 都随着时间的流动发生一系列活动。在 Agent 活动方法的调度上,必须采用一致的机制控制 Agent 活动的发生,而不是由 Agent 模型开发人员确定 Agent 活动发生的具体时间,调度 Agent 活动。

在 Agent 模型中,Agent 活动受到环境的影响,对环境产生作用,还有可能对其他 Agent 的状态产生影响。在 Agent 仿真模型中,调度策略需要保持不同 Agent 活动发生的先后顺序的正确性、影响关系的正确性,才能保证 Agent 活动的正确性。为此,在 Agent 仿真过程中,必须保证 Agent 活动发生时间早的 Agent 能够先执行活动,否则将使 Agent 活动发生因果关系错误。由于 Agent 活动可能会引起环境的改变或影响其他 Agent 状态,如果 Agent 活动在不应该发生的时间发生,则必然影响后续一系列 Agent 活动。在仿真策略中,一般采取最短时间方法保证 Agent 活动时间发生顺序的正确性。然而,在 Agent 仿真中,许多 Agent 活动的时间相同,这样又存在相同时间活动发生的处理问题。为保证相同时间活动发生的公平性,很多 Agent 仿真策略采取将相同时间 Agent 活动随机化的方法,使得 Agent 之间的活动影响相对公平,然而这可能造成 Agent 活动的模型表示、处理和观察上的不一致。为此,Agent 仿真策略必须解决 Agent 活动发生的先后顺序的正确性和相同时间 Agent 活动处理的一致性。图 4.6 给出了 Agent 模型、环境和仿真策略之间的关系。

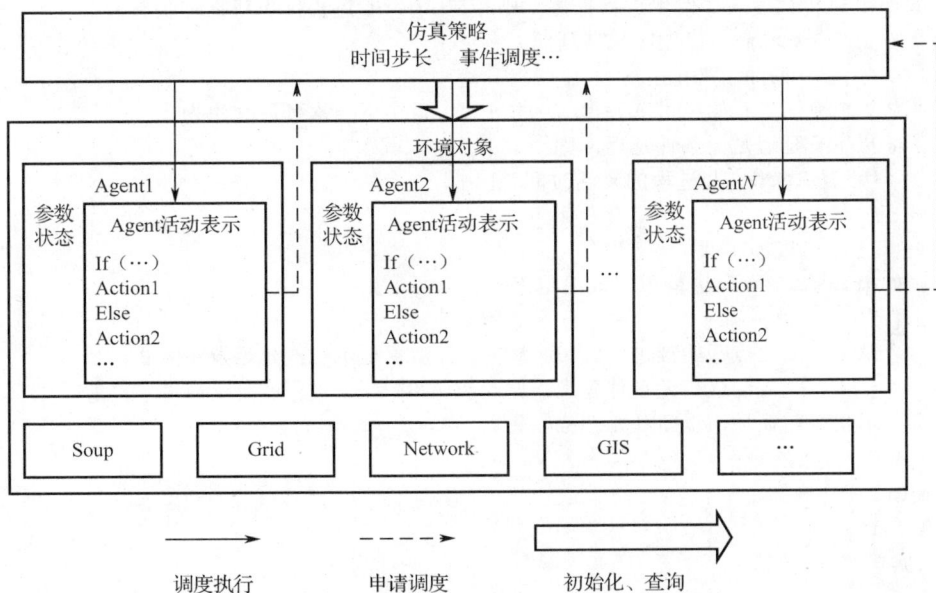

图 4.6 Agent 模型、环境和仿真策略之间的关系

Agent 模型需要表示由许多交互组件构成的复杂系统支持仿真实验。每个 Agent 模型都对应于实际系统的单个组件,是这些组件的抽象表示。仿真策略主要解决两个或更多的 Agent 活动调度。由于多个 Agent 可能试图同时执行行为,所以仿真策略还要解决同时发生活动的调度执行。仿真策略根据不同 Agent 活动的发生时间调用 Agent 的活动方法。反过来,Agent 活动执行过程中也可能向仿真策略申请在新的时刻调度 Agent 活动。Agent 活动一般根据当前 Agent 的状态和所处的环境采用逻辑判断方法执行不同的活动。由于 Agent 在环境中活动,所以环境对象是所有 Agent 的组合对象,其中按照不同的环境交互拓扑关

系管理这些 Agent 对象。仿真策略可以通过环境对象初始化 Agent 和查询 Agent 对象并采用时间步长和离散事件仿真方法实现 Agent 活动的调度。

4.2.2 基于进程仿真的 Agent 调度方法

为提高 Agent 行为表示的自然性，可以将每个 Agent 行为表示为一个进程例程，采用进程交互仿真方法调度 Agent 行为，从而支持基于 Agent 的体系仿真实验。进程交互法的基本思想是，通过所有进程中复活时间值最小的无条件延迟复活点来推进仿真时钟；当仿真时钟推进到一个新的时刻后，如果某一实体在进程中解锁，就将该实体从当前复活点一直推进到下一次延迟发生为止。图 4.7 给出了基于进程的 Agent 调度策略。

```
Step1：初始化
    ① 置仿真开始时间 t0 和结束时间 tf。
    ② 初始化 Agent 对象，生成 Agent 行为进程。
    ③ 确定 Agent 行为进程的初始复活点及相应的时间值 T[i]，i=1,2,…,m，m 是 Agent 进程
数。
Step2：推进仿真时钟
    ① 推进仿真时钟 TIME =min {T[i] | 实体 i 处于无条件延迟}。
    ② 如果 TIME≤tf，转 Step3；否则转 Step5。
Step3：Agent 进程调度（如发生进程推进，则相应 Agent 进程仅更新临时状态）
    for i = 1 to m （优先序从高到低）
      if (T[i]=TIME) then
        从当前复活点开始推进 Agent i 的进程，直至下一次延迟发生为止；
        如果下一延迟是无条件延迟，则
          {设置 Agent i 进程的复活时间 T[i]}
      endif
      if(T[i]<TIME) then
        如果 Agent i 在进程中的延迟结束条件满足，则
        {
          从当前复活点开始推进 Agent i 的进程，直至下一次延迟发生为止；
          如果下一次延迟是无条件延迟，则设置 Agent i 进程的复活时间 T[i]
          退出当前循环，重新开始扫描
        }
      endif
    endfor
Step4：Agent 状态更新
    for i = 1 to m
      如果 Agent i 的状态发生变化，则采用临时状态更新 Agent 状态
    返回到 Step2；
Step5：仿真结束
```

图 4.7 基于进程的 Agent 调度策略

4.2.3 Agent 状态更新

在 Agent 模型中，不同的 Agent 可能在同一时刻（时间步长和相同时间的事件）访问和修改共享的变量。例如，Agent A 可能在某个时刻通过交互访问 Agent B 的状态，但 Agent

B 也可能在该时刻修改自身的状态,那么是先执行 Agent A 的活动还是先执行 Agent B 的活动呢? 如果仿真策略仅对 Agent 活动排序,则必然会使 Agent 的状态更新依赖于 Agent 活动的执行顺序,不同的排序方法必然造成仿真实验结果的不一致性。

针对这种情况,可以借鉴并行计算方法,采用双缓冲区方法解决 Agent 的状态更新问题,即将 Agent 的状态更新分为两个阶段:状态计算和状态更新。在某个仿真时刻,所有将要活动的 Agent 计算当前时刻的状态,但不立刻更新状态;只有在所有当前时刻活动的 Agent 状态计算完毕后,才用计算出的状态更新 Agent 状态和环境状态,这样可以采用统一的语义和过程对 Agent 进行统一计算和更新,防止 Agent 状态和环境更新的混乱,并可以进一步支持 Agent 并发活动的并行执行。

4.3 基于 ABMS 的体系仿真模型框架

4.3.1 仿真模型框架组成

根据模型的表示需求,仿真模型框架应加强作战模型的实体化、可重用性、模型实体关系的动态性以及模型行为的过程性,建立一个动态的模型体系框架作为运行支撑基础,并具备可组合模型的运行能力,自动在交战条件形成时进行交战模拟计算,保证模型体系可以响应多种形式的想定部署和任务分配能力。为此,可以根据 3.6 节的体系模型组合规范将包含的装备实体及其关系进行分类、抽象,以提高仿真模型的重用性和可组合性。在仿真过程中,仿真引擎将不同作战实体的行为封装为进程对象,利用进程交互仿真方法计算不同作战实体的探测、通信、行为决策和武器系统交战等过程,更新作战实体的状态,形成不同仿真时刻敌我双方的战场态势。基于 ABMS 的体系仿真模型框架如图 4.8 所示。

在基于 JavaScript 的进程交互仿真框架支持下,体系仿真模型框架主要由作战实体模型、作战实体组织结构模型、交互关系计算模型、基于进程的体系仿真模型调度、分布式共享对象管理组成。

1. 作战实体模型

作战实体模型对应于体系模型框架中的作战实体对象,它按照体系模型框架中作战实体的结构定义包含了传感器、通信设备和武器系统对象,支持作战实体的交互关系计算。为支持作战实体的行为决策,作战实体模型还管理相应的本地目标列表、本地命令列表以及决策行为进程。决策行为模型是可执行用户定义的决策行为脚本的进程例程对象。该进程例程对象可以执行决策行为脚本中的行为原语对象,并可以根据作战行为想定延迟、调度和中断决策行为进程的执行。决策行为模型执行的行为原语将对作战实体的物理域活动产生影响,从而形成作战实体完整的 OODA 循环。

2. 作战实体组织结构模型

作战实体组织结构模型对应于体系模型的作战实体组织关系,按照体系模型组合规范构建了体系分析应用中作战方、作战兵力、作战单元、作战实体间的层次关系,并确定了作战实体间的探测关系、通信关系和交战关系,便于仿真运行过程中快速查找和计算作战实体间的交互,也支持作战实体决策行为中查找和遍历其他作战实体。

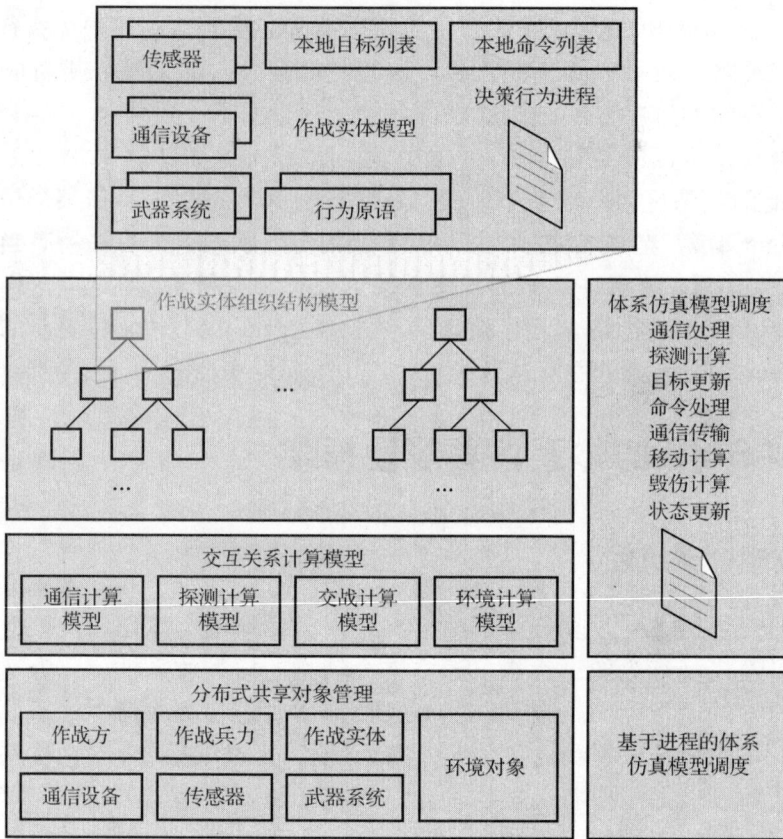

图 4.8　基于 ABMS 的体系仿真模型框架

3.　交互关系计算模型

交互关系计算模型支持作战实体间的交互关系计算，主要包括通信计算模型、探测计算模型、交战计算模型和环境计算模型。通信计算模型根据通信信道、作战实体的地理位置、通信速率、通视性等条件计算实体间目标信息、命令信息和广播变量的发送和接收；探测计算模型根据传感器探测距离、敌方作战实体地理位置、传感器探测方式、环境影响因素等计算作战实体是否可以感知其他作战实体，并将目标探测信息保存到作战实体的本地目标列表中；交战计算模型根据作战实体感知的目标信息和决策行为确定可以打击的敌方作战实体并计算对敌方作战实体的毁伤状态；环境计算模型为通信计算模型、探测计算模型、交战计算模型决策行为进程提供距离、方位、地形遮挡、地形和天气影响等计算功能。

4.　基于进程的体系仿真模型调度

体系仿真模型调度采用进程仿真方法调度 Agent 决策行为模型，采用基于时间片的方法调度作战实体模型的通信、探测、交战计算。随着每次仿真时间的推进，体系仿真模型调度执行所有作战实体 Agent 的通信、探测、交战和决策行为，并通过分布式共享对象统一同步更新所有作战实体 Agent 的状态，保证交互关系计算的统一性和一致性。有关基于进程的体系仿真模型调度的详细内容参见 4.3.2 节。

5.　分布式共享对象管理

分布式共享对象管理采用双缓冲区的方法保存和管理每个作战实体、装备对象和环境对象的状态。它按照作战实体组织结构保存上述对象的属性和层次关系，并提供对象属性的更新接口。作战实体的交互关系计算基于前一时刻的作战实体和环境对象进行交互计算和决策行为计算，只有在所有作战实体计算完毕后，分布式共享对象管理才进行下一时刻的状态更新。分布式共享对象管理不仅支持作战实体、装备对象和环境对象的状态更新，还可以为分布式仿真运行和可视化演示提供共享数据支持。

4.3.2　基于进程的体系仿真模型调度

在宏观尺度上，作战实体 Agent 表现为一种并行活动过程。但由于现代计算机处理器的计算是一种串行执行过程，每个个体的指令实际上必须以串行的方式执行。体系仿真模型框架可以采用时间快照的方式进行串行计算，模拟所观察到的复杂群体行为的大规模并行过程。在进程仿真框架支持下，体系仿真模型调度按照一定的计算顺序计算作战实体间的交互，确定作战实体的状态，通过统一的状态更新确保所有作战实体都是基于同一时刻的作战实体状态进行计算。作战实体的交互关系计算主要包括探测计算、通信计算、行为决策计算、作战命令处理、武器系统计算和实体移动计算。这些计算需要按照一定的先后顺序执行，否则会造成时间因果关系上的混乱。基于进程的体系仿真模型调度过程如图 4.9 所示。

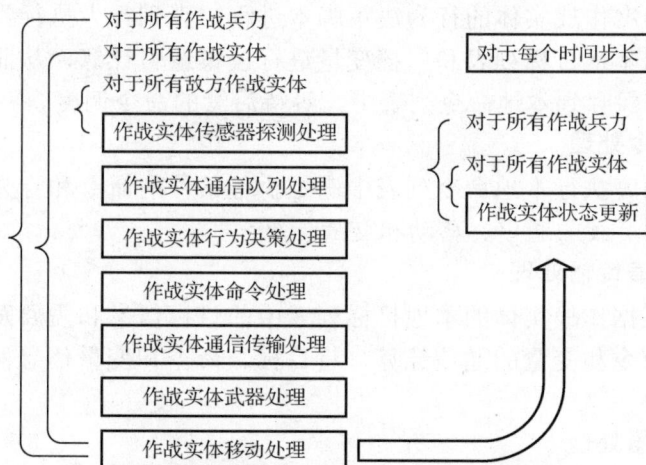

图 4.9　基于进程的体系仿真模型调度过程

体系仿真模型调度需要遍历所有的作战实体，对作战实体的交互关系和状态进行计算。一个作战实体首先需要进行探测计算，获取当前时刻可探测的目标信息，而后需要从通信设备中接收上一时刻其他作战实体发送的目标信息、命令信息和广播变量信息。这些信息可以支持作战实体决策行为的进一步判断和处理。作战实体命令处理则进一步处理作战实体决策行为产生的命令和当前时刻接收的命令。另外，作战实体命令处理和本地传感器探测信息形成的通信信息也可以通过作战实体的通信传输处理进行通信计算，确定下一时刻哪些作战实体可以接收这些通信信息。而后，作战实体武器处理则根据作战实体执行的命令和感知的目标信息确定打击目标，并进行毁伤计算。由于不同作战实体类型（地面、空中和空间）的移动计算不同，需要根据决策行为的移动命令计算作战实体下一时刻的空间位置。

上述过程需要按照上述顺序计算才能正确执行，否则会产生因果关系问题。例如，如果将决策行为计算置于前面，则可能在决策行为计算中遗漏当前可探测和接收的目标信息、命令信息和广播变量，使得决策行为计算发生延迟，导致仿真计算结果产生错误。上述顺序实际上保证了不同时间段作战实体的决策行为和 Agent 的仲裁阶段模拟的执行顺序。在上述计算过程完成后，体系仿真模型调度将遍历更新所有作战实体的状态，以确保下一时刻作战实体计算时依据的作战实体状态都是同一时刻的状态。

1. 作战实体传感器探测处理

传感器探测处理将遍历所有属于敌方兵力的作战实体，如果探测到敌方作战实体，则将目标探测信息按照更新时间保存到实体的本地目标列表中，支持后续的行为决策和武器交战计算。

2. 作战实体通信队列处理

体系仿真模型从通信设备的接收队列中获取其他作战实体发送的目标探测信息、作战命令信息和广播变量信息；将接收的目标信息按照更新时间保存到实体的本地目标列表中；将接收的命令信息保存到本地命令列表中；根据接收的广播变量更新本地行为中的广播变量，支持后续的行为决策和武器交战计算。

3. 作战实体行为决策处理

体系仿真模型调度作战实体的行为决策脚本进程，直到行为执行到发生延迟为止。行为脚本进程可能依据本地目标列表和广播变量进行决策逻辑计算，从而产生移动、开火等活动命令，这些命令保存到本地命令列表中，等待后续的命令调度。

4. 作战实体命令处理

体系仿真模型调度执行本地命令列表中满足执行条件的命令和行为原语，这些命令和行为原语可能会影响后续的通信、移动和交战计算。

5. 作战实体通信传输处理

体系仿真模型根据作战实体的本地目标列表中的目标信息和需要发送的命令，以及广播变量进行目标、命令和变量的通信计算，将目标、命令和变量信息保存到可以传输的作战实体的通信队列中。

6. 作战实体武器处理

体系仿真模型根据作战实体中的每个武器系统的状态、执行的开火命令，以及本地目标列表中的目标信息确定是否满足攻击条件，通过毁伤计算模型计算目标的毁伤效果。

7. 作战实体移动处理

体系仿真模型根据作战实体执行的移动命令和平台的物理运动特性，计算作战实体下一时刻的空间位置。

8. 作战实体状态更新

体系仿真模型更新所有作战实体的状态。每个作战实体状态更新主要包括 Agent 位置更新、Agent 状态更新、Agent 设备状态更新、Agent 毁伤状态更新。这些更新的状态表示了作战实体下一时刻的 Agent 状态。

4.3.3　作战实体的状态更新

作战实体的状态更新需要保存上一时刻作战实体的状态，并同步更新下一时刻作战实体的状态。由于作战实体间的差异性，不可能采用统一的数组或类型表示实体状态。为此，在体系仿真模型框架中，需要采用共享对象管理的方法管理作战实体状态和进行状态更新。

分布式共享对象的组成结构如图 4.10 所示。

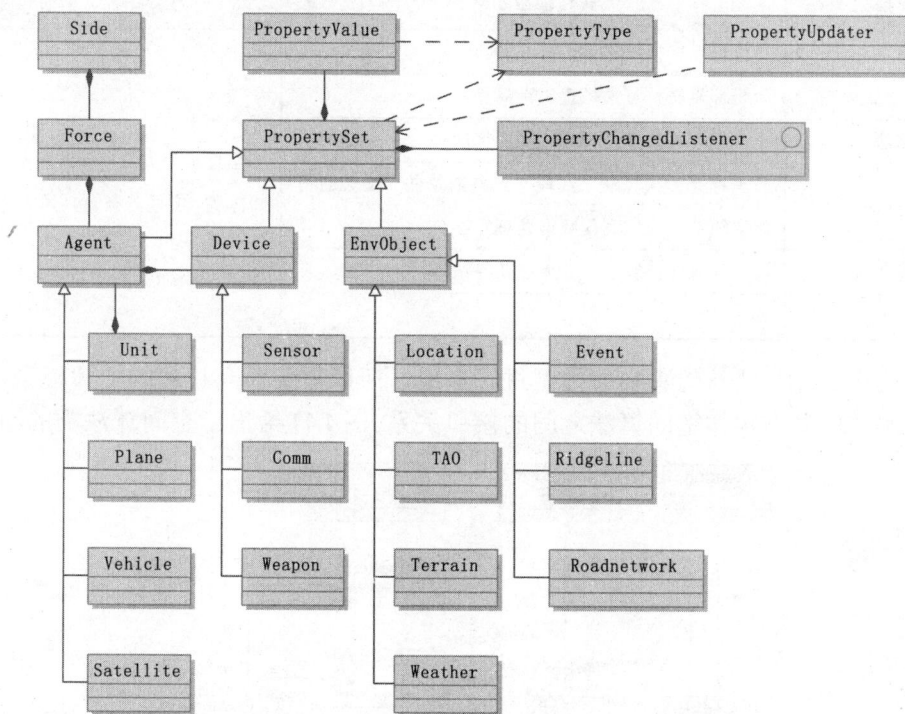

图 4.10　分布式共享对象的组成结构

属性管理集合 PropertySet 是可以进行属性管理和更新的通用类。其中包含了由不同属性类型 PropertyType 和属性值 PropertyValue 定义的多个属性。PropertyType 定义了不同类型属性的更新方法。通过 PropertyUpdater 可以暂时保存相应 PropertySet 和某些属性的更新信息，直到确定可以更新属性状态时，PropertyUpdater 才完成正式的属性更新。PropertySet 还提供了 PropertyChangedListener 接口，这样当 PropertySet 属性更新时，可以通知相关监听属性变化的对象如数据采集、可视化表现等及时执行相关的操作。其他所有作战实体、装备对象和环境对象均派生自 PropertySet 对象类，这样体系仿真模型调度可以按照统一的接口更新这些对象状态，保证 Agent 对象更新的一致性。

4.3.4　相关算法

前述体系效能仿真模型计算和交互计算需要大量的空间算法支持。其中主要包括坐标系转换、探测、交战和通信、通视性、卫星轨道等算法，这些算法一般属于已有算法的集成，这里不再赘述。体系效能仿真中的基本算法如表 4.1 所示。

表 4.1　体系效能仿真中的基本算法

算法名称	算法调用关系	算法中涉及的对象类
坐标系转换算法	基于矩阵计算的地心、大地、局部坐标系转换	坐标点基类及各种派生类、容器类、矩阵类、实体基类及具体实体派生类等
移动算法	坐标系转换算法、直线距离算法、直线夹角算法、地球表面大圆距离算法等	

算法名称	算法调用关系	算法中涉及的对象类
探测算法	坐标系转换算法等	
交战和通信算法	坐标系转换算法、直线距离算法等	
阵形算法	坐标系转换算法、具体阵形算法等	坐标点基类及各种派生类、容器类、矩阵类、实体基类及具体实体派生类等
通视性算法	坐标系转换算法、线段交点判断算法、最大通视距离算法、原始高程数据处理算法等	
卫星轨道算法	坐标系转换算法、真近点角算法等	
……	……	

由于需要将上述算法与仿真实体模型进行集成，所以需要建立相关的实体模型对象类，并建立这些实体模型与实体空间算法之间的接口关系。图4.11给出了空间算法类的组成关系。

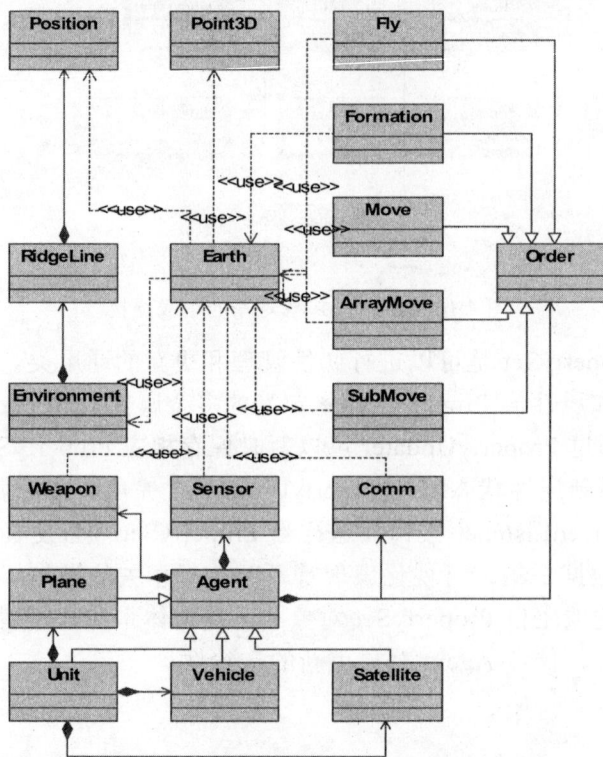

图 4.11　空间算法类的组成关系

其中，Point3D 定义了直角坐标系下的坐标和距离、角度等基本算法；Position 定义了大地坐标系数据信息。Earth 对象类给出了基于椭球体的地球模型，并支持基本的大地坐标系向地心坐标系、大地坐标系向局部坐标系、局部坐标系向大地坐标系、地心坐标系向大地坐标系的转换。为简化相关算法，Earth 对象类还提供了基于大地坐标系的距离和方位角计算接口。

通视性算法主要考虑面向地球和山脊线的通视性计算。山脊线数据信息主要通过Position 表示的大地坐标数据进行表示。环境对象类 Environment 包含了多个山脊线对象，提供了基于山脊线的通视性计算接口，可以基于山脊线数据进行通视性计算。Earth 对象类可以引用 Environment 对象类支持探测、通信和交战的通视性计算。

实体的移动计算包含在实体作战命令的执行过程中。这些作战命令主要包括 Move（移动）、Fly（飞行任务）、SubMove（临时移动）、ArrayMove（基于数组的连续移动）、Formation（队形变换）等。这些对象类均派生于对象类 Order。一旦这些命令被执行，这些命令将根据当前仿真时间和参数调用 Earth 对象的坐标系转换算法进行计算。

实体模型主要包括面向地面的实体类 Vehicle、面向空中的对象类 Plane、面向空间的对象类 Satellite 和包含指挥能力的对象类 Unit。这些对象类派生于对象类 Agent，它们都具有包含探测设备类 Sensor、武器对象类 Weapon、通信设备对象类 Comm 的能力。相关的探测算法、交战和通信算法也隐含在这些对象类的接口中。卫星对象类则包含基于二体运动的卫星轨道算法。

4.4　决策行为进程

作战实体的行为决策处理过程可以采用基于 JavaScript 的进程脚本语言进行定义。分析人员可以根据不同的想定背景和作战状态灵活定义不同作战实体的决策逻辑。每个作战实体包含一个决策行为脚本描述 Agent 作战行为。该决策行为表示了作战实体的决策行为进程。在决策行为进程中，分析人员可以组合使用不同的命令和行为原语，控制作战实体的物理行为和决策行为。图 4.12 给出了部分行为原语的类图关系。

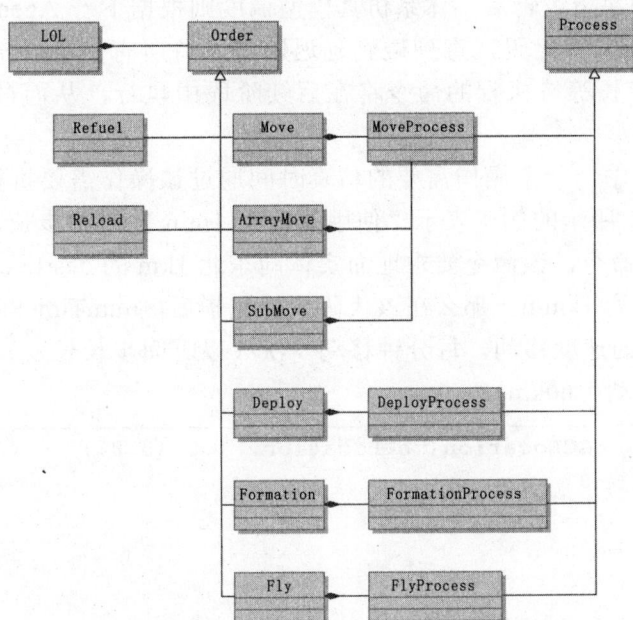

图 4.12　部分行为原语的类图关系

决策行为脚本中使用行为原语产生不同的作战命令。这些命令保存在本地命令列表中等待执行。这些命令包括移动、部署、阵形、起飞、加油等。有些命令，如移动、部署等需要一定时间才能执行完毕，因此这些命令本身又是一个进程，需要派生自进程对象。命令进程执行完毕代表命令执行结束，该命令将被从本地命令列表中删除。决策行为脚本也描述了作战实体的决策行为周期，当决策行为脚本执行完毕时，也代表作战实体的决策行为过程结束。

4.4.1 基本脚本的决策行为进程

在串行的体系仿真模型调度过程中，在每个时间段，每个作战实体 Agent 轮流执行自己的决策行为进程。决策行为进程执行产生的命令将被排队等待处理。当每个时间段中所有 Agent 决策逻辑执行完毕后，所有排队执行的命令将通过模型进行计算。这些小的时间段被称为时间步长。时间步长方法使得所有 Agent 都可以分时间段更新，形成不同时刻点的世界（环境、平台和装备的状态和位置等）状态的公共视图，直到仿真结束。不管一个 Agent 在想定中定义在哪个位置，结果都是许多 Agent 轮流执行它们的决策行为，确定它们下一步的移动和动作。采用这种方式，所有 Agent 都处于同一个活动层次；它们访问同样的信息；按照自己的决策产生行为变化。

当运行一个想定时，体系仿真模型框架将创建所有作战实体 Agent 的实例对象，根据想定内容设置每个 Agent 的属性。一旦创建了所有 Agent 实例，决策行为进程将开始读取第一个 Agent 决策行为脚本的第一行代码。体系仿真模型调度将顺序执行每个 Agent 中决策行为脚本的每一行代码，直到碰到会导致该 Agent 实例发生延迟的语句。此时，进程仿真调度将暂时停止当前 Agent 决策进程的执行，当前 Agent 暂停执行的决策行为脚本代码的下一指令位置为该 Agent 的复活点。Agent 初始复活点为决策行为脚本代码的第一行。暂停执行当前 Agent 的决策逻辑后，体系仿真模型调度则根据下一 Agent 的复活点执行下一个 Agent 的决策行为脚本代码，直到碰到延迟语句。待所有 Agent 的决策逻辑执行完毕后，所有当前时间步长等待执行的命令将在后续阶段中执行，从而最终改变 Agent 或环境的状态。

在决策行为脚本中，一个操作需要的仿真时间通过该操作需要执行的时间步长数量确定。例如，如图 4.13 所示的例子表示"使用默认为 1min 的时间步长，作战实体正执行一个地面实体的 Move 命令，该命令要求地面实体向东北 1km 的 destLocation 位置前进"。如果该地面实体的速度为 1km/h，那么在该代码执行完毕后，numTimeSteps 变量值将为 60。Agent 开始以 1km/h 的速度移动，每分钟移动一次（以时间步长长度）。因此在每个时间步长内，该 Agent 将移动 1/60km。

```
var destLocation = GCLocation(me.Location, 1.0,45.0);
var numTimeSteps = 0
Move(destLocation);
while (me.moving == true)
{
    numTimeSteps = numTimeSteps + 1;
    Delay(1);
}
```

图 4.13　决策行为脚本示例

4.4.2　无延迟操作和延迟操作

1. 无延迟操作

决策行为中的一些操作不会产生延迟，这些操作包括：

（1）变量赋值。

（2）不包含延迟命令的函数。

（3）if、else 等逻辑判断语句。

（4）while、for 等循环语句。

（5）Agent 和设备的属性读取和赋值操作。

函数中如果不存在延迟语句或包含延迟的命令，则函数计算总是立刻返回。如果函数中存在时间延迟的命令或语句，Agent 调用该函数时，将会在函数的延迟语句中暂停。在下一时间步长或延迟期满时，该 Agent 将在下一语句继续执行。当函数执行完后，将继续决策行为脚本中函数调用的下一语句执行。

2. 延迟操作

一般包含 1 个时间单位延迟的命令和函数主要包括移动、部署、起飞、阵形部署、临时机动、广播、开火等。包含特定延迟的进程交互命令有以下几种。

- 延迟（x）：在经过 x 个时间步长后，Agent 才会结束暂停，从下一行代码继续执行，相当于在 x 个时间步长内冻结一个 Agent 的决策行为执行。
- 中止：停止执行当前 Agent 的决策行为进程，相当于 Agent 的决策逻辑执行完毕，仿真模型调度将不再调度该 Agent 的决策行为逻辑。
- 暂停：等待当前已执行和未执行的命令执行完毕。暂停命令将暂停决策行为进程的执行，直到所有等待执行的命令得到执行。
- 等待（x）：该命令暂停执行决策行为进程，直到发生事件 x 或仿真时间到达 x 时刻为止。
- 结束：该命令停止仿真执行，记录仿真输出，进行下一次仿真执行。

4.5　体系效能分析仿真平台原型

在前述体系仿真模型框架的基础上，我们设计实现了一个体系效能分析仿真平台原型。其中的体系仿真引擎可以读取符合体系模型组合规范的体系仿真模型和想定，根据仿真运行配置执行仿真计算，输出装备体系对抗的作战效果。该仿真引擎支持基于 JavaScript 的 Agent TPL 脚本，仿真运行的初始化和结束脚本也采用 JavaScript 语言描述。

4.5.1　系统组成

该仿真平台为用户提供了一个面向体系效能分析仿真应用研究的集成开发环境（其软件组成如图 4.14 所示）。

该仿真平台基于 Eclipse 平台集成了支持体系效能分析仿真应用开发的不同工具，每个工具都基于 Eclipse 插件规范设计与开发。这些工具包括想定编辑器、TPL 编辑器、仿真运行配置工具、战果统计评估工具、图表显示工具、批处理脚本编辑器、体系交互关系显示等。随着应用需求的不断发展，还可以按照 Eclipse Plugin 规范集成更多的设计开发工具。

体系效能分析仿真应用1		体系效能分析仿真应用2			...	体系效能分析仿真应用 n			
想定编辑器	TPL编辑器	战果统计评估工具	图表显示工具	仿真运行配置工具	...	批处理脚本编辑器	体系交互关系显示	二维作战过程显示	三维作战过程显示
Eclipse RCP							仿真引擎		
Java Runtime Library									

图 4.14　软件组成

为保证仿真实验的可移植性，体系仿真引擎基于 Java 语言开发，这样可以根据需要进行批量调度和执行。二维和三维作战过程显示系统也同样基于仿真引擎开发，这样可以独立启动运行不同的仿真应用。这里仅对上述工具和组件的界面和功能进行初步介绍。

4.5.2　系统启动

当用户启动平台时，系统将按照指定的工作空间目录管理相应的仿真工程项目，系统将自动维护工作空间中的仿真工程项目信息和模型文件。打开工作空间后，导航视图中将显示当前工作空间中的仿真工程项目。集成开发环境界面如图 4.15 所示。

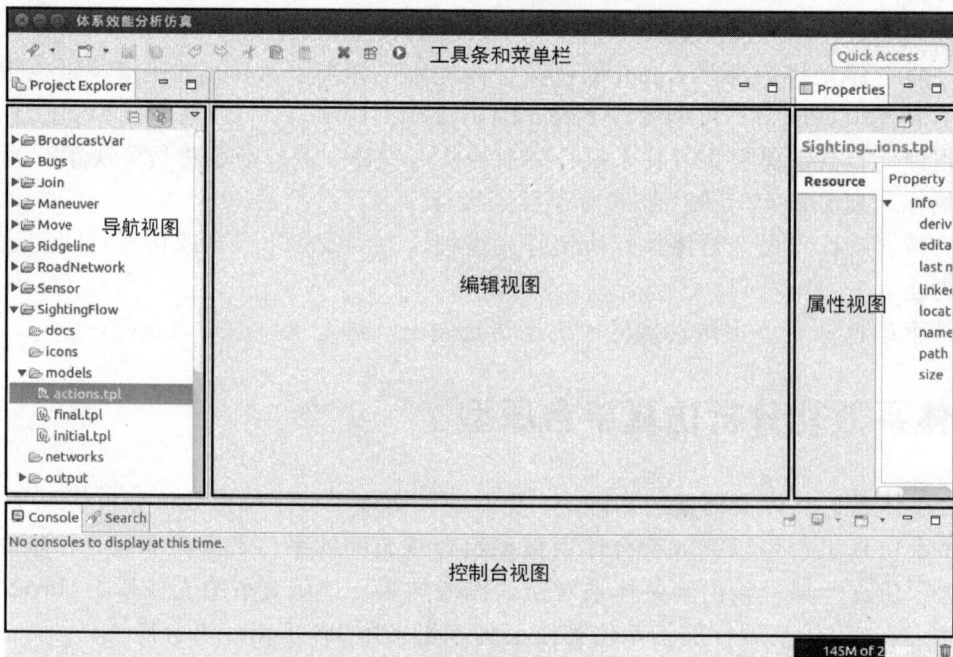

图 4.15　集成开发环境界面

下面介绍集成开发环境界面中的组成部分。

- 工具条和菜单栏：显示一般的文件管理、运行设置、文档编辑和帮助功能。针对不同类型的文档编辑器，可能会有特殊的菜单和工具。
- 导航视图：用于显示当前工作空间中的模型工程和包含的文件目录信息。用户编辑区域采用多文档的方式显示当前编辑的模型文档或数据文件。用户可以双击不同类型的文件打开相应的文档编辑器编辑这些文件。

- 编辑视图：采用多文档编辑器的方法显示当前打开的文档编辑工具。
- 属性视图：显示当前不同编辑元素的属性列表，支持用户输入和编辑文档的不同属性。
- 控制台视图：打印输出当前仿真引擎的运行状态，显示当前仿真运行的进度信息，支持用户强制终止仿真运行。

4.5.3 仿真想定模型

在该仿真平台中，每个.war 文件都代表一个体系效能分析仿真应用的想定模型，其中包含了参与体系对抗仿真的 Agent 类型与属性、Agent 行为、Device 对象、战场环境对象和交互数据信息。用户可以通过想定编辑器编辑.war 文件。如果需要编辑某个体系仿真想定，可以选择相应的工程项目，双击工程项目中包含的.war 文件，这时将在集成开发环境界面中将打开想定编辑器（如图 4.16 所示），用户可以编辑该应用想定信息。

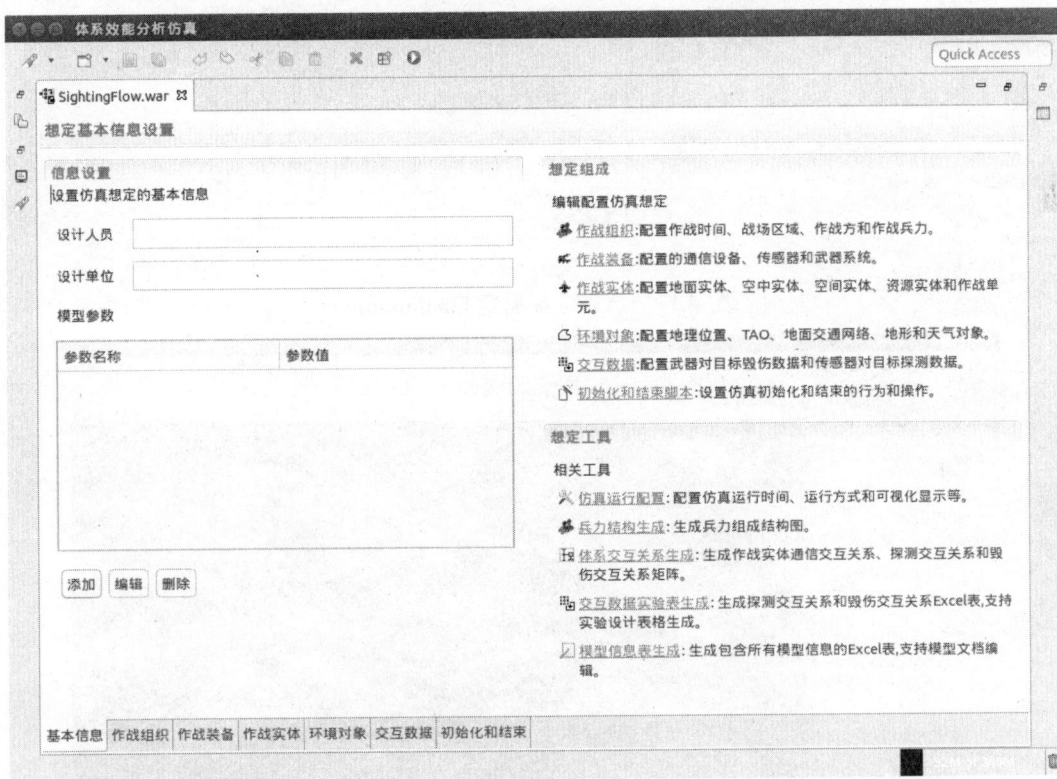

图 4.16　想定编辑器

4.5.4 仿真运行

仿真平台提供了面向.war 文件的仿真运行配置管理系统。可以单击工具条中的"运行"按钮，这里选择仿真运行配置 FinalSolution（如图 4.17 所示）。

单击"运行"按钮后，系统将启动仿真引擎执行相应的想定模型文件。如果选择二维或三维可视化表现，将启动二维或三维地理信息系统表现仿真运行过程。三维作战过程显示如图 4.18 所示。

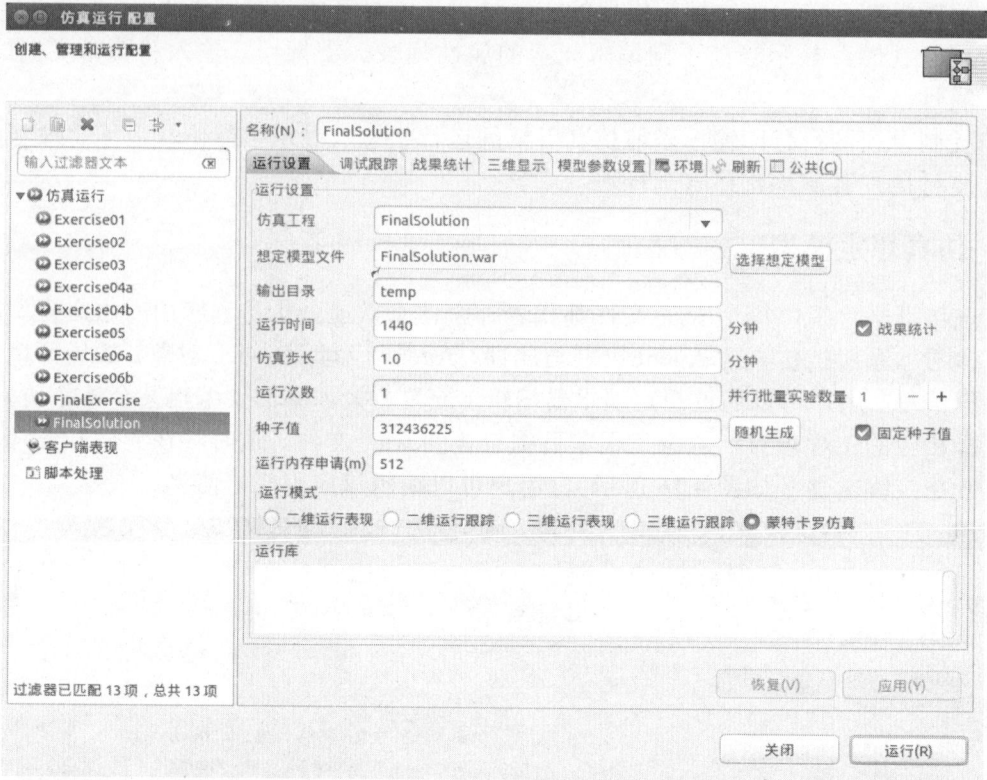

图 4.17　仿真运行配置 FinalSolution

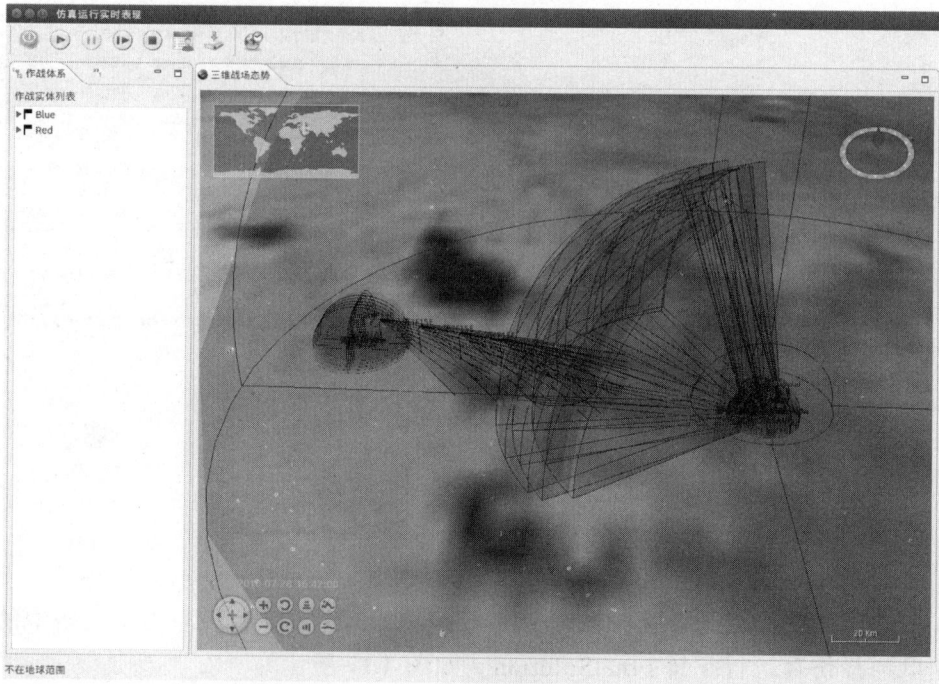

图 4.18　三维作战过程显示

二维作战过程显示如图 4.19 所示。

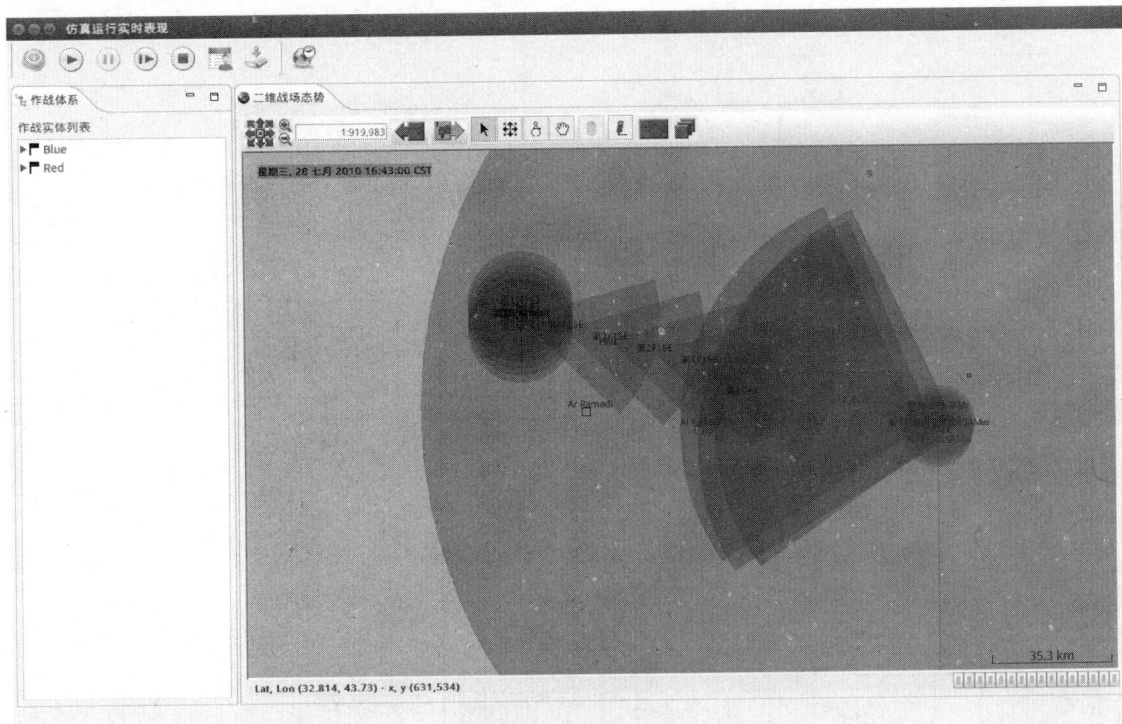

图 4.19　二维作战过程显示

如果需要进行仿真运行，则应首先单击工具条中的"初始化"按钮，然后单击"运行"按钮。当仿真运行时，Agent 图标开始移动，传感器、通信和武器开火也可以在系统中进行表现。单击"暂停"按钮将暂停仿真执行，再次单击"运行"按钮，则仿真继续执行。

4.5.5　体系效能分析仿真应用开发过程

体系效能分析仿真应用开发工作不是一蹴而就的事，它需要分析人员开展一系列的创造性工作才能完成。这些工作包括以下方面。

● 根据作战背景、军事想定和研究问题抽象出符合体系仿真模型框架的 Agent 模型组成元素。
● 收集确定相关模型的参数和属性。
● 设计开发 Agent 行为代码。
● 进行仿真测试验证。
● 仿真实验分析等。

仿真平台中的软件组件为体系效能分析仿真的应用开发提供了辅助支持。在仿真平台软件环境支持下，一个完整的仿真应用开发过程如图 4.20 所示。

其中斜体字表示该平台为相关工作提供的软件组件支持。

1. 问题与背景分析

在进行体系效能分析仿真研究时，必须定义相关的体系效能分析问题，明确体系效能分析的研究背景和军事想定，确定可定量表示的体系效能指标和体系仿真实验时需要变化的实验参数或影响因素。

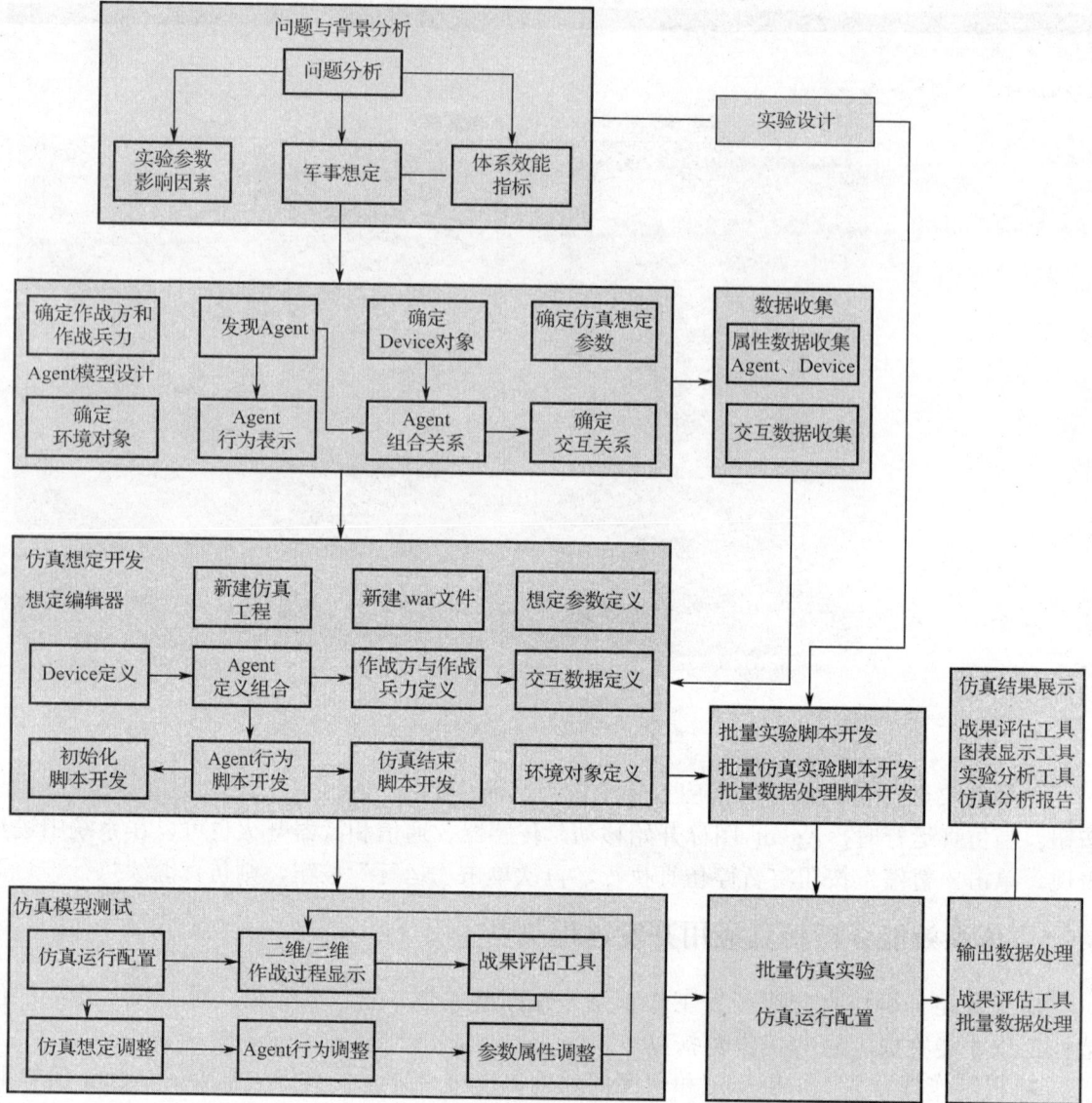

图 4.20 仿真应用开发过程

2. Agent 模型设计

根据明确的体系效能分析问题和军事想定，分析人员可以按照体系模型框架确定 Agent 仿真中的作战方和作战兵力；将军事想定中的战场环境对象转换为体系模型框架支持的环境对象；明确军事想定中哪些实体可以表示为地面实体 Agent、哪些实体可以表示为空中实体 Agent、哪些实体可以表示为空间实体 Agent、哪些实体可以表示为作战单元 Agent 以及哪些实体可以表示为通信设备、传感器或武器系统；按照想定中的作战过程明确这些 Agent 实体的行为过程；确定 Agent 和 Device 实体之间的组合关系；根据 Agent、传感器和武器系统之间的探测和毁伤关系确定当前想定中包含的交互关系；最后还需要根据问题中的影响因素定义仿真想定参数，建立这些参数与 Agent、Device 和行为之间的影响关系。

3．实验设计

参见 2.6.3 节。

4．仿真想定开发

在完成 Agent 模型设计后，可以在仿真平台中新建当前研究问题的仿真工程项目，新建.war 仿真想定文件，采用想定编辑器支持仿真想定开发。在想定编辑器中，可以根据 Agent 模型设计报告定义想定参数；定义相关的通信设备、传感器或武器系统；定义和组合相关的地面实体 Agent、空中实体 Agent、空间实体 Agent 和作战单元 Agent；定义作战方和作战兵力；根据收集的数据定义 Agent 模型参数以及传感器和武器系统之间的探测和毁伤数据；定义地理位置、TAO、地形、天气、地面交通网络等环境对象。

另外，Agent 的行为编码可以采用 TPL 编辑器进行 JavaScript 脚本编辑，仿真初始化和仿真结束脚本也可以采用 TPL 编辑器进行代码开发。一般初始化脚本为所有的 Agent 模型提供公用函数并按照想定参数初始化当前仿真运行；仿真结束脚本主要保存当前仿真运行的作战效能指标数据。

5．数据收集

在完成 Agent 模型设计后，也可以同时开展数据收集工作，一方面根据相关的参考文献和相关专家意见确定当前仿真想定中地面实体 Agent、空中实体 Agent、空间实体 Agent、作战单元 Agent 以及通信设备、传感器或武器系统的参数与属性；另一方面根据更低层次的作战效能仿真结果和专家建议确定相关的探测和毁伤数据。

6．仿真模型测试

完成仿真想定开发后将产生一个面向当前研究问题的.war 文件。分析人员可以通过仿真运行配置建立该想定的运行设置。通过仿真运行检验行为脚本编码的正确性；通过二维/三维作战过程显示发现 Agent 行为和活动存在的问题；还可以通过战果评估工具发现 Agent 之间交互的合理性。如果发现仿真想定存在问题，还可以通过想定编辑器和 TPL 编辑器调整仿真想定和 Agent 行为或进行相关实体的参数属性调整。

7．批量实验脚本开发

由于体系效能分析仿真中包含很多随机因素的影响，一般需要通过批量仿真进行大样本批量仿真运行。由于每次仿真的实验设计参数可能不一样，可能会根据特殊需求由分析人员开发批量实验脚本对仿真引擎进行批量调度。对于简单的批量仿真，仿真运行配置已经提供了一个可以进行多次运行的批量仿真配置，分析人员不需要开发特殊的批量实验脚本。

另外，多批次的仿真会产生大批量的仿真结果样本。如果仿真输出结果文件属于特殊格式，就需要分析人员开发特定的数据统计脚本，这样在仿真实验结束后可以进行自动的战果统计。

8．批量仿真实验

批量仿真实验可以通过仿真运行配置调度仿真引擎进行，也可以调用分析人员开发的批量实验脚本进行特殊的批量仿真实验。

9．输出数据处理

输出数据处理可以调用分析人员开发的数据统计脚本对仿真结果进行统计或直接使用平台内置的战果评估工具进行仿真结果统计。

10. 仿真结果展示

根据仿真实验产生的仿真结果，分析人员可以使用战果评估工具、图表显示工具和实验分析工具展示不同影响因素对体系效能的影响关系，给出定量化的体系效能分析结论，形成最终的体系效能分析报告。

4.6 仿真示例

4.6.1 问题背景与想定

下面以 1.2 节的示例为背景介绍前述体系仿真模型框架、行为模型及仿真引擎的应用。1.2 节虽然介绍了该示例的问题背景，但还缺乏一些具体的想定描述。这里参照该示例引用的 "The Configuration Problem and Challenges for Aggregation" 研究报告对想定进行了调整，在防空走廊基础上增加了进攻走廊的概念。图 4.21 中给出了该想定示意图。

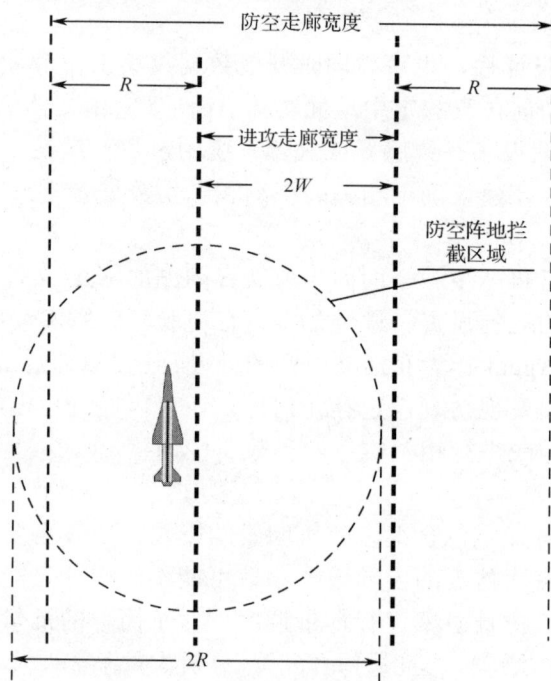

图 4.21   防空走廊与进攻走廊想定示意图

其中，R 为防空阵地对目标的拦截距离；W 为进攻走廊宽度的一半。整个防空走廊的宽度为 $2R+2W$，防空阵地可以在防空走廊中随机部署。

4.6.2 仿真想定

根据 4.6.1 节的问题背景，我们可以确定以下仿真想定内容。根据该想定内容，可以进一步形成支持体系仿真运行的仿真模型框架。

1. 作战方和作战兵力

作战方可以设定为红方和蓝方。红方兵力主要有通过防空走廊的进攻飞机和机场；蓝方的兵力包含在防空走廊中部署的防空阵地。

2. 战场环境设置

战场位置信息主要为机场部署位置；战术活动区域为矩形的防空走廊。

3. 作战使命与作战任务

飞机的作战任务为随机通过防空走廊；防空阵地则采用防空导弹拦截发现的入侵飞机。

4.6.3 Agent 仿真模型开发

1. 仿真时间

根据作战使命的执行时间要求，对仿真时间可以进行如下设置。

1）仿真运行时间

由于 100 架飞机通过防空走廊的时间一般保持在 20min 以内，加上飞机从机场起飞到达防空走廊的时间，这里可以将仿真运行时间设置为 60min，以确保 Agent 实体行为能满足仿真想定的需求。

2）时间分辨率

前面介绍的体系模型框架采用步长推进的方式执行仿真计算，为此需要设定本实验的仿真步长。这里采用 SEAS 的默认步长 1min，相应的探测概率也应按照每分钟的探测概率进行设置。

2. 作战组织

本项目模型包含的作战方定义如表 4.2 所示。

表 4.2 作战方定义

标识	显示名称
Red	红方
Blue	蓝方

本项目模型包含的作战兵力如表 4.3 所示。

表 4.3 作战兵力

标识	显示名称	所属作战方标识	敌方兵力标识	作战单元标识
BlueForce	蓝方兵力	Blue	RedForce	ADFCenter
RedForce	红方兵力	Red	BlueForce	AirPort

3. 设备对象

1）通信设备

该想定不包含 Agent 之间的通信。

2）传感器定义

传感器参数很多，这里给出了防空阵地的传感器主要参数定义。传感器相关参数定义如表 4.4 所示。

表 4.4 传感器相关参数定义

标识	Radar
显示名称	Radar
探测范围显示	显示探测范围
最小探测距离（km）	1.0
最大探测距离（km）	50.0
宽度角（度）	360
俯角（度）	0.0
仰角（度）	90.0
位置误差（m）	10.0
速度误差（m/min）	10.0
目标信息传播次数	3
最大目标跟踪数量	0
探测视场类型	平视

3）武器系统定义

武器系统参数很多，这里给出了武器系统主要的参数定义。武器系统相关参数定义如表 4.5 所示。

表 4.5 武器系统相关参数定义

标识	SA
显示名称	SA
最小攻击距离（km）	5
最大攻击距离（km）	40
杀伤半径（m）	100.0
可靠性（0~1.0）	1.0
弹药携带量（发）	200
攻击速率（发/分钟）	4.0
移动开火	是
火力协调数量	2
攻击飞机限制	空中目标
攻击本地探测目标	是
毁伤量	6
最大杀伤量	1

4. 环境对象

本实验涉及的环境对象主要包括战场位置对象、战术活动区域对象。

112

1）战场位置对象

战场位置对象支持 Agent 的部署和想定中的作战行为表示，这些战场对象定义如表 4.6 所示。

表 4.6　战场位置对象定义

标识	显示名称	经度	纬度	海拔
airBase	机场	41	33.25	0.0
goalLocation	目标位置	44	33.25	1.0
targetLocation1	机动位置 1	43	33	1.0
targetLocation2	机动位置 2	43	33.25	1.0
targetLocation3	机动位置 3	43	33.5	1.0
corridorLocation	防空走廊位置	42	33	1.0

2）战术活动区域对象

战术活动区域对象定义如表 4.7 所示。

表 4.7　战术活动区域对象

标识	显示名称	封闭	位置点（经度、纬度）
Corridor	Corridor	true	41.5:34.0
			43.0:34.0
			43.0:33.0
			41.5:33.0

5. Agent 对象

1）飞机 Agent

飞机 Agent 对象为进入防空走廊的飞机 Aircraft，根据问题背景，其中不需要装配传感器和武器系统。

2）作战单元 Agent

作战单元 Agent 包括机场、防空指挥所等。作战单元 Agent 对象类型如表 4.8 所示。

表 4.8　作战单元 Agent 对象类型

标识	AirBase	ADFCenter
显示名称	机场	防空指挥中心
通信设备		
传感器		
武器系统		
地面实体		ADF:1
飞机	Aircraft:100	
作战单元		

3）地面实体 Agent

地面实体 Agent 包括防空阵地。防空阵地 Agent 对象类型如表 4.9 所示。

表 4.9　防空阵地 Agent 对象类型

标识	ADF
显示名称	防空阵地
通信设备	
传感器	Radar
武器系统	SA:1
地面实体	

4）Agent 行为表示

根据上述不同类型的 Agent 在想定中执行的任务和作战行为，这里将 Agent 区分为不同行为类型的 Agent，并且为每类 Agent 开发了相应的行为脚本。不同类型 Agent 的行为表示分类如表 4.10 所示。

表 4.10　不同类型 Agent 的行为表示分类

Agent 类型	行为说明	行为脚本函数
AirBase	在指定的地理位置部署机场，按照一定的间隔时间出动飞机	AirBase_actions()
Aircraft	通过进攻走廊随机进入防空走廊	Aircraft_actions()
ADFCenter	在指定的地理位置部署 ADF	ADFCenter_actions()
ADF	默认行为	无

5）交互数据

体系仿真模型中包含的交互数据主要包括探测交互数据和毁伤交互数据，这些数据定义了传感器、武器系统与相关 Agent 类型之间的对抗关系。这里仅给出示意性的数据，表示相关传感器、武器和 Agent 之间具有探测和毁伤关系，在仿真实验时可以调整相关的交互数据进行仿真实验。探测交互数据如表 4.11 所示。毁伤交互数据如表 4.12 所示。

表 4.11　探测交互数据

传感器标识	传感器名称	目标标识	探测概率（0~1.0）	探测距离（km）
Radar	Radar			
		Aircraft	0.8	-1.0

表 4.12　毁伤交互数据

武器标识	武器名称	目标标识	杀伤概率	杀伤半径
SA	SA			
		Aircraft	0.5	-1.0

6. 仿真运行初始化与结束处理

1）仿真运行初始化

为初始化仿真模型，体系模型框架需要用户编写初始化脚本初始化仿真运行。本实验想定需要区分防空阵地进行中心部署和随机部署两种运行模式，所以需要根据仿真运行参数初始化运行模式。代码如下：

```
var aggregation = (Configuration.getParameter("aggregation") == "true");
var deployLoc = new Location();

var attackCorridorCenter = new Location();
attackCorridorCenter.longitude = Locations.corridorLocation.longitude - 1;
attackCorridorCenter.latitude = Locations.corridorLocation.latitude;
attackCorridorCenter.altitude = 3;

var attackCorridorMin = GCLocation(attackCorridorCenter,5,180);
var attackCorridorMax = GCLocation(attackCorridorCenter,5,0);
```

其中，aggregation 和 deployLoc 属于全局变量。变量 aggregation 为真表示当前仿真运行需要将防空阵地部署到防空走廊中央；否则表示防空阵地在防空走廊中进行随机部署。deployLoc 为全局变量，用于保存防空阵地在防空走廊中随机部署时的部署位置。

attackCorridorCenter 为飞机进攻走廊的中心点坐标，参照 Horrigan 的报告，进攻走廊的宽度设为 10km，因此这里采用 GCLocation 函数分别获得上下 5km 的进攻走廊的左上角和左下角坐标位置，用于随机生成进攻飞机进入位置。

2）仿真运行结束处理

体系模型框架提供了 Final Agent，用户可以根据需要编写模型在仿真运行结束时进行结果统计的代码。战果统计主要根据飞机 Agent 对象的状态统计损失数量信息，并将数据按照仿真次数保存到相应的战果数据 Excel 文件中。战果统计汇总的代码如下：

```
var mouWorkbook = new Workbook(Configuration.outputPath + "lost.xls");
Print("Save Fighter Lost File");
if(Configuration.iteration == 0){
    var titles = ["运行次数","飞机损失数量"];
    mouWorkbook.createSheet("飞机损失");
    mouWorkbook.createCells("飞机损失",0,titles);
}
var cells = new Array();
cells[0] = Configuration.iteration + 1;
cells[1] = War.count("Aircraft",Agent.ALIVE);
mouWorkbook.createCells("飞机损失",Configuration.iteration + 1,cells);
mouWorkbook.close();
```

7. Agent 模型行为设计

1）机场

机场单元首根据部署位置进行部署，然后按照一定间隔时间起飞作战飞机通过防空走廊。机场的行为框架代码如下：

```
function AirBase_actions(){
    Deploy(Locations.airBase);
    while(me.status != Agent.ALIVE){
        Delay(1);
    }
    for(var i = 0;i < 5;i ++){
        Fly(Locations.goalLocation,"Aircraft", 20);
    }
}
```

2）飞机

飞机随机选择防空走廊的进入位置通过防空走廊。飞机总控行为代码如下：

```
function Aircraft_actions(){
    while(me.status != Agent.ALIVE){
        Delay(1);
    }

    while(!me.moving){
        Delay(1);
    }

    var ingressLoc = new Location();
    ingressLoc.longitude = Locations.corridorLocation.longitude - 1;
    ingressLoc.latitude = attackCorridorMin.latitude + Random.nextDouble() * (attackCorridor
Max.latitude - attackCorridorMin.latitude);
    ingressLoc.altitude = 2;
    SubMove(ingressLoc);
    while(me.status == Agent.ALIVE){
        if(!me.location.equalsTo(me.subGoal)){
            Delay(1);
        }
        else{
            break;
        }
    }
    Delay(1);
    var departLoc = new Location();
    departLoc.longitude = Locations.corridorLocation.longitude + 1.5;
    departLoc.latitude = ingressLoc.latitude;
    departLoc.altitude = 2;
    SubMove(departLoc);
}
```

在飞机的行为中，飞机 Agent 首先等待部署。如果飞机处于移动状态，则通过进攻走廊的位置计算当前飞机在防空走廊的进入位置，并通过 SubMove 命令向进入位置进行移动；当到达 SubMove 命令指定的临时位置后，将根据防空走廊进入位置的纬度确定飞机离开防空走廊的位置，并通过 SubMove 命令向离开防空走廊的位置飞行。

3）防空阵地指挥中心

防空阵地指挥中心根据是随机部署还是居中部署设置，在指定的地理位置部署 ADF。ADFCenter 行为代码如下：

```
function ADFCenter_actions(){
    var loc = TAOs.Corridor.midPoint();
    deployLoc.longitude = loc.longitude;
    deployLoc.latitude = loc.latitude;
    deployLoc.altitude = 0;
    if(!aggregation){
        deployLoc.longitude = Locations.corridorLocation.longitude + Random.nextDouble();
        deployLoc.latitude = Locations.corridorLocation.latitude + Random.nextDouble() * 0.5;
    }
    Deploy(deployLoc);
}
```

8. 实验设计与仿真结果数据

针对4.6.1节中的问题，当前实验设计主要考虑防空阵地是进行随机部署还是居中部署。为此，可以在仿真模型中新建一个"aggregation"参数，这样在仿真运行设置中可以指定不同实验运行时的"aggregation"参数值。仿真结果数据为 Excel 文件，其中包含了运行次数和对应的飞机损失数量，这样便可以直接基于 Excel 对飞机损失进行统计。图 4.22 所示为飞机损失统计的 Excel 文件。

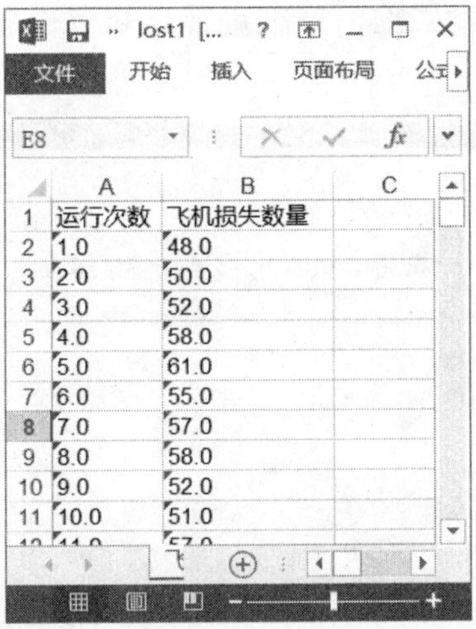

图 4.22　飞机损失统计的 Excel 文件

9. 仿真模型测试

我们按照前面的仿真模型设计开发建立 Agent 仿真模型。首先查找并手动将 Agent、行为、变量输入到仿真平台中。当所有模型、变量输入到仿真系统后，就可以开始模型测试工作了。仿真运行配置采用仿真平台的仿真运行配置工具，可以设置如下的配置主界面。

其中，仿真运行主配置界面（如图 4.23 所示）主要包括如下设置。

● 想定文件和仿真工程为本项目的 Aggregation.war 和 Aggregation 工程。

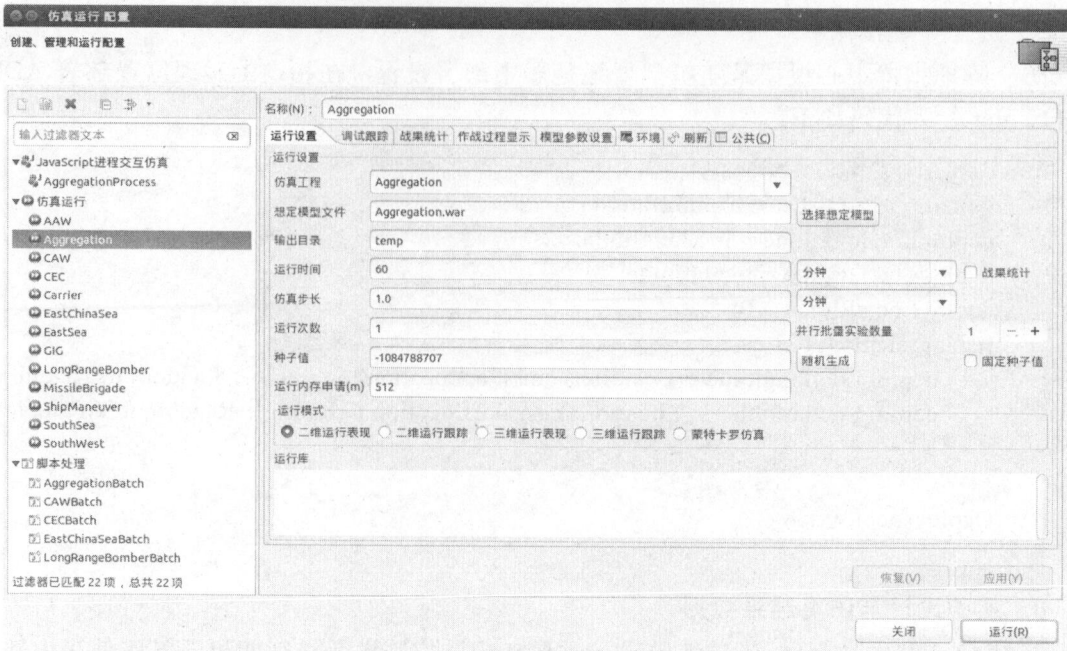

图 4.23　仿真运行主配置界面

● 根据需要可以设置仿真结果的输出目录。

● 仿真运行时间为 60 分钟，可以保证有足够的时间执行相关的作战任务。

● 测试时可以指定运行次数为 1 次，通过运行表现观察 Agent 实体行为过程的正确性。

本项目的仿真模型可以通过二维、三维可视化观察作战实体行为的正确性，图 4.24 给出了二维作战过程显示界面。

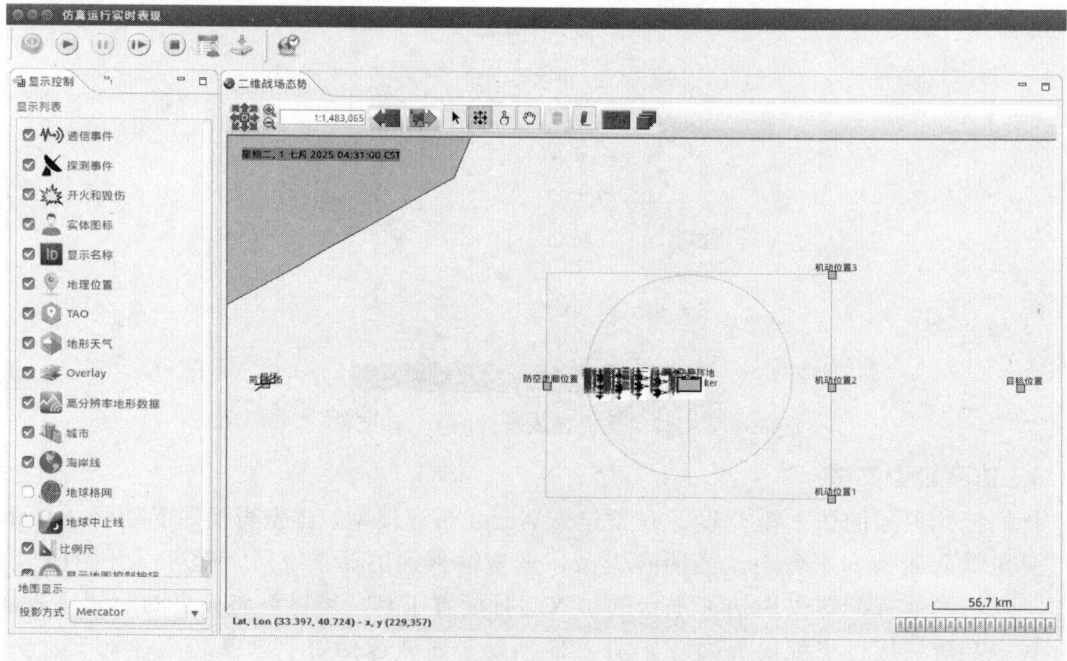

图 4.24　二维作战过程显示界面

4.6.4　仿真结果分析

下面按照 1.2 节的问题进行实验，产生相应的仿真结果进行对比分析。

1. 计算实验 1

将一个聚集的防空阵地部署于防空走廊的中心，随机起飞 100 架飞机通过该防空走廊。我们可以进行 5000 次实验，然后统计飞机损失的分布图。在仿真平台上，我们设置参数"aggregation"为 true，设置运行次数为 5000 次即可产生 5000 次实验的 Excel 文件。通过 Excel，我们可以获得实验 1 的统计分布图（见图 4.25）。

2. 计算实验 2

将防空阵地在防空走廊中进行随机部署，随机起飞 100 架飞机通过该防空走廊。我们也可以针对这种情况进行 5000 次实验，然后统计飞机损失的分布图。在仿真平台上，我们设置参数"aggregation"为 false，设置运行次数为 5000 次即可产生 5000 次实验的 Excel 文件。通过 Excel，我们可以获得实验 2 的统计分布图（图 4.25）。

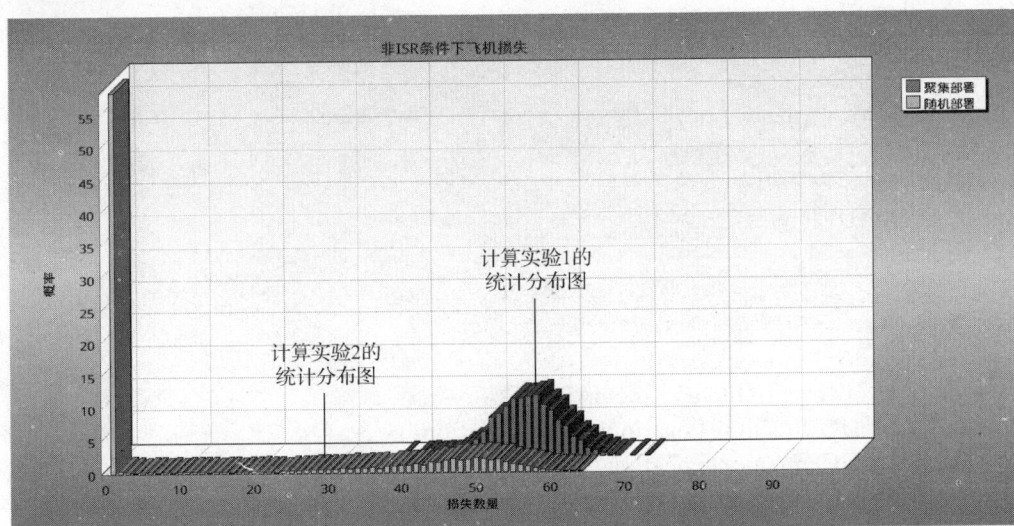

图 4.25　聚集与随机部署条件下的飞机损失直方图

4.6.5　ISR 的影响分析

1. Agent 模型行为设计调整

我们可以通过调整 Agent 行为来表示上述问题 ISR 的影响。这里主要调整飞机的行为，使得这些飞机可以采用上述航线规避方法。反映 ISR 影响的飞机行为脚本如下：

```
function Aircraft_actions(){
    while(me.status != Agent.ALIVE){
        Delay(1);
    }
    while(!me.moving){
        Delay(1);
    }
    var ingressLoc = new Location();
```

```
        ingressLoc.longitude = Locations.corridorLocation.longitude - 1;
        ingressLoc.latitude    =    attackCorridorMin.latitude    +    Random.nextDouble()    *
(attackCorridorMax.latitude - attackCorridorMin.latitude);
        ingressLoc.altitude = 2;
        SubMove(ingressLoc);
        while(me.status == Agent.ALIVE){
            if(!me.location.equalsTo(me.subGoal)){
                Delay(1);
            }
            else{
                break;
            }
        }
        Delay(1);
        if(!ISR){
            var departLoc = new Location();
            departLoc.longitude = Locations.corridorLocation.longitude + 1.5;
            departLoc.latitude = ingressLoc.latitude;
            departLoc.altitude = 2;
            SubMove(departLoc);
        }
        else{
            AvoidADF(ingressLoc);
        }
    }

    function AvoidADF(ingressLoc){
        var thetaT1,thetaT2,thetaT3,thetaADF;
        thetaT1 = GCDirection(Locations.targetLocation1);
        thetaT2 = GCDirection(Locations.targetLocation2);
        thetaT3 = GCDirection(Locations.targetLocation3);
        thetaADF = GCDirection(deployLoc);
        thetaT1 = Math.abs(thetaT1 - thetaADF);
        thetaT2 = Math.abs(thetaT2 - thetaADF);
        thetaT3 = Math.abs(thetaT3 - thetaADF);

        var departLoc = new Location();
        departLoc.longitude = Locations.corridorLocation.longitude + 1.5;
        departLoc.altitude = 2;

        if((thetaT1 >= thetaT2) && (thetaT1 >= thetaT3)){
            departLoc.latitude = Locations.targetLocation1.latitude + ingressLoc.latitude -
attackCorridorCenter.latitude;
        }
        if((thetaT2 >= thetaT1) && (thetaT2 >= thetaT3)){
            departLoc.latitude = Locations.targetLocation2.latitude + ingressLoc.latitude -
attackCorridorCenter.latitude;
        }
```

```
        if((thetaT3 >= thetaT1) && (thetaT3 >= thetaT2)){
                departLoc.latitude  =  Locations.targetLocation3.latitude  +  ingressLoc.latitude  -
attackCorridorCenter.latitude;
        }
        SubMove(departLoc);
    }
```

飞机行为脚本中考虑了 ISR 的全局变量设置。如果设置 ISR 为真，则在进入防空走廊后调用 AvoidADF()函数进行航线规避。在 AvoidADF()函数中，计算飞机当前位置与 A、B、C 三点和防空阵地部署位置的角度，选择与防空阵地部署位置偏离角度最大的航线进行机动。

2. 仿真运行初始化调整

仿真运行初始化增加了 ISR 影响的仿真运行参数初始化过程。

```
var ISR = (Configuration.getParameter("ISR") == "true");
var aggregation = (Configuration.getParameter("aggregation") == "true");

var deployLoc = new Location();

var attackCorridorCenter = new Location();
attackCorridorCenter.longitude = Locations.corridorLocation.longitude - 1;
attackCorridorCenter.latitude = Locations.corridorLocation.latitude;
attackCorridorCenter.altitude = 3;

var attackCorridorMin = GCLocation(attackCorridorCenter,5,180);
var attackCorridorMax = GCLocation(attackCorridorCenter,5,0);
```

其中，ISR 属于全局变量，ISR 为真表示当前仿真运行需要考虑 ISR 影响；否则表示飞机不进行机动。

3. 仿真结果分析

1）计算实验 1

将一个聚集的防空阵地部署于防空走廊的中心，随机起飞 100 架飞机采用上述航线规避方法通过该防空走廊。我们可以进行 5000 次实验，然后统计飞机损失的分布图。在仿真平台上，我们设置参数"aggregation"和"ISR"为 true，设置运行次数为 5000 次即可产生 5000 次实验的 Excel 文件。

2）计算实验 2

将防空阵地在防空走廊中进行随机部署，随机起飞 100 架飞机采用上述航线规避方法通过该防空走廊。在仿真平台上，我们设置参数"aggregation"为 false，"ISR"为 true，设置运行次数为 5000 次即可产生 5000 次实验的 Excel 文件。

通过 Excel，我们可以获得如图 4.26 所示的 ISR 支持下聚集与随机部署条件下的飞机损失直方图。

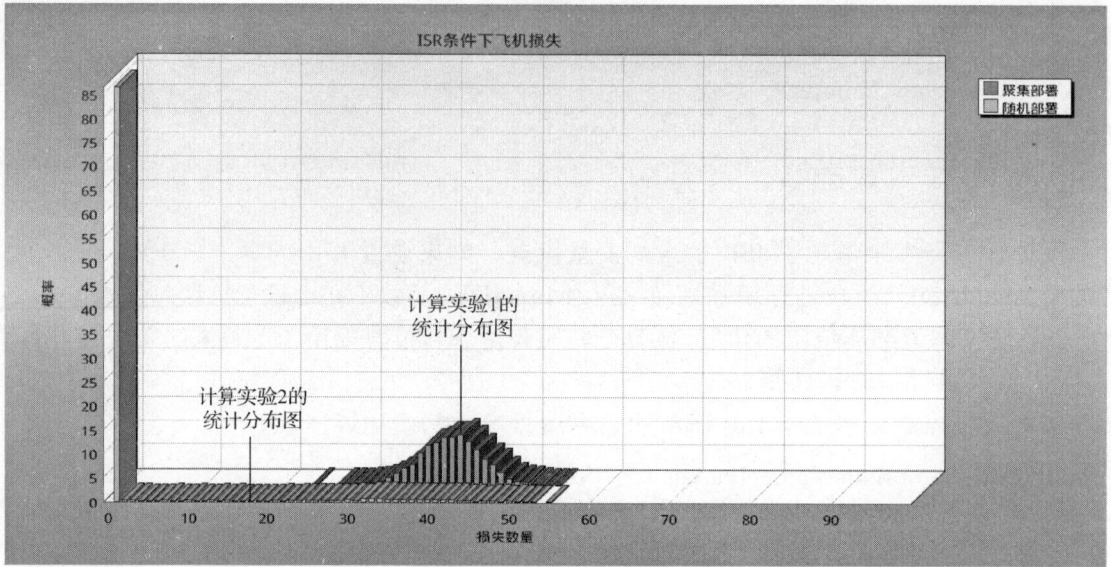

图 4.26　ISR 支持下聚集与随机部署条件下的飞机损失直方图

第

5

章

近正交拉丁超立方实验设计

　　由于体系仿真模型的输入变量数量巨大，同时关注体系中所有输入变量对体系效能的影响是不现实的。一般情况下关注对体系效能影响较大的变量，研究其影响度和影响区间有助于体系效能评估工作的开展。当体系效能仿真数据呈现量大、高维、关系复杂、高随机性等特性时，利用传统的实验设计和统计分析方法将会大幅增加计算成本，耗费大量资源，难以分析和理解相关的实验结果。

基于 ABMS 的体系仿真模型一般属于高维度仿真模型，而且模型具有自适应性特征，其中存在大量的未知变量或影响因子。如果设计一个包含所有变量或影响因子的实验，是不现实的，甚至难以实现（例如有 5 个变量，每个变量水平数为 10，则使用全因子实验设计需要 5^{10} 个实验方案）。一般的解决方法是采用所有变量或影响因子的一个子集进行仿真实验。在抽样子集的选择中，如子集过大，则失去抽样意义；如子集过小，则结果难以使人信服。因此，如何确定抽样子集的大小是实验设计需要解决的首要问题。

5.1　典型实验设计方法

在军事领域以及航天、医药、生物等领域的实验中，往往存在大量的影响因子和因子间错综复杂的相互影响关系，对每一种情况都进行实验验证，无论是在时间上，还是在人力物力上都是不允许的，这就需要对数据进行抽样和"假设"。针对此类问题，国内外大量学者提出了诸多实验设计方法。

1. 完全随机设计

完全随机设计也称为单因素设计，即将受试对象随机分配到各处理组中进行实验观察或分别从不同总体中随机抽样进行对比观察。Satterthwaite 在 1959 年提出了随机设计的思想，即在设计矩阵中选择全部或部分样本的一个随机抽样过程。此方法适用于两个或两个以上的样本比较，各组间样本量可相等也可不相等，样本相等时，统计分析效率更高。一般完全随机设计的实验研究和分析过程如图 5.1 所示。

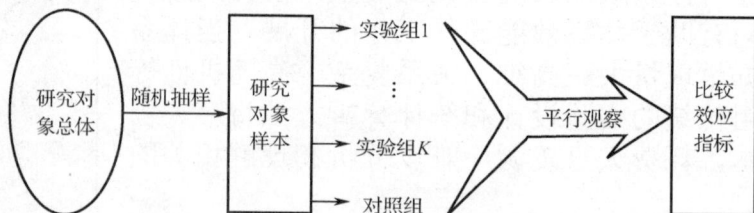

图 5.1　完全随机设计的实验研究和分析过程

一般情况下，完全随机设计具有明显的局限性：一是要求非实验性因素对效应指标影响不大；二是通过随机分组均衡非研究因素的影响。优点是：实验设计和统计分析相对简单。但是，缺点明显：一次只能研究一个因素，并且所需要的样本量比较大，因此实验设计效率不高，而且实验设计结果并不一定完全受随机因素影响，模型的参数估计可能会存在偏差，实验误差较大。

2. 析因实验设计

析因设计是一种将两个或多个因素的各水平交叉分组进行实验，不仅能检验各因素内部不同水平间有无差异，还可检验两个或多个因素之间是否存在交互作用。该设计是通过各因素不同水平间的交叉分组进行组合的，因此总的实验组数等于各因素水平的乘积。所以在进行析因设计时，分析的因素数和因素的水平数不宜过多。使用此方法可以准确地估计各实验因素的主效应大小，还可估计因素间交互作用的大小，是一种高效的实验设计方法。但是，此实验设计方法所需要的试验次数过多，耗费的人力、物力和时间也较多，当所研究的因素和水平较多时，此方法的效率不高。

3. 正交实验设计（Orthogonal Experimental Design）

正交实验设计是一种高效、快速地研究多因素多水平的设计方法。通过一套规范化的正交表和交互作用表，对研究因素进行合理安排，并对结果进行统计分析，以获得相应的结论。正交表和交互作用表一般使用 $L_n(t^c)$ 表示，其中 L 为正交表的代号，n 为实验方案，t 为水平数，c 为能够进行验证的因素的个数。此实验设计方法虽然消除了因素之间的相关关系以及相互影响，但是在总体样本很大的情况下，使用该方法设计的实验并不能很好地代表整个实验空间，即实验不具有很好的代表性；而且设计出的方案只能限定在已经确定的水平上，而不是一定实验范围内的最优方案。

4. 拉丁超立方实验设计（Latin Hypercube Experimental Design）

1979 年，McKay 等人在随机设计的基础上加入"定额抽样"的思想提出了拉丁超立方抽样的方法。在拉丁超立方抽样中，认为随机变量由已知的分布函数产生，并且还认为"抽样的输入变量样本可以代表整个样本空间"。

例如，假设存在三个变量的实验，并且每个变量服从均匀分布 $U[0,1]$ 以及共有 10 次仿真运行实施方案。三个变量均独立地从 10 个等概率区间取得随机值：$[0,0.1),[0.,0.2),[0.2,0.3),[0.3,0.4),[0.4,0.5),[0.5,0.6),[0.6,0.7),[0.7,0.8),[0.8,0.9),[0.9,1]$。并且对于任意一个变量，其顺序组合具有 10! 个可能的情况（如表 5.1 所示），但是在此示例中，任意两列之间很可能具有相关性。

表 5.1　拉丁超立方抽样示例，并且每个变量均服从 $U[0,1]$ 分布

实验方案	变量 1	变量 2	变量 3
1	0.65	0.89	0.90
2	0.43	0.14	0.89
3	0.09	0.02	0.07
4	0.13	0.22	0.26
5	0.29	0.66	0.59
6	0.72	0.91	0.61
7	0.87	0.73	0.37
8	0.34	0.35	0.17
9	0.98	0.54	0.49
10	0.56	0.48	0.74

1994 年，Boxin Tang 提出把由拉丁超立方抽样产生的变量样本称为一个拉丁超立方矩阵，矩阵维数为 $n \times k$，其中 n 表示仿真运行次数，k 表示影响因子个数。

例如表 5.2 给出了一个 11 水平 5 变量的拉丁超立方设计矩阵，每个变量的取值范围为 $[-1,1]$。

表 5.2　11 水平 5 变量的拉丁超立方设计矩阵

实验方案	变量 1	变量 2	变量 3	变量 4	变量 5
1	0.2	−0.8	−0.4	−0.2	−0.8

实验方案	变量1	变量2	变量3	变量4	变量5
2	0	0.6	0.2	0	–0.6
3	–0.8	1	–0.8	0.6	1
4	–1	–1	0.4	–0.8	0.2
5	0.4	–0.4	0	0.2	0.8
6	0.6	0	0.8	–1	0.4
7	–0.4	0.4	–0.2	–0.6	–1
8	–0.6	–0.6	–1	0.8	–0.4
9	0.8	–0.2	1	0.4	0.6
10	1	0.8	–0.6	1	0
11	–0.2	0.2	0.6	–0.4	–0.2

为了提高面向回归分析的拉丁超立方实验设计的可用性，Kenny Q.Ye 提出了正交拉丁超立方矩阵的构造方法，正交性即矩阵的任意两个不同列之间的相关系数为 0。Kenny Q.Ye 在文献中指出对于任意的整数 $m>1$，仿真运行次数 n 和影响因子数 k 之间的关系如下：$n=2^m+1, k=2m-2$；并且其在文献中给出了正交拉丁超立方矩阵的具体构造方法。

如前面所描述的正交设计一样，无论是拉丁超立方实验设计还是正交拉丁超立方实验设计均考虑减少甚至消除变量之间的相关性，但是唯独没有考虑实验的样本空间是否具有代表性，即是否可以"空间填充"到整个的样本总体中。

5. 均匀设计

20 世纪 70 年代末，我国航天部第三研究院为了建立飞航导弹火控系统数学模型，并研究其诸多影响因素的影响效果，由中国科学院应用数学所方开泰教授和王元教授提出了一种均匀实验设计方法。均匀设计是一种统计实验设计方法，它与其他诸多实验方法，例如正交设计、拉丁超立方实验设计等相辅相成。在均匀实验设计的基础上，王元和方开泰等人提出了评价均匀性的一般准则。Matousek，Hickernell 和 Okten 在王元和方开泰的基础上，做了进一步的改进，给出了更加适用的均匀性的评价标准。另外，Kenny Q.Ye、Johnson、Morris 和 Mitchell 也提出了另外一种均匀性评价准则，即欧式最大最小距离。

针对此类均匀设计，当样本容量和实验运行方案较少时，其效率和准确率很高。缺点是：一是没有减少或消除变量之间的相关性，可能重复实验；二是当变量数很大时，使用均匀设计得出的实验方案量较大，实验效率不高。

6. 近正交拉丁超立方实验设计

无论是正交拉丁超立方实验设计还是均匀设计，在正交性和均匀性上还存在一些不足。2002 年，美国海军研究生院 Cioppa 在王元和方开泰以及 Kenny Q.Ye 的基础上，提出了一种新的实验设计方法——近似正交均匀拉丁超立方实验设计方法，提供了针对大量输入变量或影响因子（往往超过22个）的"抽样"方法。Cioppa 的方法不仅在一定程度上满足正交性，而且还具有很好的均匀性，即其所描述的"充满空间"的性质。与其他的实验设计相比较，此方法所需要的实验方案相对较少，例如存在 22 变量，仅需要 129 种实验方案，而使用正交设计方法最少需要 4057 种方案。2002 年，Cioppa 使用此方法和 MANA 仿真平台进行了成功的应用，并且得到了可信度较高的实验结论，证明了该实验设计方法的正确性和可行性。

5.2　面向大规模影响因素的实验设计

基于 ABMS 的体系计算实验一般使用高维的仿真模型进行仿真实验，这类模型一般包含大量的输入变量，并且输出响应往往是非线性的；由于仿真的复杂性和不确定性导致并不能提前获得可靠的实验数据。为了有效、准确地得到仿真结果，实验设计必须具有以下特征：

（1）任意两个输入变量之间正交或者近似正交。

（2）均匀性，即空间填充性。抽样的实验样本子集可以代表、解释整个变量样本空间。

（3）可以快速、有效地探索验证存在诸多变量的仿真实验。

（4）能够有效地分析和评估仿真结果、输入与输出变量之间的关系。

在实际仿真系统中，例如在 JWARS、SEAS、MANA 等中均采用复杂非线性数学公式描述影响因子和响应输出之间的关系。Kenny Q.Ye 通过构造拉丁超立方矩阵的方法产生实验设计数据，为了提高面向回归分析的拉丁超立方设计的可用性，Kenny Q.Ye 提出了拉丁超立方（Latin Hypercube，LHC）矩阵的构造方法，矩阵任意两列之间的相关系数为 0，而且由任意两列元素派生出来的元素列的相关系数仍然为 0；并且矩阵的列数表示输入变量的个数，矩阵的行数表示实验方案的数量。

但是，如果仅仅考虑变量之间的正交性可能会导致得到的实验设计数据不能"空间填充"到整个样本空间，所以在兼顾实验数据正交性的同时，必须同时考虑到实验数据的均匀性（或"空间填充"性）。为此，本节首先介绍了近正交设计涉及的三个关键的基础知识，即仿真模型的数学抽象描述方法、均匀设计理论和正交拉丁超立方矩阵的构造方法，并为以后章节介绍提供一定的基础知识。

5.2.1　仿真模型的数学描述

为了便于对仿真模型进行验证及统计分析，我们可以使用数学模型形式化描述复杂的计算机模型。数学模型能够清晰地描述、反映输入变量与输出响应之间的关系。假设模型包含 k 个输入变量，记为 $\boldsymbol{X} = (x_1, x_2, \cdots, x_k)$；输出响应记为 $\boldsymbol{Y} = (y_1, y_2, \cdots, y_k)$，其中 y_i 表示第 i 次输入所对应的响应输出。具体的描述形式如公式（5.1）所示：

$$y_i = f(\boldsymbol{X}) + \varepsilon \tag{5.1}$$

式中，f 为映射函数，ε 为系统误差且服从 $E(\varepsilon) = 0$，$\mathrm{Var}(\varepsilon) = \sigma^2$ 的标准正态分布，即 $\varepsilon \overset{iid}{\sim} N(0, \sigma^2)$。

包含 k 个变量的简单的多重线性回归模型，$\boldsymbol{X}$ 的映射函数 f 可以用如下方程表示：

$$f(\boldsymbol{X}) = b_0 + \sum_{i=1}^{k} b_i x_i + \varepsilon \tag{5.2}$$

如果确定公式（5.2）中的系数，则仿真实验运行次数 n，必须满足 $n > k+1$，而且受到输入变量之间相关性的影响。

但是，也存在诸多的仿真并不能简单地使用线性数学模型进行描述的情况，可能包含二次项、三次项等，例如：

$$f(X) = b_0 + \sum_{i=1}^{k} b_i \cdot x_i + \sum_{j=1}^{k} b_j \cdot x_j^2 + \sum_{i=1}^{k} \sum_{j>i} b_{ij} x_i x_j + \varepsilon \tag{5.3}$$

这里如果确定公式（5.3）中的系数，则需要仿真实验的运行次数满足：$n > k + k + \binom{k}{2} + 1$。

但是，当 k 的值很大或者存在更加复杂的数学模型时，则运行次数 n 将更大，并且会花费更多的时间，占用更多的资源。实际仿真中，往往对响应输出起主要作用的只有很少比例的影响因子。所以，就需要使用适当的实验设计方法减少不必要的实验方案。

5.2.2 均匀设计

自王元和方开泰于 20 世纪 70 年代末提出均匀设计的思想后，均匀设计得到了长足的发展。2000 年方开泰在文献中指出："均匀设计就是使实验设计点均匀地分布在整个实验样本空间，即实验样本可以代表整个变量样本空间。"均匀设计的目标是尽可能地使设计点充满整个实验空间，因此可以更加便利地对整个模型进行探索分析。特别是当不确定输出响应时，均匀设计具有重要作用。Kenny Q.Ye 指出："良好的均匀设计是进行回归分析的首要条件，例如残差分析、探索非线性响应输出等。"为了更好地描述均匀设计，图 5.2 左图给出了一个传统的 2^3 因子设计，每一个设计点分别分布在整个实验空间的顶点处，可以看出空间内部并没有任何设计点存在，所以产生的设计并不能很好地代表整个样本空间。根据方开泰和王元提出的方法，均匀设计的设计点分布情况如图 5.2 右图所示。可以看出设计点基本"均匀填充"了整个样本空间。

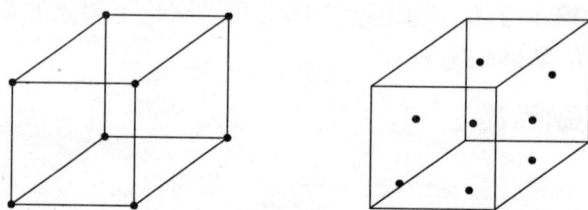

图 5.2 非均匀设计和均匀设计的空间中点的分布情况

假设在空间 C^k 中取 k 个变量因子，均匀设计（Uniform Design，UD）的目的是在 C^k 中选择 n 个合适的设计点，$P_n = \{x_1, x_2, \cdots, x_n\} \subset C^k$，并且 n 个设计点均匀的分布在整个样本空间。

方开泰和王元运用数理统计学的思想，给出了评价均匀性的准则，并给出了评价指标，即差值 L_p。定义 $P = \{x_i, i=1,2,\cdots,n\}$ 为 k 维空间 C^k 上的点集合，$V([0,\varphi]) = \varphi_1 \varphi_2 \cdots \varphi_k$ 为空间 C^k 的容积；对于任意 $\varphi \in C^k$，$N(\varphi, P)$ 为满足条件 $x_i \leq \varphi$ 的点的数量，假设整个空间 C^k 中有 n 个设计点，所以差值 L_p 可以用如下公式表示：

$$L_p = \sup_{\boldsymbol{\varphi} \in C^k} \left| \frac{N(\boldsymbol{\varphi}, P)}{n} - V([\mathbf{0}, \boldsymbol{\varphi}]) \right| \tag{5.4}$$

公式（5.4）的值（理论最大值为 1）越大表示有子空间中具有过多或过少的设计点；L_p 的值（理论最小值为 0）越小表示均匀性越好。

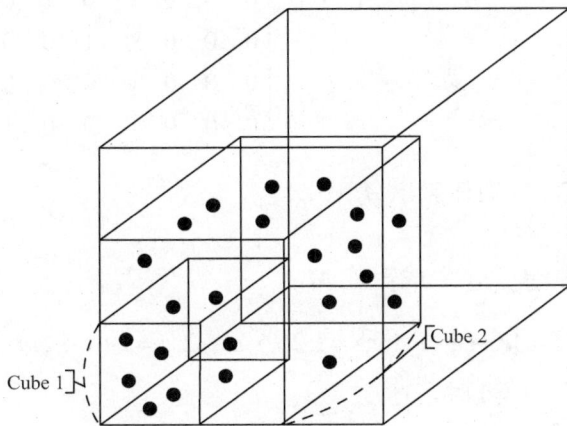

图 5.3　空间中的点分布及计算 L_p 示例

5.2.3　正交拉丁超立方矩阵

Cioppa 和 Kenny Q.Ye 均使用了相同的方法构造正交拉丁超立方矩阵，即通过构造矩阵 M 和 S，进而通过 Hadamard 乘积生成目标矩阵 T。Kenny Q.Ye 认为对于任意的整数 $m(m>1)$，输入变量数 k 和实验运行次数 n 之间的关系为：

$$\begin{cases} n = 2^m + 1 \\ k = 2m - 2 \end{cases} \tag{5.5}$$

5.2.3.1　面向 OLHC 的矩阵 M 的构造方法

设矩阵 M 的维数为 $q \times k$，其中 $q = (n-1)/2$ 表示每一个变量的正水平数，相应的每一个变量也有 q 个负水平数以及一个中心点 0。

Step 1：随机生成一个初始向量 $\boldsymbol{e}$，例如 $\boldsymbol{e} = [1, 2, \cdots, q]^{\mathrm{T}}$，而 $\boldsymbol{e}$ 是生成矩阵 M 其他元素列的基础向量。

Step 2：对于任意 $L = 1, 2, \cdots, m-1$，创建维数为 $q \times q$ 的矩阵 A_L，设 $\boldsymbol{I} = \begin{bmatrix} 1 & 0 \\ 0 & 1 \end{bmatrix}$，$\boldsymbol{R} = \begin{bmatrix} 0 & 1 \\ 1 & 0 \end{bmatrix}$，

则 $A_L = \underbrace{\boldsymbol{I} \otimes \cdots \otimes \boldsymbol{I}}_{m-1-L} \otimes \underbrace{\boldsymbol{R} \otimes \cdots \otimes \boldsymbol{R}}_{L}, 1 \leq L \leq m-1$，其中 $\otimes$ 为 Kronecker 乘积，即

$$\boldsymbol{A} = \begin{bmatrix} a_{11} & \cdots & a_{1n} \\ \vdots & \ddots & \vdots \\ a_{n1} & \cdots & a_{nn} \end{bmatrix}, \boldsymbol{B} = \begin{bmatrix} b_{11} & \cdots & b_{1n} \\ \vdots & \ddots & \vdots \\ b_{n1} & \cdots & b_{nn} \end{bmatrix}, \quad \boldsymbol{A} \otimes \boldsymbol{B} = \begin{bmatrix} a_{11}B & \cdots & a_{1n}B \\ \vdots & \ddots & \vdots \\ a_{n1}B & \cdots & a_{nn}B \end{bmatrix}.$$

例如对于 $m = 4$，$q = 2^{4-1} = 8$，$L = 1$，

$$A_1 = I \otimes I \otimes R = \begin{bmatrix} 1 & 0 \\ 0 & 1 \end{bmatrix} \otimes \begin{bmatrix} 1 & 0 \\ 0 & 1 \end{bmatrix} \otimes \begin{bmatrix} 0 & 1 \\ 1 & 0 \end{bmatrix} = \begin{bmatrix} 0 & 1 & 0 & 0 & 0 & 0 & 0 & 0 \\ 1 & 0 & 0 & 0 & 0 & 0 & 0 & 0 \\ 0 & 0 & 0 & 1 & 0 & 0 & 0 & 0 \\ 0 & 0 & 1 & 0 & 0 & 0 & 0 & 0 \\ 0 & 0 & 0 & 0 & 0 & 1 & 0 & 0 \\ 0 & 0 & 0 & 0 & 1 & 0 & 0 & 0 \\ 0 & 0 & 0 & 0 & 0 & 0 & 0 & 1 \\ 0 & 0 & 0 & 0 & 0 & 0 & 1 & 0 \end{bmatrix}_{\circ}$$

Step 3：重复 Step 2，分别计算出 $A_2, \cdots, A_{m-1}$。

Step 4：根据 $e, A_1, \cdots, A_{m-1}$，生成矩阵 M，

$$M = \{e, A_i e, A_1 A_j e; i = 1, 2, \cdots, m-2, j = i+1, \cdots, m-1\}$$

当 $m = 4$，$q = 2^{4-1} = 8$，$L = 1$ 时，

$$A_1 e = (I \otimes I \otimes R)e = \begin{bmatrix} 0 & 1 & 0 & 0 & 0 & 0 & 0 & 0 \\ 1 & 0 & 0 & 0 & 0 & 0 & 0 & 0 \\ 0 & 0 & 0 & 1 & 0 & 0 & 0 & 0 \\ 0 & 0 & 1 & 0 & 0 & 0 & 0 & 0 \\ 0 & 0 & 0 & 0 & 0 & 1 & 0 & 0 \\ 0 & 0 & 0 & 0 & 1 & 0 & 0 & 0 \\ 0 & 0 & 0 & 0 & 0 & 0 & 0 & 1 \\ 0 & 0 & 0 & 0 & 0 & 0 & 1 & 0 \end{bmatrix} \begin{bmatrix} 1 \\ 2 \\ 3 \\ 4 \\ 5 \\ 6 \\ 7 \\ 8 \end{bmatrix} = [2 \quad 1 \quad 4 \quad 3 \quad 6 \quad 5 \quad 8 \quad 7]^{\mathrm{T}}$$

故矩阵 M 为（$m = 4, L = 1$），如表 5.3 所示。

表 5.3　使用 Kenny Q.Ye 的方法构造的矩阵 M（m=4）

e	$A_1 e$	$A_2 e$	$A_3 e$	$A_1 A_2 e$	$A_1 A_3 e$
1	2	4	8	3	7
2	1	3	7	4	8
3	4	2	6	1	5
4	3	1	5	2	6
5	6	8	4	7	3
6	5	7	3	8	4
7	8	6	2	5	1
8	7	5	1	6	2

5.2.3.2　面向 OLHC 的矩阵 S 的构造方法

设矩阵 S 的维数为 $q \times k$，且矩阵 S 的元素只有-1 和+1。下面给出矩阵 S 的具体构造方法。

Step 1：定义向量，$\boldsymbol{B}_i = \begin{bmatrix} -1 \\ 1 \end{bmatrix}, \boldsymbol{B}_j = \begin{bmatrix} 1 \\ 1 \end{bmatrix}, i \neq j$。

Step 2：定义 $\boldsymbol{a}_k = \boldsymbol{B}_1 \otimes \boldsymbol{B}_2 \otimes \cdots \otimes \boldsymbol{B}_{m-1}, k = 1, 2, \cdots, m-1$，

其中，$\boldsymbol{B}_l = \boldsymbol{B}_i = \begin{bmatrix} -1 \\ 1 \end{bmatrix}$，$l = m - k$，否则 $\boldsymbol{B}_l = \boldsymbol{B}_j = \begin{bmatrix} 1 \\ 1 \end{bmatrix}, l = 1, 2, \cdots, m-1$。

当 $m = 4, L = 1, q = 2^{4-1} = 8$ 时，记 $\boldsymbol{b}_1 = \begin{bmatrix} 1 \\ 1 \end{bmatrix}, \boldsymbol{b}_{-1} = \begin{bmatrix} -1 \\ 1 \end{bmatrix}$；

$\boldsymbol{a}_1 = \boldsymbol{b}_1 \otimes \boldsymbol{b}_1 \otimes \boldsymbol{b}_{-1} = [-1, +1, -1, +1, -1, +1, -1, +1]^T$，

$\boldsymbol{a}_2 = \boldsymbol{b}_1 \otimes \boldsymbol{b}_{-1} \otimes \boldsymbol{b}_1 = [-1, -1, +1, +1, -1, -1, +1, +1]^T$，

$\boldsymbol{a}_3 = \boldsymbol{b}_{-1} \otimes \boldsymbol{b}_1 \otimes \boldsymbol{b}_1 = [-1, -1, -1, -1, +1, +1, +1, +1]^T$。

Step 3：构造矩阵 $\boldsymbol{S}$，其中 $\boldsymbol{a}_i \boldsymbol{a}_j$ 表示对应元素相乘，即 $\boldsymbol{a}_i$ 的第 l 个元素和 $\boldsymbol{a}_j$ 的第 l 个元素相乘，并且 $\mathbf{1} = [+1 +1 +1 +1 +1 +1 +1 +1]^T$，

得到 $\boldsymbol{S} = \{\mathbf{1}, \boldsymbol{a}_i, \boldsymbol{a}_1 \boldsymbol{a}_j; i = 1, 2, \cdots, m-2, j = i+1, \cdots, m-1\}$；

例如当 $m = 4, L = 1$ 时，矩阵 $\boldsymbol{S}$ 如表 5.4 所示。

表 5.4　使用 Kenny Q.Ye 的方法构造的矩阵 S（m=4）

1	a_1	a_2	a_3	a_1a_2	a_1a_3
+1	-1	-1	-1	+1	+1
+1	+1	-1	-1	-1	-1
+1	-1	+1	-1	-1	+1
+1	+1	+1	-1	+1	-1
+1	-1	-1	+1	+1	-1
+1	+1	-1	+1	-1	+1
+1	-1	+1	+1	-1	-1
+1	+1	+1	+1	+1	+1

5.2.3.3　面向 OLHC 的矩阵 T 的构造方法

矩阵 $\boldsymbol{T}$ 的维数为 $q \times k$，是通过矩阵 $\boldsymbol{M}_{q \times k}$ 和矩阵 $\boldsymbol{S}_{q \times k}$ 的 Hadamard 乘积得到，即记为 $\boldsymbol{T} = \boldsymbol{M} \circ \boldsymbol{S}$，其中存在一个中心设计点，中心点元素全部为 0。

其中 Hadamard 乘积为：

设矩阵 $\boldsymbol{A} = \begin{bmatrix} a_{11} & \cdots & a_{1n} \\ \vdots & \ddots & \vdots \\ a_{n1} & \cdots & a_{nn} \end{bmatrix}, \boldsymbol{B} = \begin{bmatrix} b_{11} & \cdots & b_{1n} \\ \vdots & \ddots & \vdots \\ b_{n1} & \cdots & b_{nn} \end{bmatrix}, \boldsymbol{A} \circ \boldsymbol{B} = \begin{bmatrix} a_{11}b_{11} & \cdots & a_{1n}b_{1n} \\ \vdots & \ddots & \vdots \\ a_{n1}b_{n1} & \cdots & a_{nn}b_{nn} \end{bmatrix}$。

例如当 $m = 4, q = n = 2^4 + 1$ 时，设初始向量为 $\boldsymbol{e} = [1, 2, \cdots, 8, 0, -1, -2, \cdots, -8]^T$，则由 5.2.3.1 和 5.2.3.2 节可以得出矩阵 $\boldsymbol{T}$ 的结果，如表 5.5 所示。

表 5.5　使用 Kenny Q.Ye 的方法构造的矩阵 T（$m=4$）

K_1	K_2	K_3	K_4	K_5	K_6
1	-2	-4	-8	3	7
2	1	-3	-7	-4	-8
3	-4	2	-6	-1	5
4	3	1	-5	2	-6
5	-6	-8	4	7	-3
6	5	-7	3	-8	4
7	-8	6	2	-5	-1
8	7	5	1	6	2
0	0	0	0	0	0
-1	2	4	8	-3	-7
-2	-1	3	7	4	8
-3	4	-2	6	1	-5
-4	-3	-1	5	-2	6
-5	6	8	-4	-7	3
-6	-5	7	-3	8	-4
-7	8	-6	-2	5	1
-8	-7	-5	-1	-6	-2

5.3　近正交拉丁超立方实验设计

当实验的影响因子数量很多时，均匀设计所得到的设计结果往往正交性很差，而正交拉丁超立方设计得到的结果往往"空间填充"性很差，因而这两种方法得到的实验数据并不能很好地代表整个实验样本空间。为此可以基于正交性和均匀性评价准则扩展正交拉丁超立方设计矩阵，形成支持近正交拉丁超立方实验设计算法。

5.3.1　改进正交拉丁超立方矩阵及评价准则

5.3.1.1　改进正交拉丁超立方矩阵

通过扩展 Kenny Q.Ye 的正交拉丁超立方矩阵的构造方法，在实验方案不变的情况下，可以使验证的变量数从 $2m-2$ 增加为 $m+C_{m-1}^2$。具体办法是把 5.2.3 节中的矩阵 M、S 分别变为 $M=\{e, A_i e, A_i A_j e; i=1,2,\cdots,m-2, j=i+1,\cdots,m-1\}$ 和 $S=\{1, a_i, a_i a_j; i=1,2,\cdots,m-2, j=i+1,\cdots,m-1\}$，则此方法与 Kenny Q.Ye 的方法相比，得到了一定的提升，具体比较如表 5.6 所示。

表 5.6　改进的方法与 Kenny Q.Ye 的方法比较

水平数（变量数）	m	扩展的方法	Kenny Q.Ye 的方法
17	4	7	6
33	5	11	8

水平数（变量数）	m	扩展的方法	Kenny Q.Ye 的方法
65	6	16	10
129	7	22	12
257	8	29	14

例如对于 $e=[1,2,3,4,5,6,7,8]^{\mathrm{T}}$，使用扩展的方法生成的数据矩阵 M、S 分别如表 5.7 和表 5.8 所示。

表 5.7　改进的矩阵 M

e	A_1e	A_2e	A_3e	A_1A_2e	A_1A_3e	A_2A_3e
1	2	4	8	3	7	5
2	1	3	7	4	8	6
3	4	2	6	1	5	7
4	3	1	5	2	6	8
5	6	8	4	7	3	1
6	5	7	3	8	4	2
7	8	6	2	5	1	3
8	7	5	1	6	2	4

表 5.8　改进的矩阵 S

1	a_1	a_2	a_3	a_1a_2	a_1a_3	a_2a_3
+1	−1	−1	−1	+1	+1	+1
+1	+1	−1	−1	−1	−1	+1
+1	−1	+1	−1	−1	+1	−1
+1	+1	+1	−1	+1	−1	−1
+1	−1	−1	+1	+1	−1	−1
+1	+1	−1	+1	−1	+1	−1
+1	−1	+1	+1	−1	−1	+1
+1	+1	+1	+1	+1	+1	+1

17 水平 7 变量目标矩阵 T 如表 5.9 所示。

表 5.9　17 水平 7 变量目标矩阵 T

k_1	k_2	k_3	k_4	k_5	k_6	k_7
1	−2	−4	−8	3	7	5
2	1	−3	−7	−4	−8	6
3	−4	2	−6	−1	5	−7
4	3	1	−5	2	−6	−8

k_1	k_2	k_3	k_4	k_5	k_6	k_7
5	−6	−8	4	7	−3	−1
6	5	−7	3	−8	4	−2
7	−8	6	2	−5	−1	3
8	7	5	1	6	2	4
0	0	0	0	0	0	0
−1	2	4	8	−3	−7	−5
−2	−1	3	7	4	8	−6
−3	4	−2	6	1	−5	7
−4	−3	−1	5	−2	6	8
−5	6	8	−4	−7	3	1
−6	−5	7	−3	8	−4	2
−7	8	−6	−2	5	1	−3
−8	−7	−5	−1	−6	−2	−4

  为了更好地表示变量的均匀性，图 5.4 表示了变量在二维平面上的分布情况。由该图可知，在由扩展方法生成的正交拉丁超立方矩阵中，变量 k_1 和 k_2、k_3 和 k_5、k_4 和 k_6 之间的二维平面分布图近似为"X"形状，即有的区域并没有抽样点，所以仅由此方法得到的变量并不能充分地代表整个变量空间。

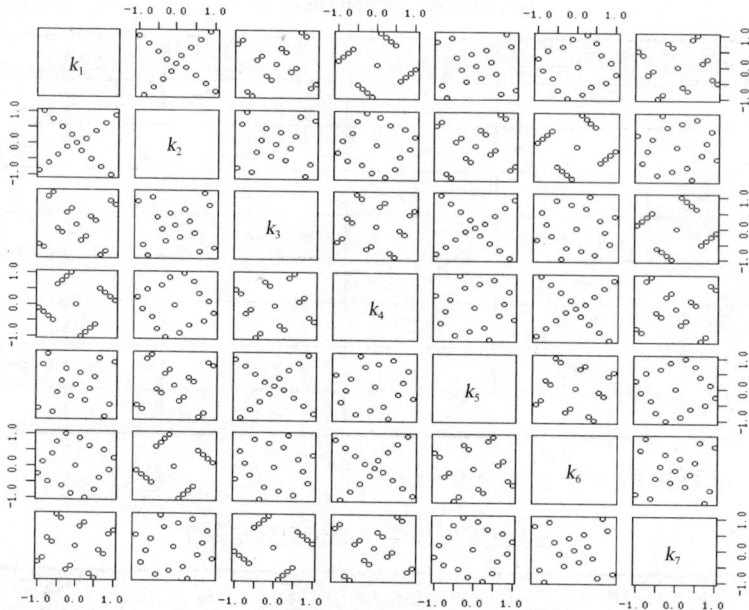

图 5.4　表 5.9 中元素的二维平面分布

5.3.1.2　正交性和均匀性的评价准则

1. 正交性评价准则

  具有良好正交性的实验设计可以有效地评估分析仿真模型的回归系数，并且在一定程度上减少变量数，即筛除相关的实验变量。

（1）相关系数绝对值的最大值 ρ_{ampc}

相关系数绝对值记为 $|\rho_{ij}|$，对任意两个不同的列向量 $\boldsymbol{X}_i$ 和 $\boldsymbol{X}_j$，并且 $i \neq j$，则定义 $\boldsymbol{X}_i$ 和 $\boldsymbol{X}_j$ 之间的相关系数为 ρ_{ij}，故

$$|\rho_{ij}| = \left| \frac{\sum_{l=1}^{n}[(\boldsymbol{X}_l^i - \bar{\boldsymbol{X}}^i)(\boldsymbol{X}_l^j - \bar{\boldsymbol{X}}^j)]}{\sqrt{\sum_{l=1}^{n}(\boldsymbol{X}_l^i - \bar{\boldsymbol{X}}^i)^2 \sum_{l=1}^{n}(\boldsymbol{X}_l^j - \bar{\boldsymbol{X}}^j)^2}} \right|$$

式中，$\boldsymbol{X}_l^i$ 和 $\boldsymbol{X}_l^j$ 表示第 l 个实验设计结果的第 i 和第 j 列，$\bar{\boldsymbol{X}}^i$ 和 $\bar{\boldsymbol{X}}^j$ 分别表示第 i 和第 j 列中所有元素的平均值。因此，可以得到最大相关系数的绝对值为

$$\rho_{\text{ampc}} = \max\{|\rho_{ij}|, i \neq j\} \tag{5.6}$$

ρ_{ampc} 的值越小表示正交性越好，其中 $\rho_{\text{ampc}} = 0$ 表示 $\boldsymbol{X}_l^i$ 和 $\boldsymbol{X}_l^j$ 正交。

（2）状态数 $\text{cond}(\boldsymbol{X}^{\text{T}}\boldsymbol{X})$（Condition Number）

状态数一般是在数值线性代数中用来检验线性系统的灵敏度。对于一个存在的拉丁超立方实验设计 $\boldsymbol{X}_n^k$，定义 ψ_1 和 ψ_n 分别为矩阵 $\boldsymbol{X}^{\text{T}}\boldsymbol{X}$ 的最大和最小特征值，则状态数为

$$\text{cond}(\boldsymbol{X}^{\text{T}}\boldsymbol{X}) = \frac{\psi_1}{\psi_n} \tag{5.7}$$

式中，$\text{cond}(\boldsymbol{X}^{\text{T}}\boldsymbol{X}) \in [-1,1]$，$\text{cond}(\boldsymbol{X}^{\text{T}}\boldsymbol{X}) = 1$ 表示实验设计 $\boldsymbol{X}_n^k$ 为正交设计，并且 $\text{cond}(\boldsymbol{X}^{\text{T}}\boldsymbol{X})$ 的值越接近 1 表示实验设计的正交性越好。

2. 均匀性评价准则

具有良好均匀性的实验设计可以使输入变量"填充"到整个样本空间中，使输入数据更加具有代表性。

（1）改进的 L_2 差值 ML_2

ML_2 是 5.2.2 节中描述的 L_p 的一个变式，Cioppa 在其文献中使用 $ML_2(\boldsymbol{X})$ 评价近似正交拉丁超立方设计的均匀性，而 Hickernell 使用 $[ML_2(\boldsymbol{X})]^2$ 评价均匀性，两者的计算原理基本相同。下面分别给出两个评价公式：

$$ML_2(\boldsymbol{X}) = \left(\frac{4}{3}\right)^k - \frac{2^{1-k}}{n}\sum_{d=1}^{n}\prod_{i=1}^{k}(3 - x_{di}^2) + \frac{1}{n^2}\sum_{d=1}^{n}\sum_{j=1}^{n}\prod_{i=1}^{k}[2 - \max(x_{di}, x_{ji})] \tag{5.8}$$

$$[ML_2(\boldsymbol{X})]^2 = \left(\frac{4}{3}\right)^k - \frac{2}{n}\sum_{d=1}^{n}\prod_{i=1}^{k}(3 - x_{di}^2) + \frac{1}{n^2}\sum_{d=1}^{n}\sum_{j=1}^{n}\prod_{i=1}^{k}[2 - \max(x_{di}, x_{ji})] \tag{5.9}$$

式中，$x_{ij}, 1 \leq i \leq n, 1 \leq j \leq k$ 表示近似正交拉丁超立方设计 $\boldsymbol{X}_n^k$ 中的元素；公式（5.8）需要把 $\boldsymbol{X}_n^k$ 中的元素标准化后进行计算，而公式（5.9）则不需要；并且两个公式均是以整个变量空间的原点为基础进行计算。$ML_2(\boldsymbol{X})$ 和 $[ML_2(\boldsymbol{X})]^2$ 的值均是越小，均匀性就越好。

（2）中心 L_2 差值 CL_2

CL_2 是 5.2.3 节中描述的 L_p 的另外一个变式，方开泰等人使用 $[CL_2(X)]^2$ 评价实验设计的均匀性，下面给出公式的一般表达形式：

$$[CL_2(X)]^2 = \left(\frac{13}{2}\right)^k - \frac{2}{n}\sum_{d=1}^{n}\prod_{i=1}^{k}\left(1 + \frac{1}{2}|x_{di} - 0.5| - \frac{1}{2}|x_{di} - 0.5|^2\right)$$
$$+ \frac{1}{n^2}\sum_{d=1}^{n}\sum_{j=1}^{n}\prod_{i=1}^{k}\left(1 + \frac{1}{2}|x_{di} - 0.5| + \frac{1}{2}|x_{ji} - 0.5| - \frac{1}{2}|x_{di} - x_{ji}|\right) \tag{5.10}$$

式中，x_{ij}，$1 \leq i \leq n, 1 \leq j \leq k$ 表示近似正交拉丁超立方设计 X_n^k 中的元素；并且是以整个变量空间的中心为基础进行计算，而且必须把 X_n^k 中的数值标准化之后进行计算；$[CL_2(X)]^2$ 的值越小，均匀性就越好。

（3）最大化欧式最小距离 Mm

Cioppa 使用最大化欧式最小距离 Mm 评价设计矩阵的均匀性，其中计算时的数值变化范围为 $[-1,1]^k$，即把设计矩阵 X_n^k 中的数值标准化之后进行计算。

$$d(X_i, X_j) = \sqrt{\sum_{i=1}^{k}(X_i^{(i)} - X_i^{(j)})^2} \tag{5.11}$$

式中，X_i 和 X_j（$i \neq j$）表示设计矩阵 X_n^k 中的任意两行元素，$X_i^{(i)}$ 和 $X_i^{(j)}$ 分别表示设计矩阵 X_n^k 第 i 列的第 i 个元素和第 j 个元素。定义最大化欧式最小距离 $Mm = \min\{d(X_i, X_j), 0 < i < n, i < j \leq n, i \in N, j \in N\}$，其中 Mm 的值越大，设计矩阵的均匀性越好。

5.3.1.3　正交拉丁超立方矩阵的均匀性

当实验的影响因子数量很多时，正交拉丁超立方实验设计方法所得到的设计结果往往均匀性很差，并不能很好地代表整个实验样本空间。因此，就需要牺牲部分正交性以达到一定的均匀性效果，并且 Iman 和 Conover、Florian 提出了一种提升实验设计结果正交性的方法。下面根据扩展的方法并利用 5.3.1.2 节的相关评价准则给出均匀性相对较好的正交设计矩阵。例如 $e = [1,2,3,4,5,6,7,8]^T$（初始向量 e 具有 8！=40320 个不同的组合）。但是，由矩阵 M 的构造方法可知，并不是每一个初始向量都可以生成正交矩阵。根据 5.3.1.2 节的相关结论，计算存在的正交设计的相关均匀性属性，得到每个正交设计矩阵的最大化欧式最小距离均为 $Mm = 1.479$，在所有正交设计中，ML_2 差值的变换范围为 $[0.152, 0.174]$。初始向量 $e = [1,2,8,4,5,6,7,3]^T$ 时，对应最小的 ML_2 差值，即 $ML_2 = 0.152$；初始向量 $e = [2,7,1,8,4,5,3,6]^T$ 时，对应最大的 ML_2 差值，即 $ML_2 = 0.174$。具有最优均匀性的正交设计矩阵如表 5.10 所示，其变量的二维平面分布如图 5.5 所示。由此可知，经过此方法处理之后的正交设计矩阵的均匀性得到了很大的提升。

表 5.10　均匀性较好的 17 水平 7 变量正交设计矩阵

k_1	k_2	k_3	k_4	k_5	k_6	k_7
1	−2	−4	−3	8	7	5
2	1	−8	−7	−4	−3	6
8	−4	2	−6	−1	5	−7
4	8	1	−5	2	−6	−3

续表

k_1	k_2	k_3	k_4	k_5	k_6	k_7
5	-6	-3	4	7	-8	-1
6	5	-7	8	-3	4	-2
7	-3	6	2	-5	-1	8
3	7	5	1	6	2	4
0	0	0	0	0	0	0
-1	2	4	3	-8	-7	-5
-2	-1	8	7	4	3	-6
-8	4	-2	6	1	-5	7
-4	-8	-1	5	-2	6	3
-5	6	3	-4	-7	8	1
-6	-5	7	-8	3	-4	2
-7	3	-6	-2	5	1	-8
-3	-7	-5	-1	-6	-2	-4

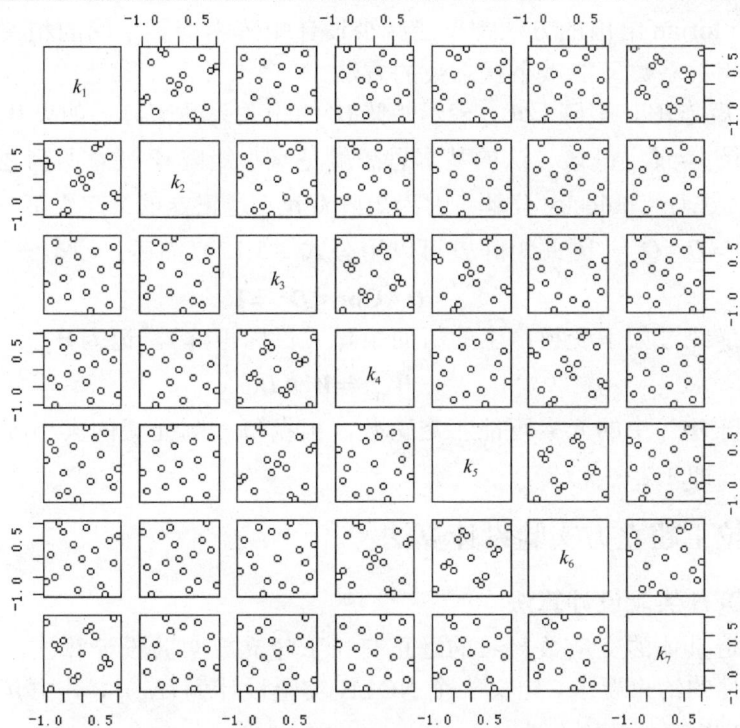

图 5.5 表 5.10 中变量的二维平面分布

5.3.2 改善近正交拉丁超立方矩阵的正交性

记 33 设计点 11 变量、65 设计点 16 变量、129 设计点 22 变量、257 设计点 29 变量的正交设计分别为 $(O)_{11}^{33}$、$(O)_{16}^{65}$、$(O)_{22}^{129}$、$(O)_{29}^{257}$。虽然这些正交设计均存在，但其计算的复杂度很高，例如 $(O)_{11}^{33}$ 的初始向量 e 就有 16! 个不同的组合情况，$(O)_{16}^{65}$、$(O)_{22}^{129}$、$(O)_{29}^{257}$ 分别有 32!、64!、128! 个不同的组合，如果遍历计算得到其对应的正交设计则明显是不现实的。

为此，可以通过产生一定比例次数的随机初始向量 e，例如 $(O)_{11}^{33}$、$(O)_{16}^{65}$、$(O)_{22}^{129}$、$(O)_{29}^{257}$ 可以分别仿真运算 10^6、2×10^6、3×10^6、4×10^6 次，得到满足一定要求（例如 $(O)_{11}^{33}$ 设计，其中最大相关系数可以不大于 0.03，状态数不大于 1.1 等）的近似正交的拉丁超立方实验设计（Nearly Orthogonal Latin Hypercube，NOLH）结果，分别记为 $(N_o)_{11}^{33}$、$(N_o)_{16}^{65}$、$(N_o)_{22}^{129}$、$(N_o)_{29}^{257}$，在大量实验的基础上，表 5.11 给出了不同设计的最优约束临界值。

表 5.11　不同设计的最优约束临界值

变量数	水平数	最大相关系数	状态数
11	33	0.033	1.11
16	65	0.146	1.85
22	129	0.159	2.38

对于某些非正交且具有良好均匀性的设计，可以使用 Iman 和 Conover 以及 Florian 的方法减小设计矩阵变量之间的相关系数。而 Florian 给出的方法是减小最大相关系数，但是同样会降低变量之间的正交性（减少的幅度小于 0.01），即可以忽略不计。然而，无论是 Iman 和 Conover 还是 Florian 给出的方法都仅能减少设计矩阵中变量之间的相关系数，而 Cioppa 给出了既能减小相关系数又能减小状态数的方法。

定义 $n\times k$ 阶矩阵 W，矩阵 $\mathbf{Cor}_{k\times k}$ 表示矩阵 W 的相关系数矩阵；如果 $W_{n\times k}$ 任意两列均不相关，则矩阵 $\mathbf{Cor}_{k\times k}=I_{k\times k}$；该方法的基本思想就是减小矩阵 W 任意两列之间的相关系数。这里对矩阵 $\mathbf{Cor}_{k\times k}$ 进行 Cholesky 分解（因为矩阵 $\mathbf{Cor}_{k\times k}$ 是正定的）产生下三角矩阵 $Q_{k\times k}$，定义 $D=Q^{-1}$，$\mathbf{Cor}=Q*Q^{\mathrm{T}}$，因此矩阵 D 可以用公式（5.12）描述，

$$D*\mathbf{Cor}*D^{\mathrm{T}}=I \tag{5.12}$$

初始矩阵 $W_{n\times k}$ 经过如下变换产生的新的矩阵（目标矩阵），记为 $W_{n\times k}^o$。

$$W_{n\times k}^o=W*D^{\mathrm{T}} \tag{5.13}$$

由于目标矩阵 $W_{n\times k}^o$ 中的元素可能不是正数，根据每一列元素的大小顺序，依次使用序列数字进行替换（即 $1,2,\cdots,n$）。

5.3.3　近正交拉丁超立方实验设计算法

5.3.3.1　NOLH 实验设计算法

本节介绍构造具体的变量数 $k>1$ 的近正交拉丁超立方实验设计算法，并且满足相关正交性和均匀性属性的约束要求。定义一个 NOLH 实验设计为 $(N_o)_k^n$，其中 n 表示实验运行次数或者水平数，k 表示变量的个数。

例如，对一个限制条件为最大相关系数不超过 0.033、状态数不超过 1.13 的设计可以使用如下公式形式化描述：

$$\begin{cases} \min f(Mm,ML_2) \\ \rho_{\mathrm{ampc}}\leq 0.033 \\ \mathrm{cond}(X^{\mathrm{T}}X)\leq 1.13 \end{cases}$$

注：“*”表示矩阵的乘积。

NOLH 实验设计算法如下。

输入：矩阵变量数 k；每个变量的取值范围 interval；

输出：初始设计矩阵 Matrix。

Step1：根据取值范围 interval，确定变量的个数（$k \geq 7$），如果变量的个数不是 7,11,16,22（或更加一般性的 $m + \binom{m-1}{2}$）时，变量数为 8～11 使用 $(N_o)_{11}^{33}$ 设计、变量数为 12～16 使用 $(N_o)_{16}^{65}$ 设计、变量数为 17～22 使用 $(N_o)_{22}^{129}$ 设计、变量数为 23～29 使用 $(N_o)_{29}^{257}$ 设计……设定随机种子；产生初始向量 e。

Step2：根据 Kenny Q.Ye 和改进的方法，生产矩阵 M，S，T。

Step3：计算矩阵 T 的任意两列相关系数的绝对值的最大值和矩阵 T 的状态数；根据不同的变量数 k 的值和相关约束：$(N_o)_{11}^{33}$ 对应最大相关系数绝对值和状态数分别为 0.05 和 1.15；$(N_o)_{16}^{65}$ 对应的相关约束值分别为 0.17 和 2.4；$(N_o)_{22}^{129}$ 对应的相关约束值分别为 0.16 和 2.8……选择满足要求的矩阵集合：

Matrix_set=$\{T_i \mid \rho_{ampc} < Corr\_Threshold, Cond(X^T X) < Cond\_Threshold\}$；

如果矩阵 T 不满足约束条件，则返回 **Step1** 产生新的初始向量 e。

Step4：对于 Matrix_set 集合中的矩阵使用 Florian 方法来减小矩阵的相关系数绝对值的最大值以及矩阵的状态数，并选择满足表 5.11 中相关约束的矩阵子集合 Matrix_subset。

Step5：计算矩阵子集合 Matrix_subset 中矩阵的欧式最大化最小距离 Mm 以及 ML_2 差值，并根据二者最优组合选择最优的设计矩阵。

Step6：当变量数 k 不是 7、11、16、22 或者 $m + \binom{m-1}{2}$ 时，根据 **Step1** 的方法和 **Step5** 中的设计结果矩阵，计算矩阵的子集的欧式最大化最小距离 Mm 和差值 ML_2，并选择二者组合最优的子集。

由于仿真实验并没有遍历所有可能存在的初始向量 e，因此得到的结果在全局情况下可能不是最优结果，但是实验设计结果具有良好的近似正交性和均匀性，因此设计结果是满足实验设计要求的。

5.3.3.2　NOLH 实验设计中的离散变量

离散和枚举变量表示其是一个离散的变量集合。离散变量可以是象征意义的变量或者序列数字变量。象征意义的变量是没有任何数学意义的，例如性别、天气等。性别可以使用 1（0）和 0（1）分别表示男性和女性；序列离散变量表示具有顺序性或者数量上差异的变量，例如坦克或者作战飞机的数量等。一般，n 个水平的象征性的离散变量需要使用 $n-1$ 个指示性的变量来表示。

$$C_{+-} = \begin{cases} \text{正值} & \text{if } x \geq 0 \\ \text{负值} & \text{if } x < 0 \end{cases}$$

对初始序列数字除 2 取模：

$$C_{OD} = \begin{cases} \text{偶数} & \text{if } x \bmod 2 = 0 \\ \text{奇数} & \text{if } x \bmod 2 \neq 0 \end{cases}$$

存在 2 水平离散变量的处理方法如表 5.12 所示。

表 5.12　存在 2 水平离散变量的处理方法

初始	−8	−7	−6	−5	−4	−3	−2	−1	0
正-负	−	−	−	−	−	−	−	−	+
奇-偶	偶	奇	偶	奇	偶	奇	偶	奇	偶
初始	1	2	3	4	5	6	7	8	

续表

正-负	+	+	+	+	+	+	+	+	
奇-偶	奇	偶	奇	偶	奇	偶	奇	偶	

如果存在 3 水平的离散变量，其处理方法如表 5.13 所示。

表 5.13　存在 3 水平离散变量的处理方法

初始	−8	−7	−6	−5	−4	−3	−2	−1	0
调整	0	0	0	0	0	0	1	1	1
初始	1	2	3	4	5	6	7	8	
调整	1	1	2	2	2	2	2	2	

对于只存在一个离散变量，则需要分别计算设计矩阵 $(N_o)_n^k$ 或 $(O)_n^k$ 的每一列替换为离散变量时的正交性和均匀性，然后选择正交性和均匀性组合最优的列。

带离散变量的 NOLH 实验设计算法如下。

输入：矩阵水平数 n；矩阵变量数 k；离散变量的个数 k_c 及变量水平数 l_c；

输出：初始设计矩阵 Matrix。

Step1：根据水平数 n，确定变量的个数（$k \geq 7$）；当变量的个数不是 7、11、16、22（或更加一般性的 $m + \binom{m-1}{2}$）时，变量数为 8~11 使用 $(N_o)_{11}^{33}$ 设计、变量数为 12~16 使用 $(N_o)_{16}^{65}$ 设计、变量数为 17~22 使用 $(N_o)_{22}^{129}$ 设计、变量数为 23~29 使用 $(N_o)_{29}^{257}$ 设计……设定随机种子；产生初始向量 e。

Step2：根据 Kenny Q.Ye 和 Cioppa 的方法，生产矩阵 M，S，T。

Step3：计算矩阵 T 的任意两列相关系数的绝对值的最大值和矩阵 T 的状态数；根据不同的变量数 k 的值，根据相关约束：$(N_o)_{11}^{33}$ 对应最大相关系数绝对值和状态数分别为 0.05 和 1.15；$(N_o)_{16}^{65}$ 对应的相关约束值分别为 0.17 和 2.4；$(N_o)_{22}^{129}$ 对应的相关约束值分别为 0.16 和 2.8……选择满足要求的矩阵集合：

Matrix_set=$\{T_i \mid \rho_{ampc} < $ Corr _ Threshold, Cond$(X^T X) < $ Cond _ Threshold$\}$；

如果矩阵 T 不满足约束条件，则返回 **Step1** 产生新的初始向量 e。

Step4：对于 Matrix_set 集合中的矩阵使用 Florian 方法来减小矩阵的相关系数绝对值的最大值以及矩阵的状态数，并选择满足表 5.6 中相关约束的矩阵子集合 Matrix_subset。

Step5：计算矩阵子集合 Matrix_subset 中矩阵的欧式最大化最小距离 Mm 以及 ML_2 差值，并根据二者最优组合选择最优的设计矩阵 Matrix_Optimal。

Step6：当变量数 k 不是 7、11、16、22 或者 $m + \binom{m-1}{2}$ 时，根据 **Step1** 的方法和 **Step5** 中的设计结果矩阵，计算矩阵 Matrix_Optimal 的子集的欧式最大化最小距离 Mm 和 ML_2 的值，并选择二者组合最优的子集。

Step7：由离散变量数 $n_c (\leqslant k)$ 和水平数 l_c，并根据 5.3.3.2 节中关于离散变量的解决方法，分别计算 C_k^m 列替换为离散变量时的均匀性和正交性，并选择均匀性和正交性组合最优的存在离散变量的设计矩阵。

5.4　构建近正交拉丁超立方矩阵

5.4.1　变量数为 2~7 的 NOLH 矩阵

由 5.3.3 节的算法得到 17 水平 7 变量的 NOLH（近似正交拉丁超立方）设计矩阵，如表 5.14 所示，并且相关的均匀性和正交性的属性值为 $ML_2 = 0.152$，$Mm = 1.479$，$\text{cond}(X^T X) = 1$，$\rho_{ampc} = 0$。通过 R 语言编程，绘出 $(N_o)_7^{17}$ 设计矩阵中任意两列之间的二维平面分布图（如图 5.6 所示）。与图 5.4 比较，可以看出由此方法得到的设计结果基本满足抽样样本对整个

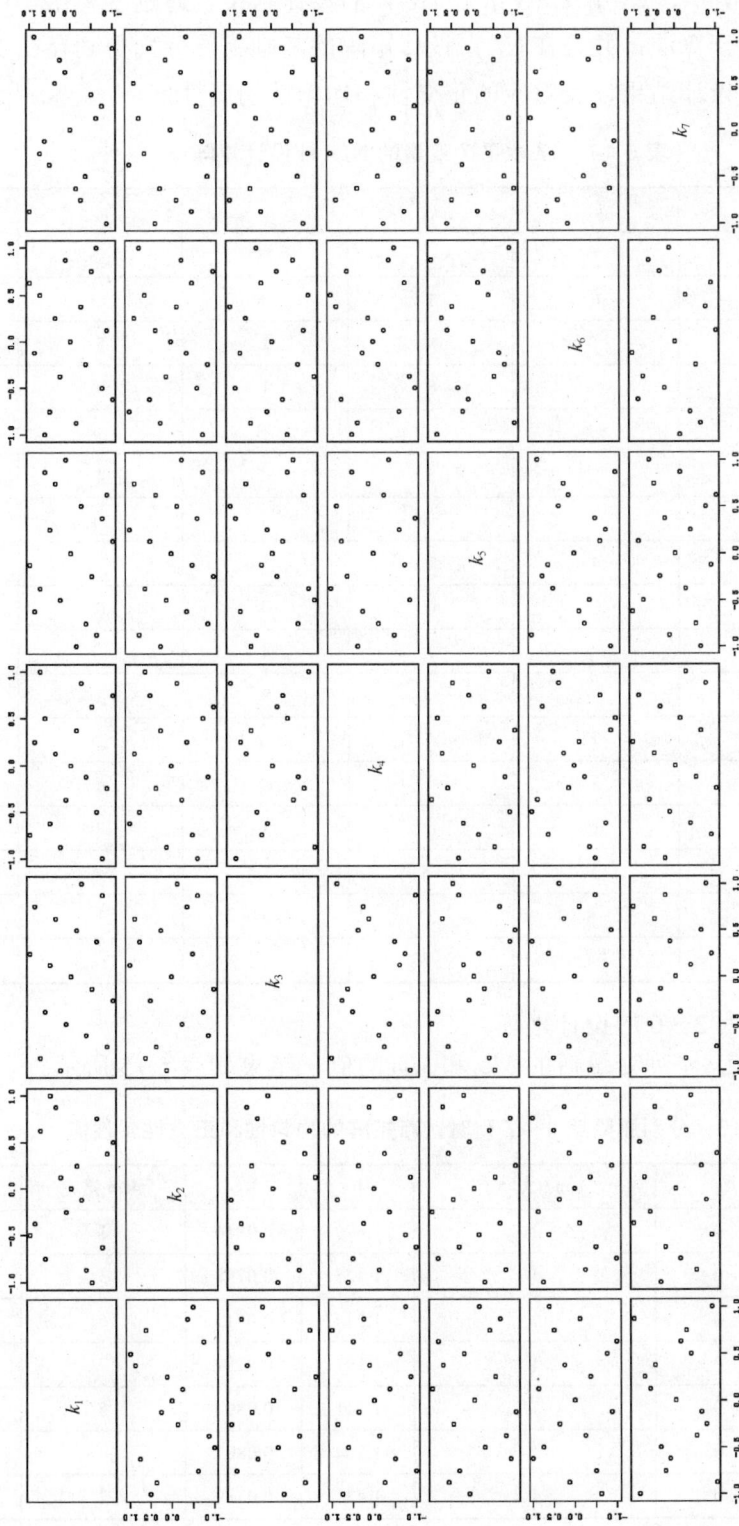

图 5.6　17 水平 7 变量的任意两列之间的二维平面分布图

变量空间的"空间填充"要求。并且在 $(N_o)_7^{17}$ 设计矩阵的基础上，通过 5.3.3.1 节的算法，进一步得到 $(N_o)_6^{17}$、$(N_o)_5^{17}$、$(N_o)_4^{17}$、$(N_o)_3^{17}$、$(N_o)_2^{17}$ 的设计结果。通过 5.3.3.2 节存在离散变量时的 NOLH 实验设计算法，并且在 $(N_o)_7^{17}$ 设计矩阵的基础上，分别得到存在 1～7 个 2 水平离散变量的 NOLH 设计结果以及对应的正交性和均匀性的属性值。

表 5.14 17 水平 7 变量的 NOLH 设计矩阵

k_1	k_2	k_3	k_4	k_5	k_6	k_7
−3	8	5	−2	−4	7	1
−7	−4	6	1	−8	−3	2
−6	−1	−7	−4	2	5	8
−5	2	−3	8	1	−6	4
4	7	−1	−6	−3	−8	5
8	−3	−2	5	−7	4	6
2	−5	8	−3	6	−1	7
1	6	4	7	5	2	3
0	0	0	0	0	0	0
3	−8	−5	2	4	−7	−1
7	4	−6	−1	8	3	−2
6	1	7	4	−2	−5	−8
5	−2	3	−8	−1	6	−4
−4	−7	1	6	3	8	−5
−8	3	2	−5	7	−4	−6
−2	5	−8	3	−6	1	−7
−1	−6	−4	−7	−5	−2	−3

下面给出变量数为 2～6 的设计矩阵。

分别计算删去第 1～7 列变量后的 ML_2 和 Mm 的值，结果如表 5.15 所示。

表 5.15 分别删除第 1～7 列时，新矩阵的均匀性和正交性属性值

变量数	删去列	ρ_{ampc}	cond(X^TX)	Mm	ML_2	Mm 排序	ML_2 排序
6	k_1	0	1	1.479	0.0816	1	7
	k_2	0	1	1.425	0.0798	3	3
	k_3	0	1	1.275	0.0813	6	6
	k_4	0	1	1.192	0.0789	7	1
	k_5	0	1	1.341	0.0807	5	5
	k_6	0	1	1.364	0.0801	4	4
	k_7	0	1	1.431	0.0789	2	2

如表 5.15 所示，ML_2 和 Mm 的最优组合是删除第 7 列，即删去 $(N_o)_7^{17}$ 的第 7 列为最优的

$(N_o)_6^{17}$ 设计。使用同样的方法，则变量数为 2～6 的设计如表 5.16 所示。

表 5.16 变量数为 2～6 的近似正交设计结果

变量数	删去列	ρ_{ampc}	cond($X^\mathrm{T}X$)	Mm	ML_2
2	$k_1\ k_3\ k_5\ k_6\ k_7$	0	1	0.5154	0.0025
3	$k_4\ k_5\ k_6\ k_7$	0	1	0.5728	0.0073
4	$k_5\ k_6\ k_7$	0	1	1.0308	0.0173
5	$k_6\ k_7$	0	1	1.2686	0.0388
6	k_7	0	1	1.431	0.0789

如果输入变量中存在一个离散变量，则分别计算 $(N_o)_7^{17}$ 矩阵中任意一列元素替换为离散变量时的正交性和均匀性，并进行比较排序，如表 5.17 所示，表示当第 1 列用 2 水平离散变量替换时的设计矩阵。下述设计矩阵的均匀性和正交性分别为：

$$\mathrm{cond}(X^\mathrm{T}X)=1.3453，\quad \rho_{amp}=0.2406，\quad ML_2=0.6284，\quad Mm=1.425$$

表 5.17 把第 1 列替换为离散变量

k_1	k_2	k_3	k_4	k_5	k_6	k_7
1	8	5	-2	-4	7	1
1	-4	6	1	-8	-3	2
1	-1	-7	-4	2	5	8
1	2	-3	8	1	-6	4
2	7	-1	-6	-3	-8	5
2	-3	-2	5	-7	4	6
2	-5	8	-3	6	-1	7
2	6	4	7	5	2	3
2	0	0	0	0	0	0
2	-8	-5	2	4	-7	-1
2	4	-6	-1	8	3	-2
2	1	7	4	-2	-5	-8
2	-2	3	-8	-1	6	-4
1	-7	1	6	3	8	-5
1	3	2	-5	7	-4	-6
1	5	-8	3	-6	1	-7
1	-6	-4	-7	-5	-2	-3

分别把 $(N_o)_7^{17}$ 的第 1～7 列替换为离散变量，其均匀性和正交性指标如表 5.18 所示。

表 5.18　第 1～7 列分别替换为 2 水平离散变量时，均匀性和正交性的属性值

列	属性值				属性值排序				
	cond(X^TX)	ρ_{amp}	ML_2	Mm	cond(X^TX)	ρ_{amp}	ML_2	Mm	和
1	1.3453	0.2406	0.6284	1.425	1	1	2	2	5
2	1.3537	0.2406	0.6296	1.275	4	1	3	6	10
3	1.3537	0.2406	0.6309	1.392	4	1	4	3	8
4	1.3453	0.2406	0.6430	1.192	1	1	7	7	15
5	1.3584	0.2406	0.6338	1.340	6	1	6	5	12
6	1.3500	0.2406	0.6275	1.364	3	1	1	4	6
7	1.3584	0.2406	0.6325	1.431	6	1	5	1	7

如表 5.18 所示，包含一个 2 水平离散变量的最优设计，即把 $(N_o)_7^{17}$ 的第 1 列替换离散变量。使用同样的方法，当离散变量的数量分别为 2～7 时，所替换掉的离散变量如表 5.19所示。

表 5.19　分别有 2～7 个 2 水平离散变量时得到的最优解及相关属性值

列数	替换列	属性值			
		cond(X^TX)	ρ_{amp}	ML_2	Mm
2	k_1k_3	2.6863	0.2406	1.0661	1.3110
3	$k_1k_3k_6$	2.6702	0.2406	1.4690	1.2437
4	$k_1k_3k_5k_6$	2.6583	0.2406	1.8343	0.9354
5	$k_1k_3k_4k_5k_6$	2.5376	0.2406	2.1729	0.7906
6	$k_1k_2k_3k_4k_5k_6$	2.8162	0.2406	2.4916	0.5000
7	所有列	1.4118	0.0556	2.7889	0

5.4.2　变量数为 8～10 的 NOLH 矩阵

由 5.3.3 节的相关算法得到 33 水平 11 变量的 NOLH 设计矩阵，并且相关的均匀性和正交性的属性值为：$\rho_{ampc}=0.0234$，$ML_2=0.732$，$Mm=1.758$，cond(X^TX)=1.13。通过 R 语言编程，绘出 $(N_o)_{11}^{33}$ 设计矩阵中任意两列之间的二维平面分布图（如图 5.7 所示），可以看出由此方法得到的设计结果，基本满足抽样样本对整个变量空间的"空间填充"要求。并且在 $(N_o)_{11}^{33}$ 设计矩阵的基础上，通过 5.3.3.1 节的算法，进一步得到 $(N_o)_{10}^{33}$、$(N_o)_9^{33}$、$(N_o)_8^{33}$ 的设计结果及相关属性值（如表 5.20 所示）。

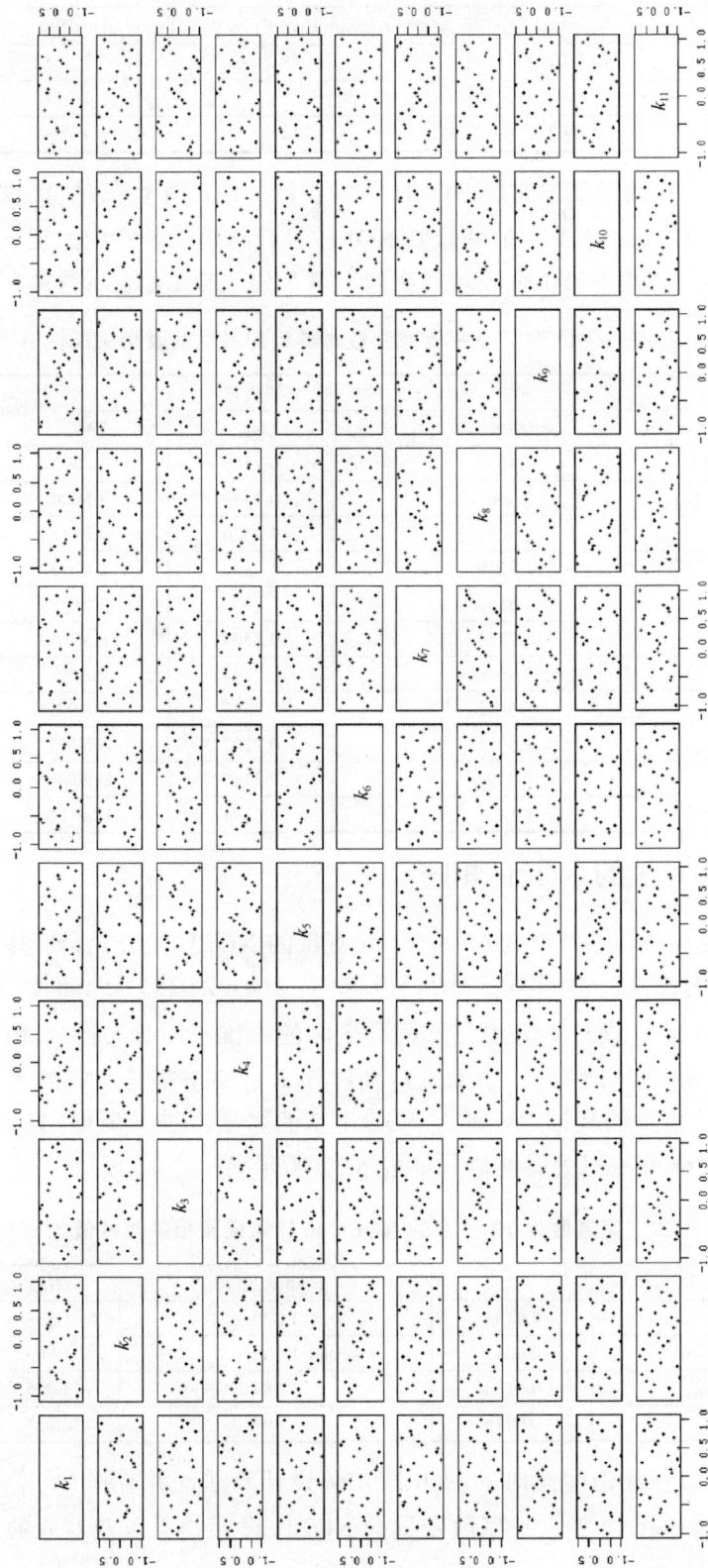

图 5.7　33 水平 11 变量的 NOLH 矩阵任意两变量之间的二维平面分布图

表 5.20　变量数为 8～10 的 NOLH 设计结果及相关属性值

变量数	删去列	ρ_{ampc}	cond($X^{\mathrm{T}}X$)	Mm	ML_2
8	$k_1k_2k_{11}$	0.0234	1.089	1.4252	0.1248
9	k_6k_{11}	0.0234	1.1	1.5117	0.2293
10	k_1	0.0234	1.112	1.7048	0.4127

使用 5.3.3.2 节的存在离散变量时的 NOLH 实验设计算法，并且在 $(N_o)_{11}^{33}$ 设计矩阵的基础上，分别得到存在 1～11 个 2 水平离散变量的 NOLH 设计结果以及对应的正交性和均匀性的属性值（如表 5.21 所示），其中第 1 行表示替换列为第 8 列，第 2 行表示替换列为第 9 列……

表 5.21　存在 1～11 个 2 水平离散变量时得到的最优解及相关属性值

列数	替换列	属性值			
		cond($X^{\mathrm{T}}X$)	ρ_{amp}	ML_2	Mm
1	k_8	1.4330	0.2165	2.2092	1.6840
2	k_9	1.4961	0.2547	3.5920	1.6429
3	k_7	1.4331	0.2420	4.8971	1.6301
4	k_{10}	1.3210	0.1146	6.0760	1.5861
5	k_5	1.6838	0.2547	7.2195	1.4671
6	k_6	1.7753	0.2547	8.3020	1.3593
7	k_3	1.8648	0.2547	9.2585	1.0570
8	k_2	1.6682	0.2547	10.1977	0.8861
9	k_4	1.5953	0.2292	11.0691	0.6281
10	k_1	1.4391	0.2165	11.9646	0.3125
11	k_{11}	1.1431	0.0294	12.8106	0

5.4.3　变量数为 12～15 的 NOLH 矩阵

由 5.3.3 节的相关算法，可以得到 65 水平 16 变量的 NOLH 设计矩阵，并且相关的均匀性和正交性的属性值为：$\rho_{ampc}=0.022$，$ML_2=4.465$，$Mm=2.035$，cond($X^{\mathrm{T}}X$)=1.103。通过 R 语言编程，绘出 $(N_o)_{16}^{65}$ 设计矩阵中任意两列之间的二维平面分布图（如图 5.8 所示）。可以看出由此方法得到的设计结果，基本满足抽样样本对整个变量空间的"空间填充"要求。并且在 $(N_o)_{16}^{65}$ 设计矩阵的基础上，通过 5.3.3.1 节的算法，进一步得到 $(N_o)_{15}^{65}$、$(N_o)_{14}^{65}$、$(N_o)_{13}^{65}$、$(N_o)_{12}^{65}$ 的设计结果及相关属性值（如表 5.22 所示）。

表 5.22　变量数为 12～15 的 NOLH 设计结果及相关属性值

变量数	删去列	ρ_{ampc}	cond($X^{\mathrm{T}}X$)	Mm	ML_2
12	$k_{13}k_{14}k_{15}k_{16}$	0.0181	1.079	1.834	0.568
13	$k_9k_{14}k_{16}$	0.0219	1.089	1.905	0.953
14	$k_{15}k_{16}$	0.0184	1.084	1.955	1.600
15	k_2	0.0219	1.097	2.031	2.693

通过 5.3.3.3 节的存在离散变量时的 NOLH 实验设计算法，并且在 $(N_o)_{16}^{65}$ 设计矩阵的基础上，分别得到存在 1～16 个 2 水平离散变量的 NOLH 设计结果以及对应的正交性和均匀性的属性值，如表 5.23 所示。

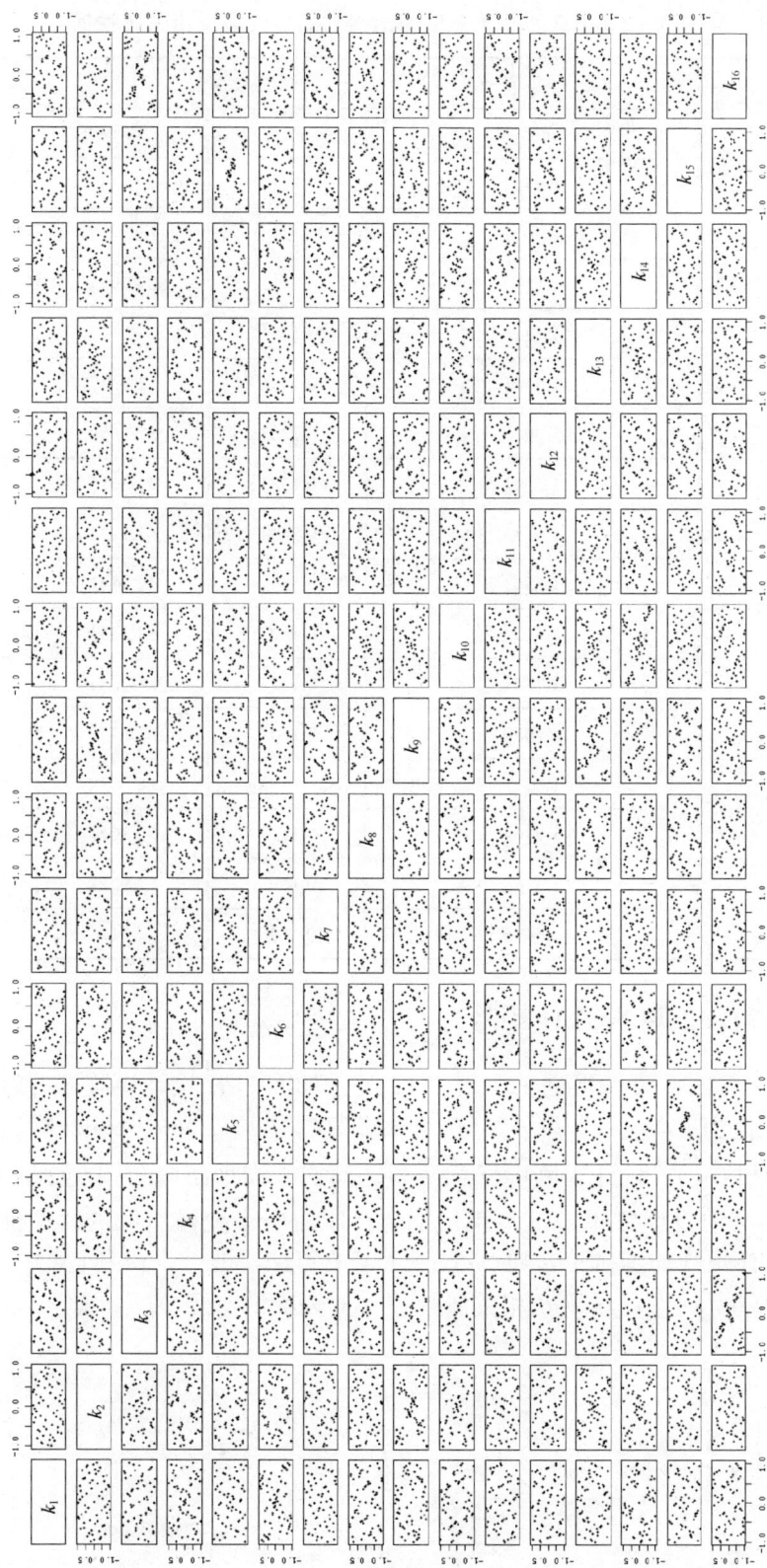

图 5.8 65 水平 16 变量的 NOLH 矩阵任意两变量之间的二维平面分布图

表 5.23　存在 1～16 个 2 水平离散变量时得到的最优解及相关属性值

列数	被替换列	属性值			
		cond($X^\mathrm{T}X$)	ρ_{amp}	ML_2	Mm
1	k_9	1.3554	0.1214	10.7433	2.0293
2	k_3	1.3607	0.1214	16.5127	2.0375
3	k_{11}	1.4569	0.1312	22.0993	2.0459
4	k_4	1.5274	0.1476	27.2937	1.9337
5	k_2	1.5161	0.1476	32.3347	1.9175
6	k_7	1.4918	0.1383	37.1350	1.8669
7	k_{15}	1.5591	0.1383	41.5615	1.7802
8	k_1	1.6383	0.2034	45.9231	1.6840
9	k_5	1.5843	0.1542	50.2142	1.5904
10	k_{13}	1.6729	0.1607	54.3353	1.5290
11	k_6	1.7471	0.1383	58.0689	1.3379
12	k_8	1.7489	0.1607	61.8759	1.2279
13	k_{16}	1.8517	0.1383	66.0819	1.1075
14	k_{12}	1.7463	0.1607	70.1077	0.9703
15	k_{10}	1.6763	0.1695	72.9012	0.3438
16	k_{14}	1.6496	0.1695	77.5126	0

5.4.4　变量数为 17～22 的 NOLH 矩阵

由 5.3.3 节的相关算法，可以得到 129 水平 22 变量的 NOLH 设计矩阵，并且相关的均匀性和正交性的属性值为：$\rho_{\mathrm{ampc}}=0.0074$，$ML_2=37.777$，$Mm=2.266$，cond($X^\mathrm{T}X$)=1.039。通过 R 语言编程，绘出 $(N_o)_{22}^{129}$ 设计矩阵中任意两列之间的二维平面分布图（如图 5.9 所示）。可以看出由此方法得到的设计结果，基本满足抽样样本对整个变量空间的"空间填充"要求。并且在 $(N_o)_{22}^{129}$ 设计矩阵的基础上，通过 5.3.3.1 节的算法，进一步得到 $(N_o)_{21}^{129}$、$(N_o)_{20}^{129}$、$(N_o)_{19}^{129}$、$(N_o)_{18}^{129}$、$(N_o)_{17}^{129}$ 的设计结果及相关属性值（如表 5.24 所示）。

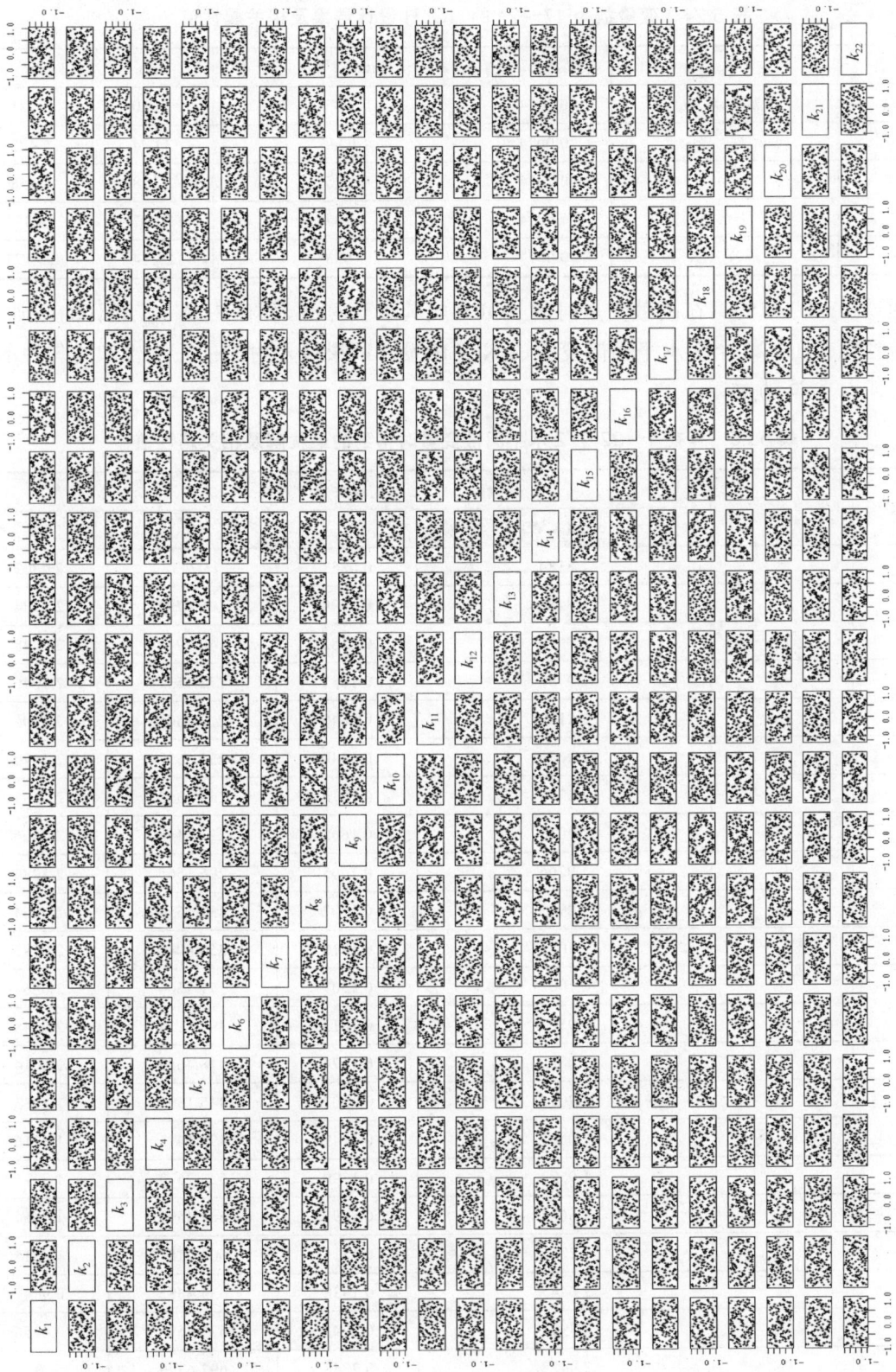

图 5.9　129 水平 22 变量的 NOLH 矩阵任意两变量之间的二维平面分布图

表 5.24　变量数为 17～21 的 NOLH 设计结果及相关属性值

变量数	删去列	ρ_{ampc}	cond(X^TX)	Mm	ML_2
17	$k_5k_{18}k_{20}k_{21}k_{22}$	0.0074	1.033	2.010	3.381
18	$k_{19}k_{20}k_{21}k_{22}$	0.0074	1.0345	2.094	5.422
19	$k_{20}k_{21}k_{22}$	0.0074	1.035	2.138	8.868
20	$k_{21}k_{22}$	0.0074	1.037	2.207	14.358
21	k_{22}	0.0074	1.038	2.224	23.177

通过 5.3.3.3 节的存在离散变量时的 NOLH 实验设计算法，并且在 $(N_o)_{22}^{129}$ 设计的基础上，分别得到存在 1～22 个 2 水平离散变量的 NOLH 设计结果以及对应的正交性和均匀性的属性值，如表 5.25 所示。

表 5.25　存在 1～22 个 2 水平离散变量时得到的最优解及相关属性值

列数	替换列	属性值			
		cond(X^TX)	ρ_{amp}	ML_2	Mm
1	k_1	1.8184	0.0883	73.7432	2.2301
2	k_{21}	1.8484	0.1099	106.4797	2.2284
3	k_2	1.9990	0.1382	140.0944	2.2248
4	k_{19}	2.0758	0.1382	172.7531	2.1846
5	k_{18}	2.1130	0.1640	206.2605	2.1706
6	k_{15}	2.2638	0.1640	233.5592	2.1690
7	k_{12}	2.2274	0.1516	254.2312	2.1585
8	k_{11}	2.3018	0.1665	273.6448	2.1466
9	k_7	1.9206	0.1665	296.1565	2.1286
10	k_{10}	2.0962	0.1807	332.1554	2.0964
11	k_6	2.4083	0.1815	354.8040	2.0787
12	k_{17}	2.1002	0.1507	371.2564	2.0564
13	k_{16}	1.9582	0.1815	394.5154	2.0348
14	k_4	2.0829	0.1574	418.4659	2.0014
15	k_3	2.2013	0.1507	445.1592	1.8933
16	k_8	2.0562	0.1149	495.1413	1.8216
17	k_{13}	1.9522	0.1399	528.2673	1.7311
18	k_5	1.8617	0.1091	567.4599	1.2466
19	k_{22}	2.2855	0.1815	604.2157	1.0315
20	k_9	2.0447	0.1938	634.4885	0.9441
21	k_{14}	2.3937	0.2247	673.7594	0.4156
22	k_{20}	2.4428	0.2248	692.6779	0

5.4.5　构造二次实验

从 5.4.1 节至 5.4.4 节，分别详细描述并产生了变量数为 2～21 以及存在离散变量时的近似正交拉丁超立方矩阵。这里仍然存在潜在的问题：如果想要得到更多的实验方案，应该如何解决？这里需要做出相关假设：仿真实验不可以在任意运行时刻发生终止，必须运行完毕整个仿真实验（终态仿真类型）。构造二次实验有以下三个好处。

（1）两次实验结论分析对比，验证假设的正确性。

（2）增加的实验方案可以使样本的"空间填充"性增加。

（3）可以减少实验区间，例如 $(N_o)_7^{17}$ 设计，设其元素均为 $[-1,1]^{17}$ 之间的连续变量，即 $(-1,-0.875,-0.75,\cdots,0.75,0.875,1)$，假设通过第一次的实验分析结果，对结果起决定性的变量范围为 $[-0.5,1]$，而 $[-1,-0.5)$ 之间的变量只是对结果起到误差扰动的影响，可以忽略不计；则在选择第二次实验的时候，可以只选择变量范围为 $[-0.5,1]$ 的实验方案，只需验证对结论起决定性作用的变量，即二次实验为 $(N_o)_7^{14}$。

定理 4.1 在原始 n 次实验的基础上，二次实验增加了 $n-1$ 次，即实验方案变为 $2n-1$ 次（设计矩阵的中间点，假设均为 0，第二次实验中可省略不做），但矩阵的最大相关系数并没有增加。

证明： 假设设计矩阵中存在两个随机 n 维随机向量，$\boldsymbol{x}=[x_1,x_2,\cdots,x_n]^T$ 和 $\boldsymbol{y}=[y_1,y_2,\cdots,y_n]^T$，定义向量 $\boldsymbol{x}$ 和 $\boldsymbol{y}$ 的相关系数为：

$$\rho(\boldsymbol{x},\boldsymbol{y})=\frac{\sum_{i=1}^{n}[(x_i-\overline{x})(y_i-\overline{y})]}{\sqrt{\sum_{i=1}^{n}(x_i-\overline{x})^2\sum_{j=1}^{n}(y_i-\overline{y})^2}} \tag{5.14}$$

由表 5.14 可知，在拉丁超立方设计矩阵中，对于任意向量 $\boldsymbol{\varepsilon}$，有 $\overline{\varepsilon}=0$，则 $\sum_{i=1}^{n}x_i^2=\sum_{i=1}^{n}y_i^2=\frac{(n-1)n(n+1)}{12}$，因此公式（5.14）可以改写为，

$$\rho(\boldsymbol{x},\boldsymbol{y})=\frac{12\sum_{i=1}^{n}x_iy_i}{(n-1)n(n+1)} \tag{5.15}$$

假设存在 $n-1$ 维向量 $\boldsymbol{\alpha}=[\alpha_1,\alpha_2,\cdots,\alpha_n]^T$ 和 $\boldsymbol{\beta}=[\beta_1,\beta_2,\cdots,\beta_n]^T$ 分别添加到 n 维向量 $\boldsymbol{x}$ 和 $\boldsymbol{y}$ 之后，产生新的 $2n-1$ 维向量 $(\boldsymbol{\alpha}:\boldsymbol{x})$ 和 $(\boldsymbol{\beta}:\boldsymbol{y})$，则其相关系数为：

$$\rho(\boldsymbol{\alpha}:\boldsymbol{x},\boldsymbol{\beta}:\boldsymbol{y})=\frac{6\left(\sum_{i=1}^{n}x_iy_i+\sum_{i=1}^{n}\alpha_i\beta_i\right)}{(n-1)n(n+1)} \tag{5.16}$$

由 5.3.1 节的结论可知，假设最大相关系数大于等于最小相关系数的负值，假设 $\rho(\boldsymbol{x},\boldsymbol{y})=\rho_{\text{ampc}}$ 为最大相关系数，则 $\rho(\boldsymbol{\alpha},\boldsymbol{\beta})\leq\rho(\boldsymbol{x},\boldsymbol{y})$，因此有 $\rho(\boldsymbol{\alpha}:\boldsymbol{x},\boldsymbol{\beta}:\boldsymbol{y})\leq\rho(\boldsymbol{x},\boldsymbol{y})$。

在 $(N_o)_7^{17}$ 设计矩阵中，存在 7! 个不同的组合情况，并且遍历计算所有的可能组合是可以实现的。这里依旧使用从 5.4.1 节至 5.4.4 节的方法来得到添加列的最优组合。但对于设计矩阵 $(N_o)_{11}^{33}$、$(N_o)_{16}^{65}$、$(N_o)_{22}^{129}$、$(N_o)_{29}^{257}$，分别有 11!、16!、22!、29! 个可能的组合，这

里使用遍历计算显然不容易实现。这里使用随机抽样的方法，并利用 5.3.1 节的评价准则，计算得出最优组合。为了更加快速、有效地得到结果，可以使用如下的启发式算法。

对于设计矩阵 $(N_o)_k^n$，分别计算矩阵中的任意三列的 ML_2 差值（例如 $(N_o)_{16}^{65}$ 就有 $C_3^{16}=560$ 种不同的组合）。并对 ML_2 的值从大（均匀性较差）到小（均匀性较好）进行排序，并认为 280 个较大值为均匀性较差的，280 个较小值为均匀性较好的。统计各列变量在均匀性较好和较差的组中出现的次数，并根据变量在不同组中出现的次数，对每个变量从优到劣进行排序。出现均匀性较好的组中的次数越多，我们就认为此变量的"抽样"效果越好。下面根据启发式算法分别构造 $(N_o)_7^{17}$、$(N_o)_{11}^{33}$、$(N_o)_{16}^{65}$、$(N_o)_{22}^{129}$ 的二次实验。

（1）$(N_o)_7^{17}$ 设计

由本节描述的方法，经计算得出表 5.14 中最优的排列组合为 3、7、5、6、1、2、4，即将表 5.14 中第 3 列附加到第 1 列；将第 7 列附加到第 2 列，依此类推。得到的结果如表 5.26 所示。

表 5.26　$(N_o)_7^{17}$ 二次实验设计结果

k_1	k_2	k_3	k_4	k_5	k_6	k_7
-3	8	5	-2	-4	7	1
-7	-4	6	1	-8	-3	2
-6	-1	-7	-4	2	5	8
-5	2	-3	8	1	-6	4
4	7	-1	-6	-3	-8	5
8	-3	-2	5	-7	4	6
2	-5	8	-3	6	-1	7
1	6	4	7	5	2	3
0	0	0	0	0	0	0
3	-8	-5	2	4	-7	-1
7	4	-6	-1	8	3	-2
6	1	7	4	-2	-5	-8
5	-2	3	-8	-1	6	-4
-4	-7	1	6	3	8	-5
-8	3	2	-5	7	-4	-6
-2	5	-8	3	-6	1	-7
-1	-6	-4	-7	-5	-2	-3
5	1	-4	7	-3	8	-2
6	2	-8	-3	-7	-4	1
-7	8	2	5	-6	-1	-4
-3	4	1	-6	-5	2	8
-1	5	-3	-8	4	7	-6
-2	6	-7	4	8	-3	5

k_1	k_2	k_3	k_4	k_5	k_6	k_7
8	7	6	−1	2	−5	−3
4	3	5	2	1	6	7
−5	−1	4	−7	3	−8	2
−6	−2	8	3	7	4	−1
7	−8	−2	−5	6	1	4
3	−4	−1	6	5	−2	−8
1	−5	3	8	−4	−7	6
2	−6	7	−4	−8	3	−5
−8	−7	−6	1	−2	5	3
−4	−3	−5	−2	−1	−6	−7

计算新得到的矩阵的正交度和均匀度，得到 $Mm=1.2$ ，$ML_2=0.0915$ （原来初始矩阵的 $Mm=1.479$ ，$ML_2=0.1518$ ）且 $\rho_{ampc}=0$ 和 $\mathrm{cond}(\boldsymbol{X}^{\mathrm{T}}\boldsymbol{X})=1$ 均没有发生变化，但矩阵的均匀性得到了一定的提升。

（2）$(N_o)_{11}^{33}$ 设计

由本节描述的方法，经计算得出最优的顺序组合为 7、1、5、6、2、9、11、10、3、8、4，即将矩阵的第 7 列附加到矩阵的第 1 列，将矩阵的第 1 列附加到矩阵的第 2 列……依此类推。

计算新得到 65×11 阶矩阵的 Mm 和 ML_2 值，即 $Mm=1.363$ 和 $ML_2=0.369$ （与原始矩阵 $Mm=1.758$ 和 $ML_2=0.732$ 相比，新矩阵的均匀性有了显著性提升）。并且，最大相关系数 $\rho=0.0234$ 和状态数 $\mathrm{cond}(\boldsymbol{X}^{\mathrm{T}}\boldsymbol{X})=1.13$ 均没有改变。因此，矩阵的均匀性得到了提高，但是正交性并没有发生变化。

（3）$(N_o)_{16}^{65}$ 设计

由本节描述的方法，经计算得出最优顺序组合为 2、3、6、12、4、15、14、11、7、16、5、13、9、1、8、10，即将原始矩阵的第 2 列附加到第 1 列，将第 3 列附加到第 2 列……依此类推。

计算得到的 129×16 阶矩阵的 Mm 和 ML_2 值，即 $Mm=1.91$ 和 $ML_2=2.282$ （与原始矩阵 $Mm=2.035$ 和 $ML_2=4.465$ 相比，新矩阵的均匀性有了显著性提升）。并且，最大相关系数 $\rho=0.0291$ 和状态数 $\mathrm{cond}(\boldsymbol{X}^{\mathrm{T}}\boldsymbol{X})=1.103$ 均没有改变。因此矩阵的均匀性得到了提高，但是正交性并没有发生变化。

（4）$(N_o)_{22}^{129}$ 设计

由本节描述的方法，经计算得出最优顺序组合为 2、18、20、9、7、16、3、12、10、13、17、6、22、21、4、19、1、14、11、8、15、5，即将原始矩阵的第 2 列附加到第 1 列，将第 18 列附加到第 2 列……依此类推。

计算得到的 257×22 阶矩阵的 Mm 和 ML_2 值，即 $Mm=2.246$ 和 $ML_2=19.032$ （与原始矩阵 $Mm=2.265$ 和 $ML_2=37.777$ 相比，新矩阵的均匀性有了显著性提升）。并且，最大相关系

数 $\rho = 0.0074$ 和状态数 $\mathrm{cond}(X^\mathrm{T}X) = 1.039$ 均没有改变。因此矩阵的均匀性得到了提高，但是正交性并没有发生变化。

5.5 算法验证

这里将给出近似正交设计矩阵 $(N_o)_{11}^{33}$ 和正交设计矩阵 $(O)_{11}^{33}$ 的对比验证，并且使用理想的复杂数学模型进行仿真实验以及统计分析。实验的变量空间为 $[-1,1]^{11}$，即每个变量的取值范围均为 $-1 \sim 1$。首先，根据设计矩阵把矩阵归一化，然后进行一次实验对比验证；其次，根据 5.4.5 节的相关结论进行二次实验，并与第一次实验的拟合模型进行比较；最后，把两次实验数据合在一起进行一次实验，并对结果进行分析。假设本例使用的复杂数学模型如公式（5.17）所示，其中 $\varepsilon \overset{iid}{\sim} N(0,1)$

$$Y = 3k_1^2 + k_2^2 + k_3^3 - 3k_1k_2 + 2k_1k_3k_5 - 2k_4k_5k_6 + \varepsilon \qquad (5.17)$$

5.5.1 近似正交矩阵 $(N_o)_{11}^{33}$ 第一次实验的回归分析

在 33 次实验方案的结果中加入服从 $N(0,1)$ 分布的随机扰动误差，使用 R 语言重复回归分析 1000 次，并对得到的结果基于 AIC 信息准则使用向前和向后的逐步回归 50 次，得到的最终优化的 R^2 为 0.736 的回归方程如公式（5.18）所示，

$$Y = 3.0302k_1^2 + 0.7656k_2^2 + 0.9244k_3^3 - 2.7939k_1k_2 + 1.7924k_1k_3k_5 - 2.0049k_4k_5k_6 + \varepsilon \qquad (5.18)$$

表 5.27 给出了一次回归分析中系统随机扰动误差对理论结果的影响，从表中可以看出所占百分比从 -240.78% 到 143.74%，表明随机误差对输出结果有很大的影响。由图 5.10 和图 5.11 中对残差的分析，假设存在服从标准正态分布的误差项是合理的，虽然得到的回归方程与理想模型有所差异，但是得到结果的误差在可接受的范围之内，使用此方法得到的结果在一定程度上满足要求。

表 5.27 一次回归分析中系统随机扰动误差对理论结果的影响（占理论结果的百分比）

实验方案	百分比(%)	实验方案	百分比(%)	实验方案	百分比(%)
1	-95.38	12	110.88	23	26.60
2	-213.21	13	52.70	24	-14.10
3	42.51	14	45.06	25	36.33
4	-11.88	15	-34.39	26	-32.02
5	108.10	16	-20.83	27	-25.92
6	0.3267	17	.NA	28	-16.07
7	5.74	18	-34.71	29	-53.22
8	-135.16	19	27.42	30	-19.56
9	-4.01	20	137.95	31	43.30
10	-17.66	21	143.74	32	90.15
11	-32.90	22	34.19	33	-240.78

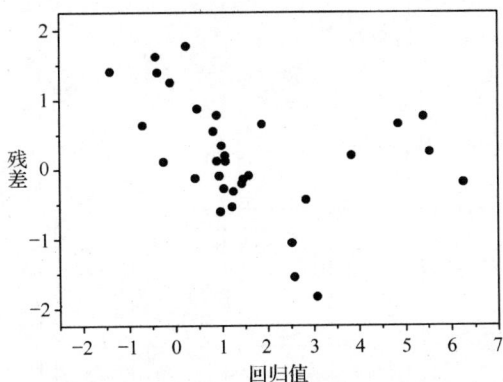

图 5.10　回归值与残差分布图（包括 33 实验方案的第一次近似正交设计仿真实验）

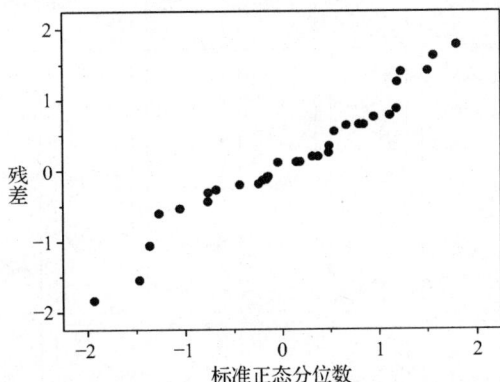

图 5.11　残差与标准正态分位数分布图（包括 33 实验方案的第一次近似正交设计仿真实验）

5.5.2　正交矩阵 $(O)_{11}^{33}$ 的实验回归分析

正交设计矩阵任意两列变量的二维平面分布如图 5.12 所示。并且在 33 次实验方案的结果中加入服从 $N(0,1)$ 分布的随机扰动误差，通过图 5.13 和图 5.14 中的残差分析结果可知，假设存在服从标准正态分布的误差项是合理的。并使用 R 语言重复回归分析 1000 次，并对得到的结果基于 AIC 信息准则使用向前和向后的逐步回归 50 次，则最终优化的 R^2 为 0.86 的回归方程，如公式（5.19）所示。

$$Y = 1.1784k_1^2 + 2.8958k_2^2 + 0.7788k_3^3 - 2.6974k_1k_2 + 1.8457k_1k_3k_5 - 1.9971k_4k_5k_6 + \varepsilon \quad (5.19)$$

由图 5.14 所示，可知变量 k_1、k_2 和 k_3，k_3 和 k_6，k_4 和 k_7，k_5 和 k_8 等变量之间的均匀性较差，样本点并没有充分地填充到整个空间，所以导致在回归分析过程中，k_1^2 和 k_2^2 的回归系数与理论上的系数有很大的误差，k_1k_2、$k_1k_3k_5$ 和 k_4k_5k 的回归系数相对误差较小，是由于正交设计消除了变量之间相关性。从图 5.13 中可以看出残差并没有均匀地分布于 0 的两侧，虽然最后的输出在运行的误差范围之内，但是在数学模型上具有很大差异，可能会导致后来实验的不准确或者误差的增加。

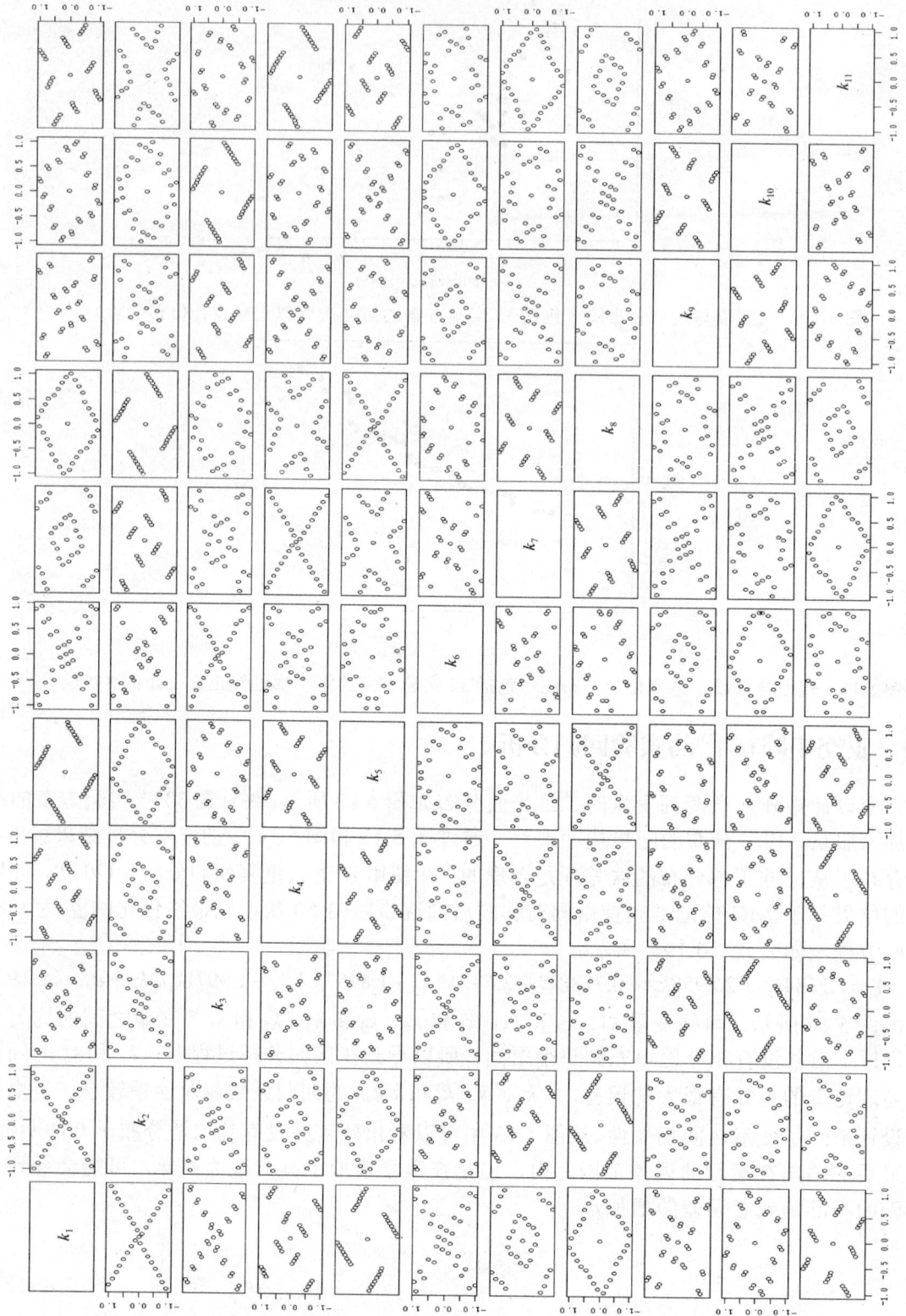

图 5.12　正交设计矩阵任意两列变量的二维平面分布

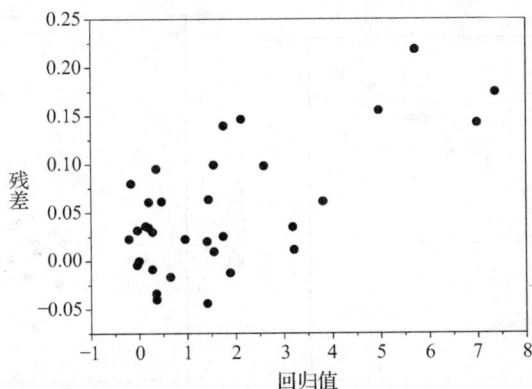

图 5.13　回归值与残差分布图（包括 33 实验方案的正交设计仿真实验）

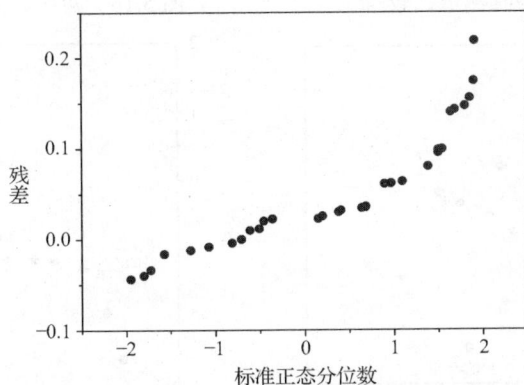

图 5.14　残差与标准正态分位数分布图（包括 33 实验方案的正交设计仿真实验）

5.5.3　近似正交矩阵 $(N_o)_{11}^{32}$ 的第二次实验的回归分析

根据 5.4.5 节中的相关结论和实验设计数据，得到新的 $(N_o)_{11}^{32}$ 设计矩阵，并且 32 次实验方案的结果中加入服从 $N(0,1)$ 分布的随机扰动误差，并使用 R 语言重复逐回归分析 1000 次，并对得到的结果基于 AIC 信息准则使用向前和向后的逐步回归 50 次，则最终优化的 R^2 为 0.811 的回归方程如公式（5.20）所示，其拟合优度较第一次实验有了明显的提升。

$$Y = 3.0099k_1^2 + 0.8474k_2^2 + 0.9108k_3^3 - 2.9624k_1k_2 + 1.8949k_1k_3k_5 - 1.7513k_4k_5k_6 + \varepsilon \quad (5.20)$$

图 5.15 表示公式（5.15）的理论值和由公式（5.16）得到的预测值的对应关系。图 5-16 表示公式（5.17）得到的预测值和第二次的实验值（加入随机扰动误差）的对应关系。从图 5.16 可知，公式（5.17）基本上与实际模型一致。从图 5.15 和图 5.16 可以看出，两次实验得到的回归模型，均在一定程度上反映了输入变量与响应输出之间的关系。

通过图 5.17 和图 5.18 中的残差的分析结果可知，假设存在服从标准正态分布的误差项是合理的。并且，通过向前向后逐步回归的方法所得到的回归方程是合理的，二次实验回归方程的拟合优度（R^2）有了一定的提升。

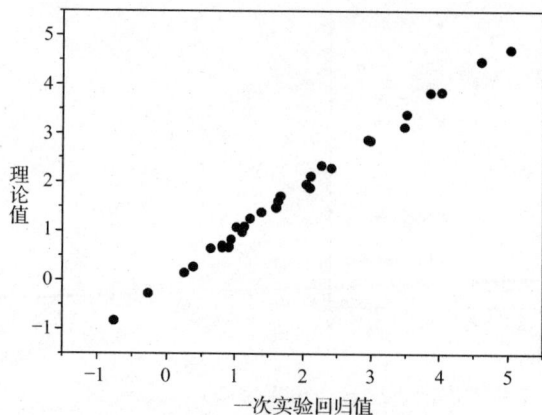

图 5.15　理论值与预测值比较

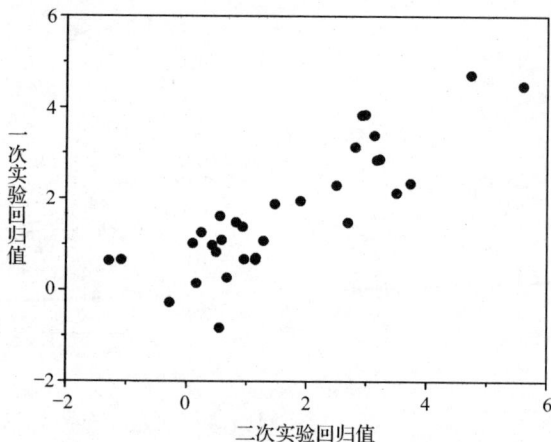

图 5.16　两次近似正交设计实验结果比较

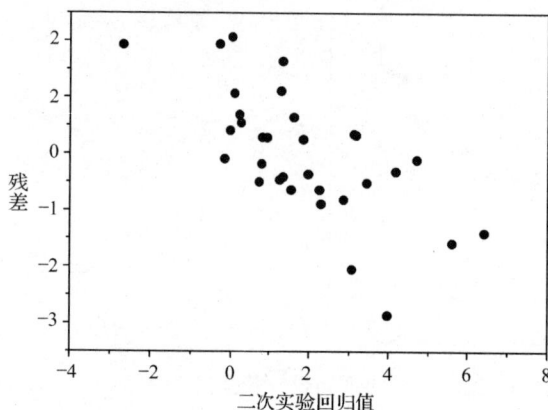

图 5.17　二次实验回归值与残差分布

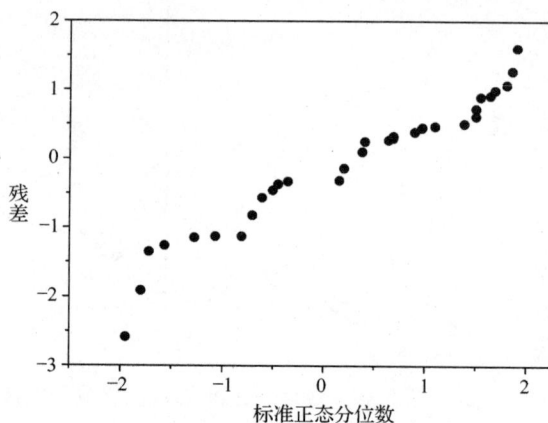

图 5.18　标准正态分位数与残差分布

5.5.4　$(N_o)_{11}^{65}$ 实验

为了得到更加准确的回归系数，下面把第一次 $(N_o)_{11}^{33}$ 实验和第二次 $(N_o)_{11}^{32}$ 实验结合在一起，组成 $(N_o)_{11}^{65}$ 实验。65 次实验方案的结果中加入服从 $N(0,1)$ 分布的随机扰动误差，使用 R 语言重复逐回归分析 1000 次，并对得到的结果基于 AIC 信息准则使用向前和向后的逐步回归 50 次，则 R^2 为 0.75 最终优化的回归方程如公式（5.21）所示。

$$Y = 2.9625k_1^2 + 0.8629k_2^2 + 0.8487k_3^3 - 2.9598k_1k_2 + 1.9250k_1k_3k_5 - 2.0792k_4k_5k_6 + \varepsilon \quad (5.21)$$

通过图 5.19 和图 5.20 中的残差分析结果可知，假设存在服从标准正态分布的误差项是合理的，并且公式（5.17）、公式（5.19）、公式（5.20）与公式（5.18）比较可知，通过近似正交实验设计得出的结论较理想数学模型更为接近；而正交实验设计的结果中，由于变量空间均匀性较差，导致实验结果与理想数学模型有较大出入。所以结合以上实验结论可知，近似正交实验设计更加合理、更加可行。

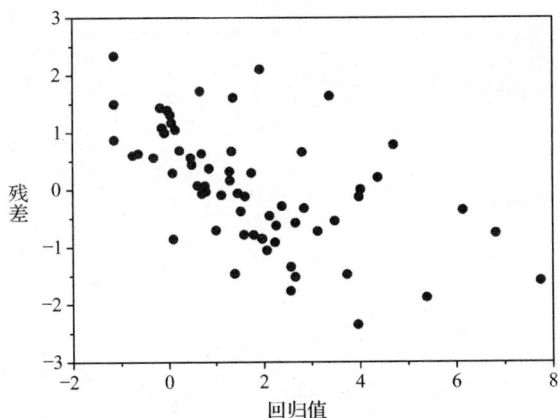

图 5.19　回归预测值与残差分布

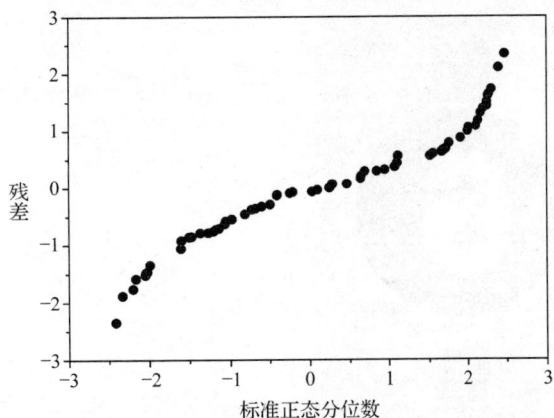

图 5.20　标准正态分位数与残差分布

　　通过 4 次仿真实验及相关回归分析后，可以得出相关结论：在实验中加入服从 $N(0,1)$ 分布的随机扰动误差是合理的。由 5.5.1 节和 5.5.2 节可知，由于 NOLH 实验设计重复考虑了正交性和均匀性，故通过 NOLH 实验设计得出的结论较 OLHC 得出的结论与实际模型更加接近，误差相对较小，所以 NOLH 实验设计更加合理可行。由 5.5.1 节和 5.5.3 节可知，通过第一次实验结论调整进行二次实验，能够得到更准确、误差更小的模型；为了进一步验证二次实验的方便合理性，5.5.4 节把 5.5.1 节和 5.5.3 节的实验数据矩阵合在一起，进行一次仿真实验，从回归分析中可以看出二次实验是合理的，并且是对第一次实验的优化。上述验证属于理想模型验证，本书将在第 7 章进一步通过仿真应用示例介绍 NOLH 实验设计的有效性。

第6章

章 基于决策树的体系计算实验分析

在基于仿真的体系计算实验中，通过建立体系仿真模型，开展体系仿真实验和体系实验分析，确定输入变量和体系效能之间的影响关系和变化规律。由于拟合回归模型可能存在一定的误差和限制，在体系实验分析中还可以直接基于计算实验结果数据，采用回归树分析方法确定不同实验因子对作战效能影响程度的区间取值关系。

体系实验分析应强调综合采用多种评估方法，通过多种方法间的结果比对来提高评估结果的可信度。美国 NPS 的 SEEDS 中心在基于 ABMS 的效能评估时采用了回归分析、影响趋势分析和回归树分析等多种分析方法。首先针对实验设计中不同实验设计点的统计结果采用逐步回归方法确定对实验结果影响较大的实验因子，然后建立面向这些实验因子的拟合回归模型，建立反映体系战术/技术配系方案与作战效果之间影响关系的因果模型。通过拟合回归模型可以进一步确定不同实验因子对不同战果的影响趋势。由于拟合回归模型可能存在一定的误差和限制，在体系实验分析中还可以直接基于计算实验结果数据，采用回归树分析方法确定不同实验因子对作战效能影响大小程度的区间取值关系。由于很多教材和专著都对回归分析和影响趋势分析方法进行了介绍和讨论，本章仅介绍基于决策树的回归树分析方法。

6.1　研究现状

决策树是一种最常用的归纳学习算法。采用的归纳方式是自顶向下，算法的基础是数据集，根据对属性值比较生成树。在树生成和学习过程中对领域知识要求很低，可以适用于多个不同的领域，目前已经广泛应用于医疗卫生、军事、科研等多个领域。决策树算法中的多变量决策树算法可以将属性组合后进行分类。在体系问题中，经常需要同时考虑某些单元的多个属性对体系效能的影响，多变量决策树比较适合解决该类问题。

决策树算法的最初原型是概念学习系统（Concept Learning System，CLS）。该系统在 20 世纪 60 年代被提出，其算法如表 6.1 所示。在该算法中，训练样本的可分性是算法的终止条件。

表 6.1　CLS 算法

步骤 1：创建空决策树 T。

步骤 2：选择属性 A_1 作为测试属性，基于属性值进行样本的分类，当属性值有差异时，样本对应为不同的类别。

　a. 如果节点的样本集为空集或集合中的样本都属于同一类，则该节点称为叶节点，并且将属性标记为类别 C_1。

　b. 如果初始样本集不属于同一类，则子集对应为决策树中的内部节点（父节点和子节点）。

步骤 3：选择属性对非叶节点进行划分，直至所有的节点都是叶节点。

步骤 4：输出结果。

1979 年，J.R.Quinlan 提出的迭代分类器（ID3：Iterative Diehotomizer3）算法是决策树算法的代表。ID3 算法为最早提出的决策树算法，ID3 算法创新性地将信息论和熵的概念引入分类方法中。利用信息增益的概念对节点类别进行判断，定义树中不可再分的节点为叶节点，可再分的节点为内部节点。在对内部节点进行分类选择时，对每个属性的信息增益进行计算，并选择信息增益值最大的属性作为当前节点的分类属性。

随后，A.Patterson 和 Niblett 对基于 ID3 算法的概念学习系统提出了改进，改进算法解决了 ID3 算法中属性非任意取值的问题，扩大了算法应用范围，使得决策树算法在原来的基础上可以处理一些较为复杂的计算。1984 年，Breiman 和 Friedman 等人提出了分类回归树（Classification And Regression Tree，CART）算法。CART 算法和 ID3 算法的最大区别在于其分类标准选择了最小 Gini 指数，得到了二叉决策树，并基于最小代价的复杂性对树进行剪枝和误差估计。

决策树剪枝的概念是由 Breiman 等人首次提出的。由于在构造决策树时对于节点的不断分类导致最终得到的树和训练样本拟合度很高，利用测试数据验证算法性能时表现一般。继 L.Breiman 和 J.Freidman 之后，不断有学者提出新的剪枝算法。1986 年，T.Niblett 提出了最小错误率剪枝算法（Minimum.Error.Pruning，MEP）。随后，减少错误剪枝算法（Reduced.Error.Pruning，REP）和临界值剪枝算法（Critical.Value.Pruning，CVP）分别由 J.R.Quinland 和 J.Mingers 提出。剪枝算法的提出在改善模型复杂度上有了极大的进展。

1992 年，Kira 和 L.Rendell 提出了 RELIEF 算法。该算法的主要改进之处是考虑了属性之间存在的关联关系，是一个基于特征加权的特征选择算法。对属性选择时考虑了其他属性的影响，可以有效处理含噪数据以及连续性数据，而之前的算法对属性评估时并不会考虑属性间的关系。该算法的缺点是，对含有冗余属性和训练集中样本数较少的数据集处理效果较差。

1993 年，J.R.Quinlan 提出 C4.5 算法。C4.5 算法是基于 ID3 算法的改进，在一定程度上解决了算法中关于属性选择的问题，并且可以处理连续型数据。ID3 算法无法处理连续型数据，而且选择信息增益对属性进行分类时容易受到样本数而非属性重要度的影响，采用信息增益率则可以有效避免该问题。C4.5 算法在处理变化的数据集时，展现出 ID3 算法不具备的性能，即模型可以根据数据集的变化动态调整，而不需要重新生成树。C4.5 算法的提出让决策树可以有效处理在线任务。

1995 年起，不断涌现出了决策树改进算法。新算法可以处理不同领域、不同特点的数据集。其中，M.Mehta 和 R.Agrawal 提出了解决内存容量小于数据量的 SLIQ 算法、J.Shafer 和 R.Agrawal 提出了支持并行计算的改进算法——SPRINT 算法。该算法在增加存储代价的前提下提升了分类准确率。R.Rastgi 等人将生成树和修剪树结合在一起，得到新算法——PUBLIC 算法，该算法可以有效提高树的执行效率。近年来，决策树算法的研究不再局限于对算法的改进，还拓展到与进化算法、遗传算法、粗糙集、模糊集等各种理论和技术的结合中。由于实际数据存在着不完整和不精确性，将模糊集、粗糙集理论和决策树相结合可以提升决策树的归纳与预测能力，得到分类更为精确的树。

6.2 决策树算法基础

6.2.1 决策树生成

决策树是一种自顶向下逐渐生成的树。其根节点是样本集，根据属性值对根节点进行分类得到叶节点，叶节点如果包含多个不同分类的属性，则变为内部节点，否则为叶节点。决策树的生成包括模型建立和利用模型进行分类两个步骤。其中，模型建立以训练集为基础建立决策树。建立模型过程分为以下两步：

（1）利用训练集生成决策树。

（2）对决策树进行剪枝。剪枝过程利用测试集对构建好的决策树进行分析。

从根节点开始，根据分类规则依次进行分割，如果满足分割标准则将树分为 T_1 和 T_2；

并且分别创建对应的叶子节点为 n_1 和 n_2；则得到的树为 (T_1, n_1) 和 (T_2, n_2)。分类规则是决策树生成的核心部分。目前，我们常用的分类规则主要有两种：基于信息增益的方法和基于最小 Gini 指数的方法。

自信息量： $I(X_i) = -\log P(X_i)$ ，其中， $P(X_i)$ 是信源发出的概率。信息熵用来度量整个信源的不确定性。

$$H(X) = P(X_1)I(X_1) + P(X_2)I(X_2) + \cdots + P(X_n)I(X_n) = -\sum_{i=1}^{n} P(X_i)\log P(X_i) \qquad (6.1)$$

条件熵：条件熵 $H(X|Y)$ 用来度量收到随机变量 Y 后，对信源 X 的不确定性。条件熵的值小于信息熵的值，说明在接收到随机变量后，关于信源的不确定性减少，即信息经过传递后关于信源的不确定性有所消除。

$$H(X|Y) = -\sum_{i=1}^{n}\sum_{j=1}^{m} \log P(X_i|Y_j) \qquad (6.2)$$

平均互信息量：根据信息熵和条件熵的定义得知，接收到随机变量 Y 之后获得的关于信源 X 的信息量定义为：

$$I(X,Y) = H(X) - H(X|Y) \qquad (6.3)$$

由上式可知，信息熵和条件熵之差为平均互信息量，即当条件熵减小时，平均互信息量增大。将条件熵移至等式的左边，测试变量的信息量移至等式右边，得出：当测试变量提供的信息量增大时，该变量的类别更为确定，即分类的不确定性降低。

Gini 指数定义为：

$$\text{Gini}(T) = 1 - \sum_{j=1}^{n} p_j^2 \qquad (6.4)$$

6.2.2　决策树剪枝

在决策树生成过程中很容易发生过度学习现象。对节点不断进行分类，最终导致每个类只对应一个个体。如果说决策树从头至尾的每一条枝丫都参照了很多的变量，那么最后这条枝丫可能只是某个具体的案例，因此这一规则就失去了其概括性，超大型的决策树只是机械记忆了所有的数据，换言之，数据只是更换了存在形式。因此，构建决策树时需要在保证模型准确性的前提下避免模型的过度拟合。正是基于此提出了决策树剪树算法，其中综合考虑了模型准确性和复杂性。正如奥卡姆剃刀原理，模型越精简，效率就越高。对于决策树的构树和剪树而言，在确保模型准确性的前提下，保证模型的精简就是决策树修剪的原则。

预剪枝是指提前给出决策树高度，即在构树之前就对模型的规模进行定义，当到达该高度后，树自然停止生长。比较常见的方法是定义节点的样本数，当叶节点中样本的个数小于该值时，停止树的生长；或者当信息增益值小于某一个阈值时也可以停止算法。预剪枝可以在决策树构树阶段对树进行修剪，节约时间成本。但是，由于我们需要提前规定树的高度、节点阈值或者信息增益阈值，阈值的设置对决策树的规模影响很大，有时候，算法过早地停止，也会使得某些测试属性分类不准确。

后剪枝是更为常用的决策树剪枝方法。当决策树构树过程完成后，利用一定的原则完成对决策树的优化。剪枝原则可以描述为：在修剪的过程中，利用测试集数据检验决策子树的预测精度，如果该叶节点剪去后不影响树的预测准确度，则剪去该叶节点。后剪枝常见的方法有：REP、PEP、MEP 和 CCP。

（1）REP（Reduced Error Pruning）：需要一个独立的测试集测试各个子树的精度。其原则为自底向上，对于树的每一个分支，将该分支替换为一个叶节点，比较替换后的决策树和原模型的分类准确率。如果新树的分类错误较小，而且子树中没有同性质子树，则将该子树删除。逐层重复该过程，直到任意一棵子树都同可替换它的叶节点进行了比较。REP得到的决策树具有最高精度的子树，规模也最小。但是，由于使用独立的测试集，在测试集比训练集小得多时，训练集实例中某些稀少的分枝会因为测试集数据太少而被过度修剪。

（2）PEP（Pessimistic Error Pruning）：PEP 不需要另外的测试集，修剪时也是利用训练集，因此其误差率会有偏差。Quinlan 引入了一个常量，对分类误差进行连续估计，这个常量代表决策树和每个叶节点关联性的度量值。子树的分类误差定义为：

$$r(T_t) = \frac{\sum_s \left[e(s) + \frac{1}{2} \right]}{\sum_s n(s)} = \frac{\sum e(s) + \frac{L(s)}{2}}{\sum n(s)} \tag{6.5}$$

其中，$e(s)$是错误分类的个数，$n(s)$是该子树的实例个数，$L(s)$是叶节点的个数。

（3）MEP（Minimum Error Pruning）：MEP 的原则也是自底向上，但是对树的测试数据取自训练集，对于树的每一个子树，都沿着分类路径依次计算以得到一个分类误差平均值最小的树。

6.2.3 经典决策树算法

1. ID3 算法

1979 年，Quiland 提出了 ID3 算法。作为最经典的决策树算法之一，它是各类改进算法的基础。其属性选择基于信息增益值，输入数据类型必须为离散型，连续型数据需要进行离散化处理后再输入。表 6.2 给出 ID3 算法，其中 T_0 为初始样本集。

表 6.2 ID3 算法

输入：样本集 T_0。
输出：样本集对应的属性分类。
步骤 1：创建根节点。
步骤 2：生成决策树。
a. 如果初始样本集 T_0 分类相同，则 N_0 为叶节点，并且将属性标记为 C_0。
b. 如果初始样本集的分类不同，对其不同分类利用信息增益判断分类，将树分为 T_1 和 T_2，对应的叶子节点分别为 n_1 和 n_2。
c. 如果子节点中所有的样本均属于同一类，则该节点为叶节点。
步骤 3：决策树剪枝：利用测试集判断是否存在错误的分支，如果有则转到上一步，若没有则继续。
步骤 4：输出结果。

ID3 算法是一种自顶向下对全空间进行分类的算法，得到的树包含了完整的搜索空间，算法较为简单且扩展性强。其不足之处在于输入数据集发生变化或者引入噪声因素时，ID3算法需要重新生成决策树。

2. C4.5算法

C4.5算法是Quinlan基于ID3算法于1993年提出的一种改进算法。该算法的基本思想同ID3算法类似，但是对分类规则以及剪枝算法进行了改进，可以对属性值空缺数据集以及连续型数据进行处理。表6.3给出C4.5算法，其中T_0为初始样本集。

表6.3　C4.5算法

输出：样本集对应的属性分类。
步骤1：创建根节点。
步骤2：生成决策树。
a. 如果初始样本集T_0分类相同，则N_0为叶节点，并且将属性标记为C_0。
b. 如果测试集为连续型，则需要找到属性的局部阈值。目前已有的阈值寻找策略为：二分查找法、基数排序法和数组AVC法。
c. 如果初始样本集中存在值为空的样本，则将缺失值样本作为新的类对待，按照相同的概率分布到各个子集中；然后将结果合并，使结果为有最大概率的类。
d. 如果初始样本集不属于同一类，对其不同分类利用信息增益率判断分类，将树分为$T_1, T_2, \cdots, T_m$，对应的子节点分别为$n_1, n_2, \cdots, n_m$。
e. 如果子节点中所有的样本均属于同一类，则该节点为叶节点。
步骤3：决策树剪枝。利用测试集判断是否存在错误的分支，如果有则转到上一步，若没有则继续。
步骤4：输出结果。

C4.5算法在ID3算法的基础上有了很大改进，提高了算法效率，增加了对连续性属性以及缺失值属性的处理，生成的树含有较少的分支，信息增益率的引入使得算法的稳健性得到了提升。但是，C4.5算法仍存在不足，其结果仍是局部最优而不是全局最优；在决策树生成的同时对树进行评价导致树的可伸缩性和可并行性较差。

3. 分类回归树（CART）算法

分类回归树（Classification and Regression Tree，CART）算法生成的树是二叉树，因为它对每个分割点都是分为两个子集。分类回归树支持不同的分类属性：当分类属性为连续时称为回归树，当分类属性为离散时称为分类树。

CART算法在算法的属性分类规则上做出了一定改进，引入了基尼系数取代信息增益。由于实际数据集样本量的有限性，在利用CART算法生成树时，引入了交叉验证的方法。交叉验证的原理是将数据集分为两部分：训练集和测试集。训练集用来构建决策树，测试集用来检测构建好的决策树的性能；将数据集多次分类，得到不同的决策树，比较树的分类准确性和模型复杂度，选择性能最佳的树作为最终的模型。表6.4给出了CART算法，其中T_0为初始样本集。

表6.4　CART算法

输入：样本集T_0。
输出：样本集对应的属性分类。
步骤1：创建根节点。
步骤2：生成决策树。

　　a. 如果初始样本集 T_0 分类相同，则 N_0 为叶节点，并且将属性标记为 C_0。

　　b. 如果初始样本集的分类不同，对其不同分类利用信息增益判断分类，将树分为 T_1 和 T_2，对应的叶子节点分别为 n_1 和 n_2。

　　c. 如果子节点中所有的样本均属于同一类，则将其视为叶节点。

步骤 3：决策树剪枝。利用测试集进行交叉验证。

步骤 4：输出结果。

　　分类回归树分析统计的功能较为强大，对输入数据的要求不高，而且能处理分类属性为离散和连续的数据；但是其稳定较差，对于样本量较小的数据集，优势不明显。

　　表 6.5 给出了经典决策树算法在结构、测试属性原则、剪枝算法等方面的比较。

表 6.5　经典决策树算法比较

特点	ID3 算法	C4.5 算法	CART 算法
决策树结构	多叉树	多叉树	二叉树
选择测试属性	信息增益	信息增益率	Gini 系数
剪枝算法	分类错误	分类错误	分类错误
分支类型	单变量	单变量	单变量
需要独立测试集	是	否	否
可伸缩性	差	差	差
可并行性	差	差	差
缺失值处理	无	概率权值	代理分类

6.2.4　模糊集和粗糙集概念

1. 模糊集定义

　　模糊集由 Zadeh 提出，用来解决信息系统中的不确定性问题。模糊理论主要是对集合的不确定子集进行定义，主观给出隶属函数。目前，模糊集理论已大量应用在知识发现、知识抽取、模式识别、专家系统、图像处理、决策支持和分析、地震预测、冲突分析等领域中。

　　模糊逻辑给出一种描述部分数据集（既不是明确数据集也不是不明确数据集）的方法，可以定义传统计算方法的中间值。模糊集是一个没有明确边界的集合。和普通集合不同，模糊集合中的元素不确定是否属于集合，也就是说，集合的元素关系是"软"的。模糊集的一个典型案例是个子高的人，对"高"这一概念并没有给出一个准确的定义。

　　由于模糊集的模糊性，对于模糊集的量化引入了隶属函数的概念，该函数可以定量地分析集合中每个元素的隶属度。首先定义一个区间，将集合中的每个元素和区间中的值一一对应，其定义如下。

　　定义 6.1　论域 U 是一个有限的非空集合，设 R 是 U 上的一个等价关系，$S=(U,R)$ 称为近似空间；其中对于 $u \in U$，$[u]_R$ 表示 R 中包含 u 的等价类，则 U/R 是 U 的分类，即 R 的所有等价类族。

定义 6.2 设 R 是集合 U 上的一个二元关系，若 R 满足自反性、对称性和传递性，则称 R 是定义在 U 上的一个等价关系，其中，自反性为：$\forall x \in U \Rightarrow (x,x) \in R$；对称性为：$(x,y) \in R \wedge x \neq y \Rightarrow (y,x) \in R$；传递性为：$(x,y) \in R, (y,z) \in R \Rightarrow (x,z) \in R$。

定义 6.3 若 $P \in R$，则 P 的全部等价关系的交集 $\mathrm{IND}(P)$ 是一个等价关系，称为 P 上的不可区分关系，也可称为不可分辨关系。

定义 6.4 基本集是论域最基本的颗粒，基本集中包含的对象是不可分辨的。

定义 6.5 知识库 $K = (U, R)$，知识库的任意子集 $X \in R$，对于等价关系 $R \in \mathrm{IND}(K)$，则集合的下近似定义为 $R_*(X) = \{x \in U : [x]_R \subseteq X\}$，集合中的元素是肯定属于的所有元素组成的最大集合。

定义 6.6 集合的上近似定义为 $R^*(X) = \{x \in U : [x]_R \cap X \neq \varnothing\}$，集合中的元素是可能属于 X 的所有元素组成的最小集合。

定义 6.7 集合的边界区为 $\mathrm{BND}(X) = R^*(X) - R_*(X)$。

此外，我们也把 $\mathrm{POS}(X) = R_*(X)$ 称为 X 的正域，$\mathrm{NEG}(X) = U - R^*(X)$ 称为 X 的负域。对于集合 X 而言，边界域 $\mathrm{BND}(X)$ 的大小与集合的不确定性成正比，即边界域越小，不确定性越低。

定理 6.1 对于近似空间 $S = (U, R)$，若 $X \subseteq U$ 且 $Y \subseteq U$，则

（1）$R_*(X) \subseteq R \subseteq R^*(X)$

（2）$R_*(\varnothing) = \varnothing = R^*(\varnothing)$，$R_*(U) = U = R^*(U)$

（3）$R_*(X \cap Y) = R_*(X) \cap R_*(Y)$，$R^*(X \cap Y) = R^*(X) \cap R^*(Y)$

（4）$R_*(X \cup Y) \supseteq R_*(X) \cup R_*(Y)$，$R^*(X \cup Y) \supseteq R^*(X) \cup R^*(Y)$

（5）$X \subseteq Y \Rightarrow R_*(X) \subseteq R_*(Y)$，$R^*(X) \subseteq R^*(Y)$

（6）$R_*(\sim X) = \sim R_*(X)$，$R^*(\sim X) = \sim R^*(X)$

（7）$R_*(R^*(X)) = R^*(R^*(X)) = R^*(X)$，$R^*(R_*(X)) = R_*(R_*(X)) = R_*(X)$

在经典集合理论中，隶属函数值是离散的，值为 0 或 1，0 代表元素属于集合，1 代表元素不属于集合。对于粗糙集理论，隶属函数取值是连续的，即元素属于集合是与连续的函数值对应的，粗糙隶属函数定义了元素 x 属于某个集合的程度，其定义如下。

定义 6.8 对于论域 U，U 上的模糊集为 $A : U \to [0,1]$，其中 $A(x)$ 示元素 x 属于集合的程度大小，A 越接近 1，则 x 隶属于的程度越高，反之则越低，隶属函数也可以定义为 $A = \{(x, U) : x \in X, U \in [0,1]\}$。

定理 2.2 若是论域 U 上的等价关系 $X \subseteq U$，则对于任何 $x \in U$，$A(x)$ 满足：

（1）$A(x) = 1 \Leftrightarrow x \in R_*(X)$

（2）$A(x) = 0 \Leftrightarrow x \in U - R^*(X)$

（3）$0 < A(x) < 1 \Leftrightarrow x \in bn_R(X)$

（4）$A_{X \cup Y}(x) \geq \max\{A_X(x), A_Y(x)\}$

（5）$A_{X \cap Y}(x) \leq \max\{A_X(x), A_Y(x)\}$

当元素的隶属函数值为 0 时，该元素肯定不属于模糊集；当隶属函数值为 1 时，该元素属于模糊集；当隶属函数值在 0 和 1 之间时，该元素在集合的模糊边界上。隶属函数有以下几个特征：

（1）模糊集描述了模糊概念。

（2）模糊集描述部分隶属的可能性。

（3）某元素属于模糊集的可能性用隶属函数值表示，在 0 和 1 之间。

（4）隶属函数将集合中的元素与隶属函数值的区间一一对应起来。

2. 粗糙集定义

粗糙集是由数学家 Z.Pawlak 提出的一种数学工具，同模糊集一样，用来解决不确定的数学问题；粗糙集重新进行了知识定义，并且能有效对各种不完备信息进行分析。

粗糙集理论是基于信息系统的不确定性提出的，能够分析数据表层之下的关系而不需要任何先验知识。常见的解决不确定问题的方法有统计学方法、模糊集理论等，但是统计方法需要先验概率，模糊集要求解隶属度。粗糙集具有以下几个特点：

（1）处理多变量数据集。

（2）处理缺失数据集。

（3）处理数据的不精确性。

（4）对数据集约简，得到知识的最小表达。

论域 U 是一个有限的非空集合，设 R 是 U 上的一个等价关系，$S=(U,R)$ 称为近似空间；其中对于 $u \in U$，$[u]_R$ 表示 R 中包含 u 的等价类，则 U/R 是 U 的分类，即 R 的所有等价类族。

定义 6.9 粗糙度定义为知识的不完全程度，对于任意 $X \neq \varnothing$，粗糙度 $\rho_R(X) = |R^*(X)|/|R_*(X)|$，其中 $|X|$ 是集合 X 的基数。

属性约简是利用粗糙集的概念，在保证知识库分类能力的前提下，对冗余属性进行处理。由于集合中的属性并不都具有同等重要性，而且在计算过程中，冗余属性会占用计算资源，因此对冗余属性删除能够有效地对知识进行约简。

定义 6.10 对于等价关系族 R，$r \in R$，若 $\text{IND}(R) = \text{IND}(R-\{r\})$，则称 r 为 R 中可被约去的知识，否则称为不可被约去的知识。若 $\forall r \in R$，r 都是不可省略的，则 R 为独立的；若 $P=R-(r)$ 独立，则称 P 是 R 的一个约简。

定义 6.11 R 中所有不可约去的关系集合，定义为 R 的核，记为 $\text{CORE}(R)$。

定义 6.12 设 P 和 Q 都是等价关系族，若 $\text{POS}_{\text{IND}(P)}(\text{IND}(Q)) = \text{POS}_{\text{IND}(P-\{R\})}(\text{IND}(Q))$，则称 $R \in P$ 是 P 上可约去的，否则成为不可约去的。

对决策表进行属性约简主要有三步。

（1）计算每一个条件属性不可分辨关系的集合。

（2）计算删除条件属性的正域与全部条件属性的正域，判断两值是否相等。

（3）若两值相等，则该属性为冗余属性，删除冗余属性，最终得到的结果为属性约简后的集合。

例：表 6.6 给出了一个决策表案例数据，其中 C_1, C_2, C_3, C_4, C_5 为条件属性，D 为决策属性，对该案例进行属性约简的步骤如下。

表 6.6 决策表案例数据

U	C_1	C_2	C_3	C_4	C_5	D
1	1	0	1	0	1	1
2	1	0	1	0	0	1

续表

U	C_1	C_2	C_3	C_4	C_5	D
3	1	1	0	0	1	0
4	0	1	1	0	1	0
5	0	1	0	0	1	2
6	2	1	2	0	2	2
7	2	2	2	2	2	2

（1）计算不可区分关系集合：

$C_1 = U/IND(C_1) = \{\{1,2,3\},\{4,5\},\{6,7\}\}$

$C_2 = U/\mathrm{IND}(C_2) = \{\{1,2\},\{3,4,5,6\},\{7\}\}$

$C_3 = U/\mathrm{IND}(C_3) = \{\{1,2,4\},\{3,5\},\{6,7\}\}$

$C_4 = U/\mathrm{IND}(C_4) = \{\{1,2,3,4,5,6\},\{7\}\}$

$C_5 = U/\mathrm{IND}(C_5) = \{\{1,3,4,5\},\{2\},\{6,7\}\}$

（2）计算正域：

$\mathrm{POS}_R(E) = \{1,2,3,4,5,6,7\}$

$\mathrm{POS}_{\{R-C_1\}}(E) = \{1,2,\{3,5\},4,6,7\}$

$\mathrm{POS}_{\{R-C_2\}}(E) = \{1,2,3,4,5,6,7\}$

$\mathrm{POS}_{\{R-C_3\}}(E) = \{1,2,3,\{4,5\},6,7\}$

$\mathrm{POS}_{\{R-C_4\}}(E) = \{1,2,3,4,5,6,7\}$

$\mathrm{POS}_{\{R-C_5\}}(E) = \{\{1,2\},3,4,5,6,7\}$

（3）删除冗余属性：

根据第二步判断知 C_1, C_3, C_5 是不可省略的， C_2, C_4 是可以省略的。

6.3 基于模糊集的分类回归树算法

ID3 算法作为最经典的决策树算法，在算法的改进和应用方面都有了全方位的发展。但是 ID3 算法也有其局限性：实际的数据集多为连续型数据，而 ID3 算法只能处理离散型数据的分类。对于连续型数据，需要进行离散化处理后再生成树，但是常见的离散化方法会大大影响数据的有效性。通过利用模糊集对连续型数据进行离散化处理，基于模糊集的分类回归树算法同时具备决策树的分类能力以及模糊集对不确定信息处理的能力。

6.3.1 基于模糊集的 CART 算法

1. 隶属函数

模糊化是在对属性进行选择前进行的。对于离散型属性，无须进行模糊化处理；对于数值型数据，采用模糊 C-均值（FCM）聚类方法求表达属性值特性的三个类。类的个数设置为三个是因为值可以考虑为高、中、低三种。属性类对应的隶属函数分别为 Z 形、Π 形和 S 形。图 6.1～图 6.3 分别给出了各类隶属函数的示意图。假设 $F_{j,\max}$、$F_{j,\mathrm{med}}$、$F_{j,\min}$ 是属性的最大值、中值和最小值，根据不同类型隶属函数的定义，给出属性 F_j 不同类函数值的公式：

$$\mu_{\text{low}}(F_j) = \begin{cases} 1 & \text{if } F_j \leq F_{j,\min} \\ 1-2\left(\dfrac{F_j - F_{j,\min}}{F_{j,\max} - F_{j,\min}}\right)^2 & \text{if } F_{j,\min} \leq F_j < \dfrac{F_{j,\min} + F_{j,\max}}{2} \\ 2\left(\dfrac{F_{j,\max} - F_j}{F_{j,\max} - F_{j,\min}}\right)^2 & \text{if } \dfrac{F_{j,\min} + F_{j,\max}}{2} \leq F_j < F_{j,\max} \\ 0 & \text{if } F_j \geq F_{j,\max} \end{cases} \quad (6.6)$$

$$\mu_{\text{high}}(F_j) = \begin{cases} 0 & \text{if } F_j \leq F_{j,\min} \\ 2\left(\dfrac{F_j - F_{j,\min}}{F_{j,\max} - F_{j,\min}}\right)^2 & \text{if } F_{j,\min} \leq F_j < \dfrac{F_{j,\min} + F_{j,\max}}{2} \\ 1-2\left(\dfrac{F_{j,\max} - F_j}{F_{j,\max} - F_{j,\min}}\right)^2 & \text{if } \dfrac{F_{j,\min} + F_{j,\max}}{2} \leq F_j < F_{j,\max} \\ 1 & \text{if } F_j \geq F_{j,\max} \end{cases} \quad (6.7)$$

$$\mu_{\text{med}}(F_j) = \begin{cases} 0 & \text{if } F_j \leq F_{j,\min} \\ 2\left(\dfrac{F_j - F_{j,\min}}{F_{j,\text{med}} - F_{j,\min}}\right)^2 & \text{if } F_{j,\min} \leq F_j < \dfrac{F_{j,\min} + F_{j,\text{med}}}{2} \\ 1-2\left(\dfrac{F_{j,\text{med}} - F_j}{F_{j,\text{med}} - F_{j,\min}}\right)^2 & \text{if } \dfrac{F_{j,\min} + F_{j,\text{med}}}{2} \leq F_j < F_{j,\text{med}} \\ 1-2\left(\dfrac{F_j - F_{j,\text{med}}}{F_{j,\max} - F_{j,\text{med}}}\right)^2 & \text{if } F_{j,\text{med}} \leq F_j < \dfrac{F_{j,\max} + F_{j,\text{med}}}{2} \\ 2\left(\dfrac{F_{j,\max} - F_j}{F_{j,\max} - F_{j,\text{med}}}\right)^2 & \text{if } \dfrac{F_{j,\max} + F_{j,\text{med}}}{2} \leq F_j < F_{j,\max} \\ 0 & \text{if } F_j \geq F_{j,\max} \end{cases} \quad (6.8)$$

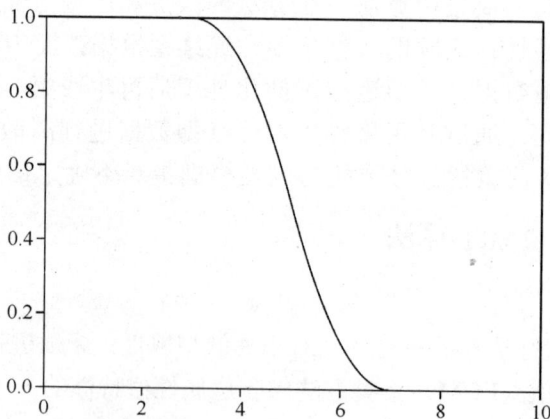

图 6.1　Z 形隶属函数

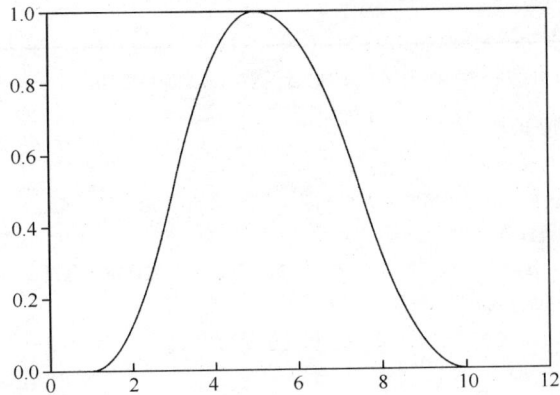

图 6.2　Π形隶属函数

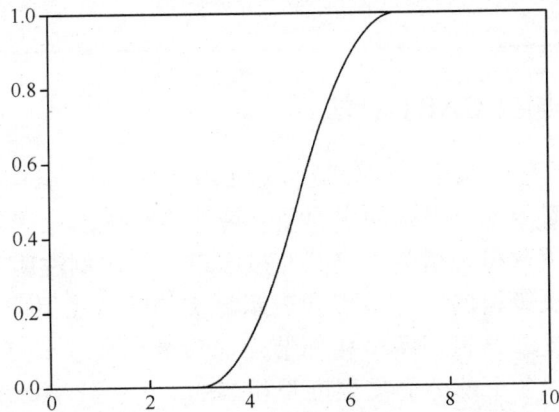

图 6.3　S 形隶属函数

2. 基于模糊集的 CART 算法

基于模糊集的 CART 算法与决策树算法的分类过程类似，主要的改进是进行属性选择时，Gini 指数是基于测试属性对应每一个类别的概率合计值得出的。模糊决策树由测试属性节点、模糊集的隶属度值得到分支边界以及决策类的叶子节点。

最常见的模糊决策树是基于模糊 ID3 算法和 CART 算法提出的，CART 算法利用 Gini 指数值计算属性重要度，并采用后剪枝的方法以解决过度拟合的问题。

假设数据集为 T，T 中包含 m 个样本，样本的属性个数为 n，其中 $n-1$ 个为测试属性，1 个为分类属性，则 $I = [F_1, F_2, \cdots, F_n]$，且 I 属于类集合：$C = [1, 2, \cdots, C_k]$。输入集的模糊集定义为 $[F_{1,l}, F_{1,m}, F_{1,h}, F_{2,l}, F_{2,m}, F_{2,h}, \cdots, F_{n,l}, F_{n,m}, F_{n,h}]$，$T^{C_k}$ 为数据集 T 中包含一个纯类别 C_k 的模糊子集，$|T|$ 为模糊数据集 T 的隶属函数。基于模糊集的分类回归树（F-CART）算法由表 6.7 给出。

表 6.7　基于模糊集的分类回归树（F-CART）算法

输入：样本集 T。
输出：样本集对应的属性分类。
步骤 1：创建根节点，所有属性的隶属度函数为 1。
步骤 2：生成决策树。
a. 如果 N_0 满足以下条件，则 N_0 为叶节点，并且将属性的类别记为 C_0。

续表

> （1）给定阈值 θ_r，如果对于分类为纯类别 C_k 的数据子集，其隶属度值满足 $\frac{|T^{C_k}|}{|T|} \geq \theta_r$。
>
> （2）给定阈值 θ_n，数据集的样本个数满足 $\{T\}_{length} \leq \theta_n$。
>
> （3）进一步分类时没有任何样本。
>
> b．如果节点不满足上述条件，则该节点不是叶节点，其子节点生成步骤如下。
>
> （1）对于数据集的任何属性 $F_i(i=1,2,\cdots,n)$，计算其 Gini 指数，并且选择 Gini 指数最大时的属性 F_{max}。
>
> （2）根据 F_{max} 将样本集 T 分为三个模糊样本子集 T_l、T_m、T_h，则上述样本子集的隶属值根据数据集 T 的隶属值之积和属性 F_{max} 的模糊集的隶属值共同决定。
>
> （3）对于每一个模糊子集生成新的节点，则对于模糊子集 T_l、T_m、T_h，并将每一个子节点和根节点的相连边界标为对应属性的模糊集。
>
> （4）重复上述步骤。
>
> 步骤3：决策树剪枝。利用测试集判断是否存在错误的分支，如果有则转到上一步，若没有则继续。
>
> 步骤4：输出结果。

6.3.2　基于模糊集的加权 CART 算法

F-CART 算法提出了两种为叶节点分类的方法：

（1）计算叶节点分配给各个类别的隶属值，叶节点分配给隶属值最大的类别。

（2）叶节点分配给所有和其相关的类，并按照隶属值比例注明其可能性。

模糊决策树由构成决策树的内部节点和表示分类的叶节点组成。从根节点到叶节点的分类过程被称为一个分支或路径，两个相邻节点（父节点和子节点）的连接被称为路径部分，目前普遍认为路径中各个部分的重要度是相等的。

模糊决策树的权重指每个路径中的参数，最常见的路径参数是全局权重和局部权重。其定义为：

全局权重指叶节点属于某个类别的确定度。在模糊决策树中，会为每个叶节点属于某个类别设置一个可能性参数。决策树的推断机制是基于所有的叶节点决定测试集的分类，在加权模糊决策树中，由于不止有一个叶节点分类相同，为每个路径分配全局权重后，引入了每个节点对最终分类结果的贡献度作为参考，以提高决策树的整体性能。

局部权重指路径每个部分对叶节点分类的影响度。在模糊决策树推断机制中，路径部分的权重被认为是相同的，但实际中，路径部分对分类的贡献度也是不同的。Yeung. D. S.提出根据路径部分的贡献度定义其局部权重，结合全局权重对 F-CART 算法进行改进。

其中重新定义了每个叶节点的分类，并引入了局部权重的概念。当输入变量值不同时，叶节点对应的分类属性的不确定程度是不同的。公式（6.9）和公式（6.10）给出了 WF-CART 算法中两种权重值的定义：

$$LW_{ij}^t = LW_{ij}^t - \alpha\frac{\partial E^t}{\partial LW_{ij}^t} + \gamma\Delta LW_{ij}^{t-1}$$

$$GW_{jk}^t = GW_{jk}^t - \alpha\frac{\partial E^t}{\partial GW_{jk}^t} + \gamma\Delta GW_{jk}^{t-1}$$

（6.9）

$$\frac{\partial E^t}{\partial GW_{jk}^t} = \begin{cases} (y_k^{2,t} - d_k^{2,t}) * y_j^{(1)} & \text{if } GW_{jk} * y_j^{(1)} \geq \vee_{q \neq j}(GW_{qj} * y_q^{(1)}) \\ 0 & \text{otherwise} \end{cases}$$

$$\frac{\partial E^t}{\partial LW_{ij}^t} = \begin{cases} \sum_{k=1}^{N_2}(y_k^{2,t} - d_k^{2,t})GW_{jk}^t * y_j^{(0,t)} & \text{if } GW_{jk} * y_j^{(1)} \geq \vee_{q \neq j}(GW_{qj} * y_q^{(1)}) \, \& \\ & LW_{ij} * y_j^{(0)} \leq \wedge_{p \neq i}(LW_{pj} * y_p^{(0)}) \\ 0 & \text{otherwise} \end{cases} \quad (6.10)$$

对于每个叶节点，其因子确定度的定义如公式（6.11）：

$$\alpha_m = \left\{ \frac{|D_m^{C_1}|}{|D_m|}, \frac{|D_m^{C_2}|}{|D_m|}, \cdots, \frac{|D_m^{C_k}|}{|D_m|} \right\} \quad (6.11)$$

由于模糊决策树是分层结构，每条从根节点到叶节点的路径的隶属值是相同的，在数据集模糊化处理的定义中，将每个属性值分为三个部分，则每条不同的路径的隶属度函数定义如下：

$$\mu_{\text{path}}^i = \mu_{\text{low}}(F_6^i) * \mu_{\text{med}}(F_3^i) = [F_{6,l}^i, F_{3,m}^i] \quad (6.12)$$

对于任意路径 m，路径 i 的隶属度函数的定义为：

$$\mu_{\text{path}m}^i = \prod_i \mu_{(\text{low, med, high})}(F_j^i) \quad (6.13)$$

图6.4给出了模糊分类回归树算法得到的决策树的基本结构。该案例中共有7个叶节点，共同构成了分类结果。根据本文提出的改进算法，每条路径的隶属度函数和权重值共同作用生成分类结果。对于任意输入，其分类结果定义为：

$$\mu_{\text{path}m}^i * \alpha_{m,k} * GW_{mk} \quad (6.14)$$

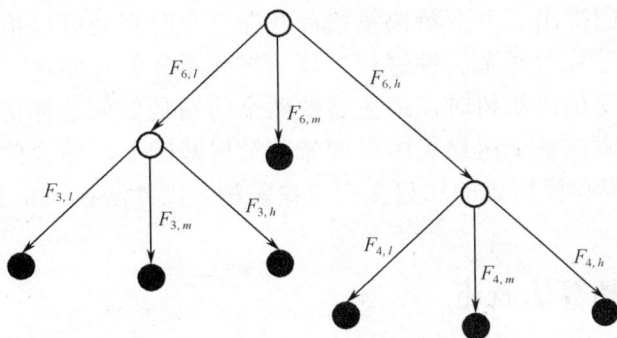

图6.4　模糊分类回归树

表 6.8 给出了基于模糊集的加权 CART 算法（WF-CART 算法）。

表 6.8　WF-CART 算法

输入：样本集 T。
输出：样本集对应的属性分类。
步骤 1：创建根节点，所有数据的模糊集的隶属度函数为 1。
步骤 2：生成决策树。
（1）如果 N_0 满足以下条件，则 N_0 为叶节点，并且将属性的类别记为 C_0。
（2）给定阈值 θ_r，如果对于分类为纯类别 C_k 的数据子集，其隶属度值满足 $\frac{|T^{C_k}|}{|T|} \geq \theta_r$。
（3）给定阈值 θ_n，数据集的样本个数满足 $\{T\}_{\text{length}} \leq \theta_n$。
（4）进一步分类时没有任何样本。

如果节点不满足上述条件，则该节点不是叶节点，其子节点生成步骤如下。

（1）对于数据集的任何属性 $F_i(i=1,2,\cdots,n)$，计算其 Gini 系数值，并且选择 Gini 系数最大时的属性 F_{max}。

（2）计算每条路径的全局权重 GW_{jk}^i 和每个路径部分的局部权重 LW_{ij}^i。

（3）根据 F_{max} 将样本集 T 分为三个模糊样本子集 T_l、T_m、T_h，则上述样本子集的隶属值根据数据集 T 的隶属值之积、属性 F_{max} 的模糊集的隶属值以及全局权重值共同决定。

（4）对于每一个模糊子集生成新的节点，则对于模糊子集 T_l、T_m、T_h，将每一个子节点和根节点的相连边界标为对应属性的模糊集。

（5）重复上述步骤。

步骤 3：决策树剪枝。利用测试集判断是否存在错误的分支，如果有则转到上一步，若没有则继续。

步骤 4：输出结果。

由于篇幅所限，这里省略了算法性能分析和实验验证。

6.4 基于粗糙集的多变量决策树算法

ID3 算法、C4.5 算法、CART 算法在对属性进行分类时，都只考虑了单个变量的因素，即在任一节点处只考虑一个属性的信息增益或基尼系数值。这样得到的树会存在某些属性多次被检验的情况。这类决策树为单变量决策树，该类树主要有以下两方面的局限性：

（1）某些属性可能被多次检验，增加了树的节点数，使得模型更为复杂。

（2）某些输入属性之间互相影响或者共同作用于输出属性，在树生成过程中若不考虑因子间的作用则会导致分类的不准确。

正是基于上述原因提出了多变量决策树，其在一个节点处可以检验多个属性，有助于同时分析相关属性，并且对冗余属性进行处理。在体系计算实验中，由于体系效能的影响变量较多，在构建多变量决策树时，最主要的两个问题是如何选择初始属性以及如何构造多变量检验。本节主要在基于粗糙集的多变量决策树基础上，结合前面的加权模糊分类回归树，提出基于粗糙集和模糊集的加权多变量决策树。该算法在一定分类准确率的前提下，改善了模型复杂度。

6.4.1 多变量决策树算法概述

1. 多变量决策树提出背景

决策树的优点主要表现在以下两个方面。

（1）决策树的顺序性。对属性的检验是沿着树的分支进行的，因此对某一分类进行判断时可以迅速找到与该分类相关的属性的选择区间。

（2）决策树的易读性。得到的结果清晰简单，为属性的分类和决策结果提供了直接的表达方式。

但是，常见的决策树都是单变量决策树，这类树在处理复杂分类时性能不佳。对于体系效能仿真数据，变量之间具有相关性，为了解决这一问题，必须采用多变量决策树算法。该算法在节点处进行分类时，为了避免属性的多次检验，对相关属性进行预处理，分析属性之间的关系得到新的分类属性。目前，基于粗糙集的多变量决策树算法在处理多属性分类问题上表现了极佳的性能，该算法和线性组合、Boolean 组合属性的方案比，对属性间的相关关系处理更为准确。

基于粗糙集的方法主要是基于信息系统核的概念和相对泛化提出的，6.2节已经给出信息系统核的定义。核是约简时得到的最小集合，核中的元素都是不可约去的。对于不包含在核中的属性，可以通过对属性重要度的判断决定是否对属性进行删减。根据属性约简的定义可知，约简是信息系统集的子集，并不是唯一的子集，系统不同的约简会得到不同的分类规则。

2. 相对泛化的定义

1997年，苗夺谦等人首次定义了相对泛化，为决策树算法解决多变量检验问题提供了新思路。该方法的核心理论是将粗糙集理论应用在决策树的生成过程中，改善对属性简单组合得到多变量决策树的方法。基于粗糙集的多变量决策树算法使用属性的不可区分性作为划分的标准，有效解决了决策树在一条路径上重复检验属性的问题。相对泛化是将两个等价关系泛化，其定义如下。

定义 6.13 设 P 和 Q 是论域 U 上定义的等价关系，$U/\text{IND}(P) = \{X_1, X_2, \cdots, X_n\}$，$U/\text{IND}(Q) = \{Y_1, Y_2, \cdots, Y_m\}$，令 $Z_i = \bigcup_{X_j \in \text{IND}(P)} \{X_j : X_j \subseteq Y_i\}$，$i = 1, 2, \cdots, m$

$$Z_{m+1} = \bigcup_{X_j \in \text{IND}(P)} \{X_j : X_j \subseteq Y_i, \forall i\} \tag{6.15}$$

则称 $\{Z_1, Z_2, \cdots, Z_{m+1}\}$ 在论域上的等价关系为 P 相对于与等价关系 Q 的泛化。

3. 基于粗糙集的多变量决策树算法

基于粗糙集的多变量决策树算法（R-MDT）的核心思想是相对泛化的概念，利用粗糙集中的分辨矩阵对知识进行约简。在构建多变量决策树时，分类准则为属性的区分能力，根据粗糙集核的定义，决策表中的核中包含的属性对于决策树的分类来说，重要度很高。这里主要介绍基于分辨矩阵的属性选择算法，并结合该算法和单变量决策树算法介绍基于模糊集的多变量决策树。

属性选择的目的是为了增加决策树的可读性。由于体系效能仿真中输入变量之间的交互作用非常复杂，对属性间进行线性的组合并寻找最佳组合是不现实的。因为当属性数量增长时，属性间的组合是呈现线性增长的，常用的知识约简方法是利用分辨矩阵来实现的，分辨矩阵是数据集分类不同属性可区分时的集合。表6.9给出了基于分辨矩阵的属性选择算法。

表 6.9 基于分辨矩阵的属性选择算法

输入：样本集 T。分类属性集为 C，输入属性集为 D。
输出：输出属性集的核 $\text{CORE}_D(C)$。
步骤1：处理样本集中的连续属性，并且根据处理结果给出决策表。
步骤2：构造上述决策表的分辨矩阵 M。
步骤3：计算分辨矩阵 M 的核，并且求解 M 中各属性的频率 $p(C_i), i = 1, 2, \cdots, m$。
步骤4：$\forall c_k \neq \text{CORE}_D(C)$，得到的排序 $p(D_i)$。
步骤5：删除分辨矩阵 M 中和核重复的属性。
步骤6：计算决策表的约简 $\text{Reduct}(C) = \text{CORE}_D(C)$，若 $M \neq \varnothing$ 则转到步骤7，否则转到步骤8。
步骤7：找出分辨矩阵中出现频率最高的属性。
步骤8：输出结果。

对于多变量决策树算法而言，分类标准不是信息增益或基尼系数，而是根据属性的区分能力，即基于分辨矩阵的属性选择算法。对多变量的检验过程介绍如下：计算属性集的

核，如果核为空集则利用 ID3 算法进行分类，否则利用相对泛化的概念，求得新的属性进行分类。

表 6.10 给出了基于粗糙集的多变量决策树算法。该算法的可读性较强，得到的结果简单易懂；但是当属性集中的核包含过多属性时，构造决策树的复杂性增加，而且粗糙集得到的核不一定是最佳的子集，因此，该算法也存在着一定的局限性。

表 6.10　基于粗糙集的多变量决策树算法

输入：样本集 T。
输出：样本集对应的属性分类。
步骤 1：创建根节点；计算分类属性集 C 相对于输出属性集 D 的核，记为 $CORE_D(C)$，若 $CORE_D(C) = \cong$ 则转到步骤 2，否则转到步骤 3。
步骤 2：生成决策树。
a．如果初始样本集 T_0 分类相同，则 N_0 为叶节点，并且将属性标记为 C_0。
b．如果初始样本集的分类不同，对其不同分类利用信息增益判断分类，将树分为 T_1 和 T_2，对应的叶子节点分别为 n_1 和 n_2。
c．如果子节点中所有的样本均属于同一类，则该节点为叶节点。
步骤 3：设 $CORE_D(C) = \{a_1, a_2, \cdots, a_n\}$，令 $P = a_1 \wedge a_2 \wedge \cdots \wedge a_n$，计算 P 的泛化等价关系，则该划分为节点的检验。
步骤 4：决策树剪枝。利用测试集判断是否存在错误的分支，如果有则转到上一步，若没有则继续。
步骤 5：输出结果。

4. 基于粗糙集的多变量决策树算法和单变量决策树算法的比较

这里给出基于粗糙集的多变量决策树算法和分类回归树算法的实验对比，将两种算法应用于 Diabetes 数据集，实验结果见图 6.5 和图 6.6。由图 6.6 可知，基于粗糙集的多变量决策树的节点个数较少，模型复杂度较低。对算法进行分析可知，对于样本数较大的数据集，单变量决策树的可读性降低了，而且容易发生过度拟合的现象；引入粗糙集对属性进行处理，分类时考虑属性间的相关关系可以降低树的复杂度，避免出现同一属性被多次检验的问题。

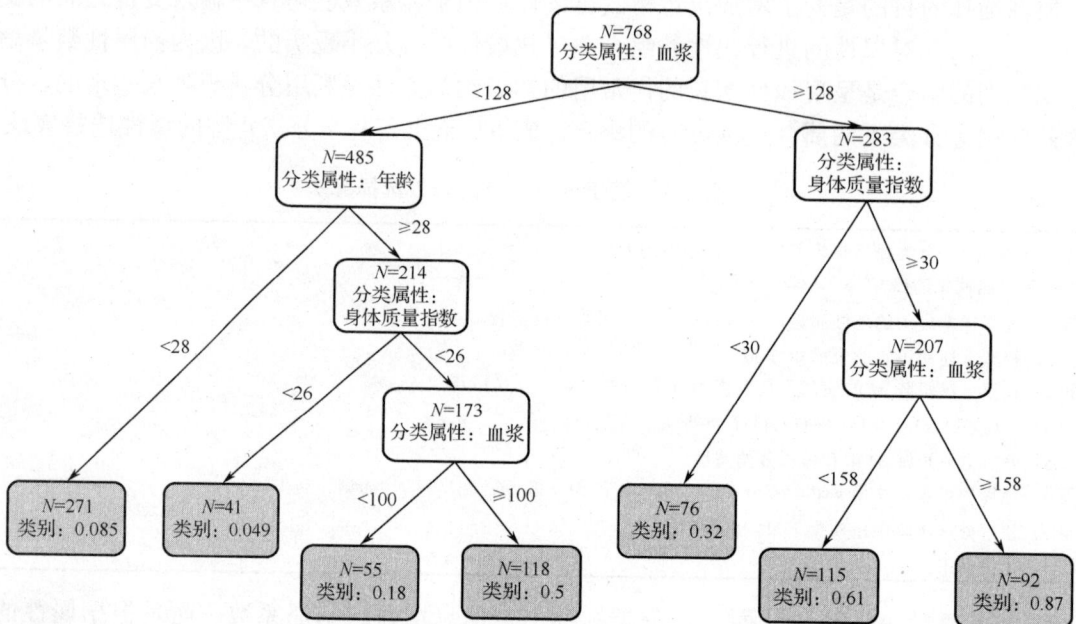

图 6.5　单变量决策树

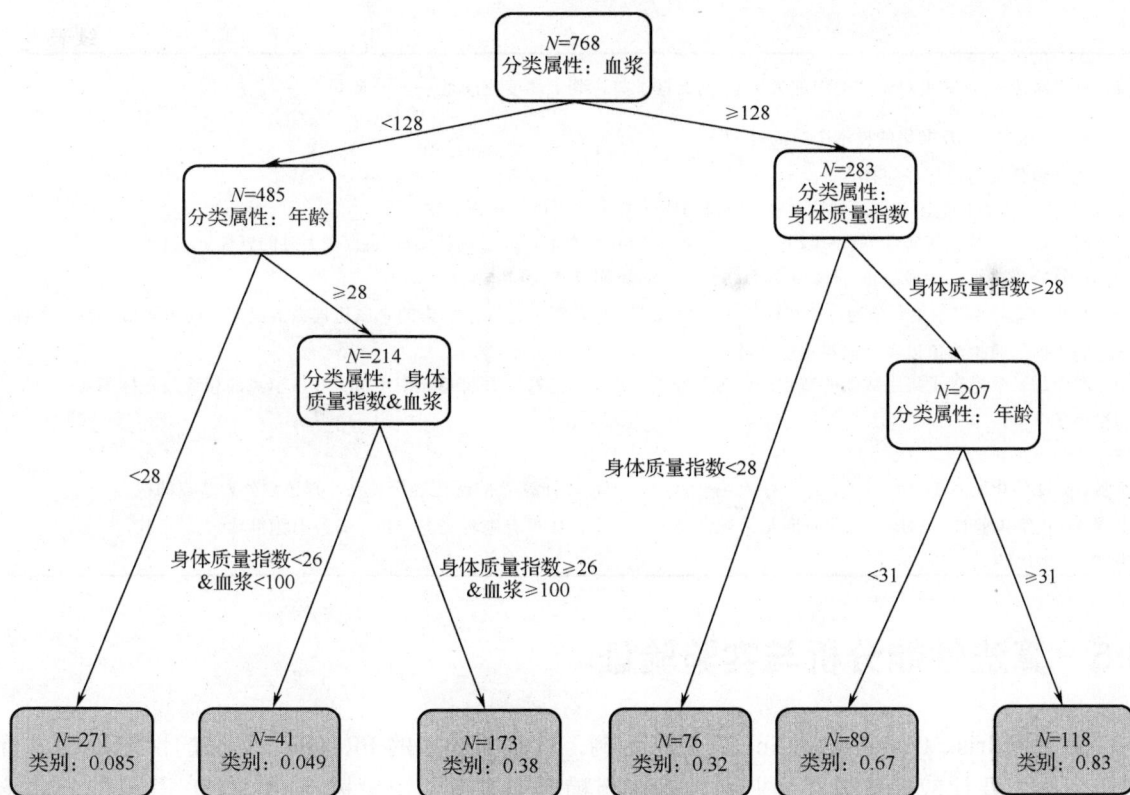

图 6.6 多变量决策树

6.4.2 基于粗糙集的加权多变量决策树算法

前面已经介绍了基于模糊集的加权分类回归树算法（WF-CART 算法）和基于粗糙集的多变量决策树算法（R-MDT 算法）。WF-CART 算法对处理数据集中连续属性的离散化方法提出改进，有效提高了模型的分类准确性；多变量决策树在分类过程中，考虑属性间的相互关系，引入粗糙集和相对泛化的概念，构建了基于模糊集的多变量决策树。基于粗糙集的多变量决策树算法利用分辨矩阵的属性选择方法对知识进行了约简，在保证一定分类结果准确的前提下，降低了模型的复杂度。

体系计算实验的数据分析主要围绕高维数据展开，数据的类型存在多样性，而且输入因子之间有相关性，为此可以将上述两种算法结合在一起，形成基于粗糙集和模糊集的加权多变量决策树算法（FR-MDT 算法），以解决体系效能仿真实验数据高维和多类型相关性的问题。表 6.11 给出 FR-MDT 算法。

表 6.11 FR-MDT 算法

输入：样本集 T。
输出：样本集对应的属性分类。
步骤 1：创建根节点，所有数据的模糊集的隶属度函数为 1。
步骤 2：生成决策树。
a. 如果 N_0 满足以下条件，则 N_0 为叶节点，并且将属性的类别记为 C_0。

（1）给定阈值 θ_r，如果对于分类为纯类别 C_k 的数据子集，其隶属度值满足 $\frac{|T^{C_k}|}{|T|} \geqslant \theta_r$。

（2）给定阈值 θ_n，数据集的样本个数满足 $\{T\}_{\text{length}} \leqslant \theta_n$。

（3）进一步分类时没有任何样本。

b. 如果节点不满足上述条件，则该节点不是叶节点，其子节点生成步骤如下。

（1）对于数据集的任何属性 F_i（$i=1,2,\cdots,n$），计算其 Gini 系数值，并且选择 Gini 系数最大时的属性 $F_{\max}$。

（2）计算每条路径的全局权重 GW_{jk}^i 和每个路径部分的局部权重 LW_{ij}^i。

（3）根据 $F_{\max}$ 将样本集 T 分为三个模糊样本子集 T_l、T_m、T_h，则上述样本子集的隶属值根据数据集 T 的隶属值之积、属性 $F_{\max}$ 的模糊集的隶属值以及全局权重值共同决定。

（4）对于每一个模糊子集生成新的节点，则对于模糊子集 T_l、T_m、T_h，并将每一个子节点和根节点的相连边界标为对应属性的模糊集。

（5）重复上述步骤。

步骤 3：设 $\text{CORE}_D(C) = \{a_1, a_2, \cdots, a_n\}$，令 $P = a_1 \wedge a_2 \wedge \cdots \wedge a_n$，计算 P 的泛化等价关系，则该划分为节点的检验。

步骤 4：决策树剪枝。利用测试集判断是否存在错误的分支，如果有则转到上一步，若没有则继续。

步骤 5：输出结果。

6.5 算法性能分析与实验验证

本节以 Iris、Diabetes、Wine 数据集为例，对前面提出的 FR-MDT 算法的性能进行分析和验证，主要比较模糊分类回归树、基于粗糙集的多变量决策树、FR-MDT 算法的分类结果和模型复杂度。表 6.12 为三种算法下几个经典数据集的分类结果。由实验结果可知，三种算法的分类结果均表现出较好的性能，其中，FR-MDT 算法与其他两种算法相比，其分类准确率更高。

表 6.12 分类准确率比较

数据集	分类准确率（%）		
	WF-CART 算法	基于粗糙集的多变量决策树算法	FR-MDT 算法
Iris	95.31±2.9	93.01±2.2	95.2±2.04
Diabetes	80.12±5.81	76.65±2.26	78.81±6.27
Wine	85.8±2.76	80.61±3.78	86.1±2.19

图 6.7 给出了 FR-MDT 算法处理 Diabetes 数据集得到的决策树，直观地显示出生成的决策树的节点数以及树的规模。对比图 6.5 和图 6.6 可以看到，FR-MDT 算法构造的树减少了节点数；结合表 6.12 可知，FR-MDT 算法生成的决策树在保证分类结果准确的前提下，改善了模型复杂性。

为了进一步对 FR-MDT 算法的性能进行分析，应用 Abalone 数据集，其部分数据见表 6.13。Abalone 数据集是分类算法应用最经典的数据集之一，在 1995 年由 Sam Waugh 收集得到。该数据集包含 4177 个样本，通过鲍鱼的性别、大小、重量等来判断鲍鱼的年龄，数据集的输入属性有 8 个，分别是性别、长度、直径、高度、全重、去壳重量、内脏重量、壳重量。

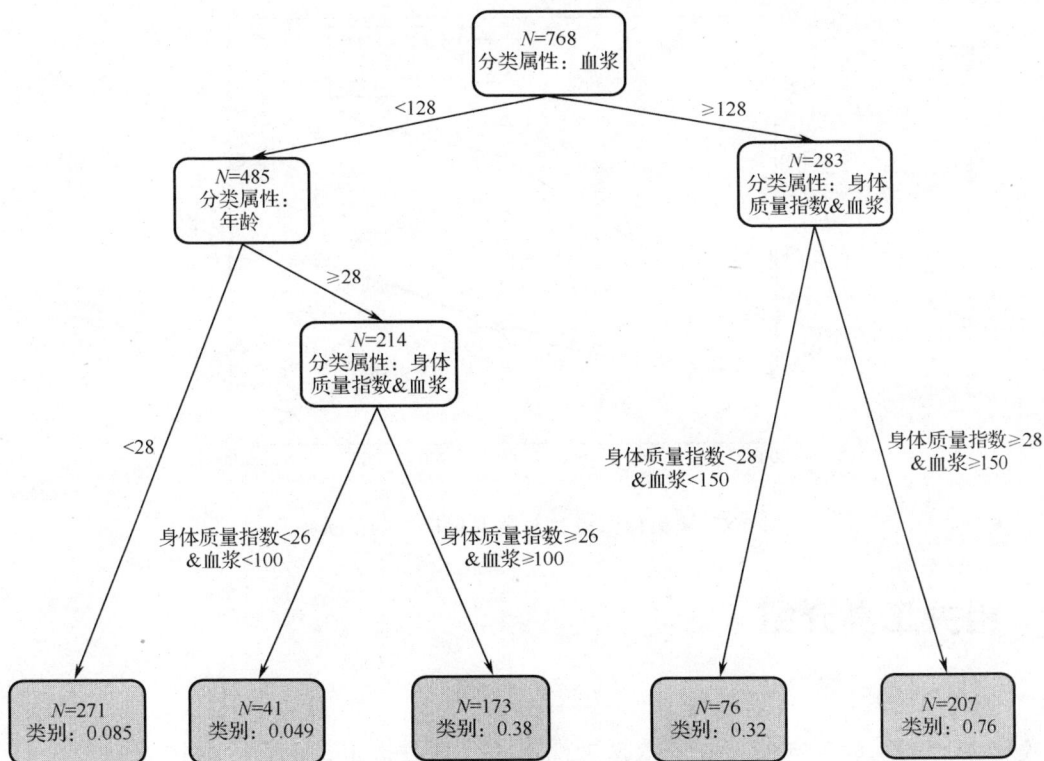

图 6.7 FR-MDT 树

表 6.13 Abalone 数据集部分数据

性别	长度/mm	直径/mm	高度/mm	全重/g	去壳重量/g	内脏重量/g	壳重量/g
1	0.455	0.365	0.095	0.514	0.2245	0.101	0.15
1	0.35	0.265	0.09	0.2255	0.0995	0.0485	0.07
2	0.53	0.42	0.135	0.677	0.2565	0.1415	0.21
1	0.44	0.365	0.125	0.516	0.2155	0.114	0.155
3	0.33	0.255	0.08	0.205	0.0895	0.0395	0.055
…	…	…	…	…	…	…	…
1	0.56	0.43	0.155	0.8675	0.4	0.172	0.229
2	0.565	0.45	0.165	0.887	0.37	0.239	0.249
1	0.59	0.44	0.135	0.966	0.439	0.2145	0.2605
1	0.6	0.475	0.205	1.176	0.5255	0.2875	0.308

注："性别"列中的 1 代表雄性；2 代表雌性；3 代表幼仔。

　　实验中，将样本数设置为 200、400、600、800 和 1000，比较该算法在数据集增大时的性能变化。图 6.8 给出了决策树节点数与数据集的关系图。由该图可以看出，WFC4.5 算法的节点数增加速度最快，当样本数增加时，树的规模快速增大，而 FR-MDT 算法树的规模增加有限，可以在一定程度上避免过度拟合和属性重复选择的问题。

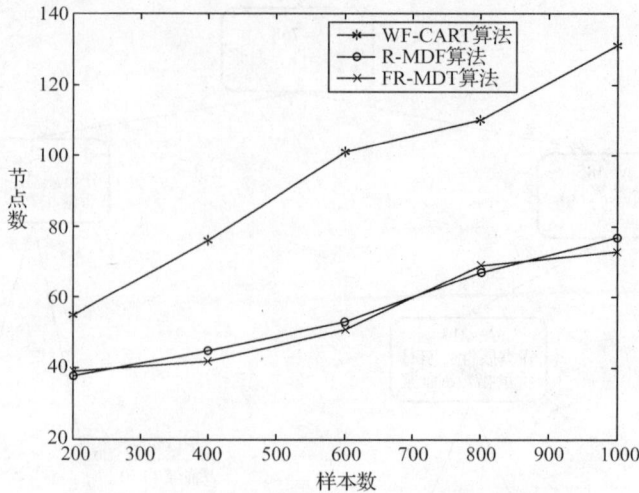

图 6.8　决策树节点数与数据集样本数的关系图

6.6　相关工具介绍

6.6.1　JMP

JMP 是一款功能强大的交互式数据可视化和统计分析工具。使用 JMP 来执行分析并通过数据表、图形、图表、报表与数据进行交互，可以更多地了解数据。JMP 支持研究人员执行大量的统计分析和建模。业务分析人员同样可以使用 JMP 来快速发现数据的趋势和模式。JMP 具有以下特点。

- 交互式可视化数据探索能力：JMP 的"图形生成器"帮助用户仅靠鼠标单击和拖拉就能方便地从各个维度进行数据可视化探索；JMP 的图形和图形、图形和数据表之间动态链接，仅仅在图形间单击鼠标就能初步找到问题的所在；JMP 可以用动画的方式演示统计学原理以及如何解决问题；"控制图生成器"使用户不必拘泥于固定的控制图模式，而是将数据探索的过程融合在控制图制作过程中，既能生成所需控制图，又能有效探索流程失效的原因。

- 易学易用：引导性菜单设计，充分降低使用难度，缩短学习时间；图形与报表紧密结合（而非相互独立）的分析报告，易于分析和解读；以"解决问题"为中心的菜单设计，特别有助于提升解决问题的能力；以简单的方式实现复杂高效的分析，重点在于解决实际问题，而不是学习统计原理；有效的防错设计，最大可能地防止因为错用统计方法而得到不正确的结果。

- 全面而强大的分析能力：支持所有常用的分析工具（包括统计分析方法、分析图形等）；更能提供诸多实用的高级功能，包括高级实验设计、数据挖掘（决策树、神经网络）、专业模拟功能等；软件本身对数据表的大小没有限制；强大的海量数据分析能力；可以用生动的图形表现几乎所有的复杂统计模型；JMP 脚本语言 JSL 能实现分析自动化（Analysis Atomization），开发拓展功能。

- 易于部署及推广成功经验：支持 Windows、Macintosh 两大主流操作系统；JMP 可以直接打开其他格式的文件（如 Excel 文件、Access 文件、Text 文本文件、SAS 文件、dBase 数据库文件、Minitab 文件等）；JMP 可以通过 ODBC 和 SQL 访问并查询大型数据库（如 Oracle、DB2、SQL Server、Sybase 等）；JMP 可以直接将数据文件输出另存为其他格式（如 Excel 文件、Text 文本文件、SAS 文件、dBase 数据库文件等）；在 JMP 平台上可以实现数据清洗、数据整合、数据定义等所有数据前期准备工作；JMP 的"数据筛选器"提供友好的菜单界面供用户进行数据查询和选择；JMP 自带的编程语言 JSL 可供用户进行二次开发，以便执行数据整理自动化、数据分析自动化、报表制作自动化，提高工作效率。

在 JMP 中建立决策树模型十分方便，且输出结果美观，便于理解。JMP 中提供的决策树算法为分类回归树算法（CART 算法），生成的树是二叉树。它对每个分割点都是分为两个子集。分类回归树在分类属性不同的情况下，当分类属性为连续时称为回归树，当分类属性为离散时称为分类树。利用 JMP 建立分类回归树模型的案例如下所示。

（1）选择分析→预测建模→分割，以 JMP 自带的 Titanic.jmp 为例。

（2）打开分割对话框→选择响应、因子。

（3）单击确定生成决策树模型，根据候选项中数据表明，第一次拆分的最佳拆分因子为性别。

（4）选择最佳拆分，并且勾选 ROC 曲线，则得到如图 6.9 所示的 JMP 的分类回归树。

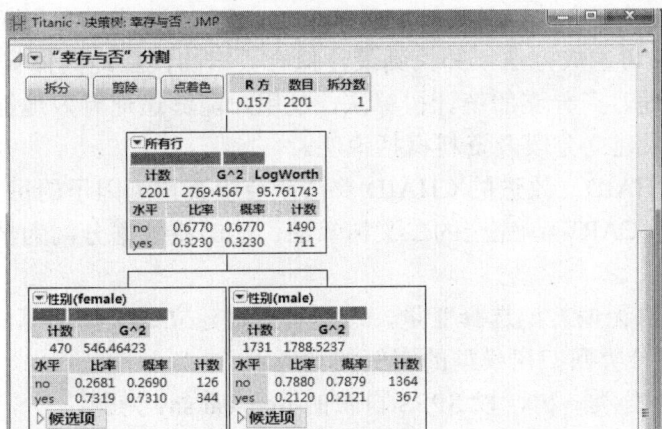

图 6.9　JMP 的分类回归树

6.6.2　SPSS 软件

SPSS（Statistical Product and Service Solutions，统计产品和服务解决方案）是世界上最早的统计分析软件，它应用于自然科学、技术科学、社会科学的各个领域。迄今为止，SPSS 软件已有 30 余年的成长历史，全球约有 25 万家产品用户，分布于通信、医疗、银行、证券、保险、制造、商业、市场研究、科研教育等多个领域和行业，是世界上应用最广泛的专业统计软件。

SPSS 是世界上最早采用图形菜单驱动界面的统计软件，其最突出的特点是操作界面非常友好，输出结果美观，它将几乎所有的功能都以统一、规范的界面展现出来，使用 Windows 的窗口方式展示各种管理和分析数据方法的功能，对话框展示出各种功能选择项。SPSS 软件采用类似 Excel 表格的方式输入与管理数据，数据接口较为通用，能方便地从其他数据库中读入数据。SPSS 软件具有以下特点。

- 操作简便：以对话框方式操作，绝大多数操作过程可通过单击鼠标完成。
- 在线帮助方便：用户可在 SPSS 的任一过程中获得帮助，查询主题和索引，根据帮助框中的指导进行操作。
- 数据转换功能较强：可存取和转换多种数据类型，如 dBase、Lotus、Excel、ASCII 文件等。
- 数据管理功能强大：集数据录入、转换、检索、管理、统计分析、作图、制表及编辑功能于一身。
- 程序生成简化：系统能将对话框指定的命令、子命令和选择项等内容自动编写成 SPSS 命令语句，并可以编辑，继而形成 SPSS 环境下的可执行程序文件。
- 统计分析方法全面、丰富：含有最新的统计方法，如对应分析、联合分析、多分类变量的 Logistic 回归分析等。
- 结果输出规范：输出结果主要为图形方式，规范而简洁，还可根据个人要求编辑输出方式。

SPSS Classification Trees 能够在 SPSS 环境下直接创建分类回归树，快速并准确地识别群体，发现群体之间的关系并预测未来事件，可应用分类决策树于分段、分层、预测、数据降维、变量筛选、类别合并以及连续变量离散化。SPSS 提供的分类树算法有四种，用户能够尝试不同类型的树生成方法，并找到最佳拟合数据的模型，具体算法如下。

- CHAID：快速、多分支的统计树算法，使用户能够迅速有效地探索数据，根据所希望的分类结果建立分段及资料概括说明。
- Exhaustive CHAID：改进的 CHAID 算法，会检查预测因子的每种可能分割。
- 分类回归树（CART）：完全的二叉树算法，能够将数据分割为精确、类似同质的子集合。
- QUEST：可以无偏差地选择变量，迅速有效地建立二叉树的算法。

利用 SPSS 生成分类回归树模型的案例如下所示：

（1）选择分析→分类→树，以 SPSS 自带的 tree_car.sav 为例。

（2）打开决策树对话框→选择自变量、因变量和分类算法。

（3）单击"确定"按钮，得到如图 6.10 所示的 SPSS 的回归树分析。

6.6.3 R 语言

R 是一个有着强大统计分析及作图功能的软件系统，在 GNU 协议下免费发行。R 是贝尔实验室的 Rick Becker、John Chambers、Allen Wilks 开发的 S 语言的一种实现或形式，因此，R 也是一种语言。R 具有以下特点。

- 免费：R 是一个免费的统计分析软件（环境）。
- 浮点运算功能强大：R 可以作为一台高级科学计算器，因为 R 同 MATLAB 一样不需要编译就可以执行代码。
- 不依赖于操作系统：R 可以运行在 UNIX、Linux、Windows、Macintosh 等操作系统上。

Price of primary vehicle
Node 0 — Mean 29.881; Std. Dev. 21.576; n 3110; % 100.0; Predicted 29.881

Income category in thousands Improvement=347.883

- <= $50 - $74 → Node 1 — Mean 18.663; Std. Dev. 8.114; n 2286; % 73.5; Predicted 18.663
- > $50 - $74 → Node 2 — Mean 60.928; Std. Dev. 16.163; n 824; % 26.5; Predicted 60.928

Node 1 — Income category in thousands Improvement=32.340

- <= $25 - $49 → Node 3 — Mean 14.854; Std. Dev. 4.994; n 1719; % 55.3; Predicted 14.854
- > $25 - $49 → Node 4 — Mean 30.213; Std. Dev. 3.521; n 567; % 18.2; Predicted 30.213

Node 2 — Age in years Improvement=5.411

- <= 41.5 → Node 5 — Mean 52.644; Std. Dev. 13.069; n 189; % 6.1; Predicted 52.644
- > 41.5 → Node 6 — Mean 63.393; Std. Dev. 16.184; n 635; % 20.4; Predicted 63.393

Node 3 — Income category in thousands Improvement=8.372

- <= Under $25 → Node 7 — Mean 9.463; Std. Dev. 1.966; n 589; % 36.3; Predicted 9.463
- > Under $25 → Node 8 — Mean 17.663; Std. Dev. 3.589; n 1130; % 36.3; Predicted 17.663

Node 4 — Age in years Improvement=0.027

- <= 40.5 → Node 9 — Mean 29.783; Std. Dev. 3.515; n 255; % 8.2; Predicted 29.783
- > 40.5 → Node 10 — Mean 30.563; Std. Dev. 3.493; n 312; % 10.0; Predicted 30.563

Node 5 — Level of education Improvement=0.264

- <= High school degree → Node 11 — Mean 49.823; Std. Dev. 10.021; n 61; % 2.0; Predicted 49.823
- > High school degree → Node 12 — Mean 54.064; Std. Dev. 14.104; n 128; % 4.1; Predicted 54.064

Node 6 — Age in years Improvement=1.039

- <= 46.5 → Node 13 — Mean 59.170; Std. Dev. 15.273; n 141; % 4.5; Predicted 59.170
- > 46.5 → Node 14 — Mean 64.599; Std. Dev. 16.249; n 494; % 15.9; Predicted 64.599

Node 7 — Age in years Improvement=0.176

- <= 55.5 → Node 15 — Mean 9.988; Std. Dev. 1.489; n 462; % 14.9; Predicted 9.988
- > 55.5 → Node 16 — Mean 7.625; Std. Dev. 2.363; n 127; % 4.1; Predicted 7.625

Node 8 — Age in years Improvement=0.169

- <= 32.5 → Node 17 — Mean 16.674; Std. Dev. 3.458; n 364; % 11.7; Predicted 16.674
- > 32.5 → Node 18 — Mean 18.134; Std. Dev. 3.556; n 766; % 24.6; Predicted 18.134

Node 14 — Level of education Improvement=0.636

- <= High school degree → Node 19 — Mean 62.768; Std. Dev. 16.010; n 269; % 8.6; Predicted 62.768
- > High school degree → Node 20 — Mean 66.787; Std. Dev. 16.296; n 225; % 7.2; Predicted 66.787

Node 15 — Age in years Improvement=0.022

- <= 25.5 → Node 21 — Mean 9.394; Std. Dev. 1.577; n 142; % 4.6; Predicted 9.394
- > 25.5 → Node 22 — Mean 10.223; Std. Dev. 1.376; n 320; % 10.3; Predicted 10.223

Node 17 — Age in years Improvement=0.058

- <= 26.5 → Node 23 — Mean 15.593; Std. Dev. 3.180; n 107; % 3.4; Predicted 15.593
- > 26.5 → Node 24 — Mean 17.128; Std. Dev. 3.473; n 257; % 8.3; Predicted 17.128

Node 18 — Age in years Improvement=0.020

- <= 56.5 → Node 25 — Mean 18.233; Std. Dev. 3.559; n 682; % 21.9; Predicted 18.233
- > 56.5 → Node 26 — Mean 17.326; Std. Dev. 3.447; n 84; % 2.7; Predicted 17.326

Node 19 — Age in years Improvement=0.484

- <= 57.5 → Node 27 — Mean 61.076; Std. Dev. 15.753; n 178; % 5.7; Predicted 61.076
- > 57.5 → Node 28 — Mean 66.077; Std. Dev. 16.078; n 91; % 2.9; Predicted 66.077

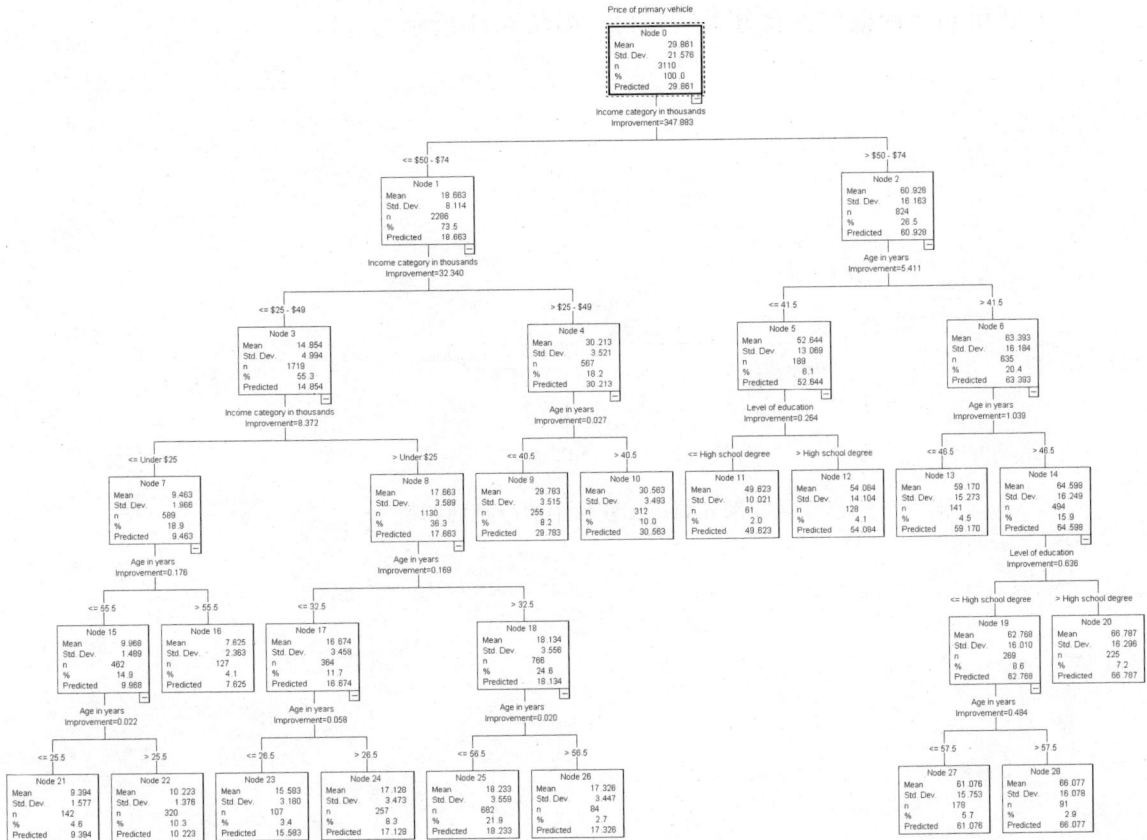

图 6.10 SPSS 的回归树分析

- 帮助功能完善：R 嵌入了一个非常实用的帮助系统——随软件所附的 PDF 或 HTML 帮助文件可以随时通过主菜单打开浏览或打印，通过 help 命令可以随时了解 R 所提供的各类函数的使用方法和例子。
- 作图功能强大：其内嵌的作图函数能将产生的图片展示在一个独立的窗口中，并保存为各种形式的文件。
- 统计分析能力尤为突出：R 内嵌了许多实用的统计分析函数，统计分析的结果也能被直接显示出来，一些中间结果既可保存到专门的文件中，也可以直接用于进一步的分析。R 的部分统计功能整合在 R 语言的底层，但是大多数功能以包的形式提供。
- 可移植性强：R 程序易于移植到 S-PLUS 程序中；R 与 MATLAB 有许多相似的地方，通过 R.MATLAB 程序包可实现两者之间许多功能的共享；许多常用的统计分析软件（如 SPSS、SAS、Excel）的数据文件可读入 R。
- 强大的扩展与开发能力：R 是开发新的交互式数据分析方法的一个非常好的工具。

R 语言中利用包实现决策树算法，最常用的决策树包为 rpart。rpart 包中有针对 CART 算法提供的函数，比如 rpart 函数以及用于剪枝的 prune 函数。rpart 函数的基本形式如下：

rpart（formula，data，subset，na.action=na.rpart，method.parms，control，…）

利用 R 语言生成决策树模型的案例如下所示。

（1）导入 rpart 包，rpart 函数和 summary 函数得到分类回归树各个节点的各项值。

（2）利用 plot 函数可视化分类回归树（如图 6.11 所示）。

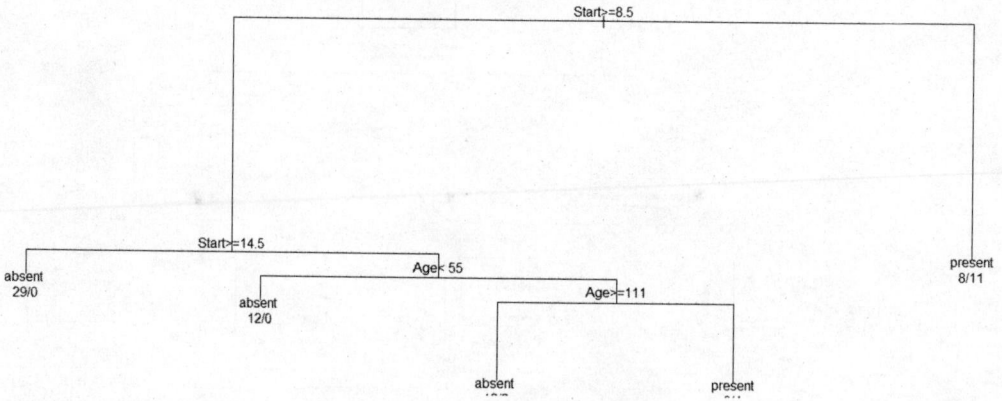

图 6.11　R 软件中的分类回归树

第 **7** 章 航母无人舰载机作战效能分析

　　体系计算实验应用性极强，相关方法的有效性必须通过应用进行验证和说明。本章借鉴了美国海军研究生院开展的航母无人舰载机作战效能分析案例，参照其中的想定、模型、数据假设、实验设计和仿真结果分析过程，对相关的研究结果进行了复现。需要强调的是，随着装备技术和军事战略的快速发展，该项研究的相关假定和结论与当前的装备发展可能存在一定差距，但其实验过程、实验设计与分析方法仍然值得我们借鉴。

7.1 研究背景

1. 问题需求

美国海军航空装备在过去若干年里发生了巨大变化。这种变化的催化剂是苏联的解体以及恐怖组织策划了 2001 年 9 月 11 日的恐怖袭击。从体积庞大、作战半径长、作用单一的飞机，如 F-14B 雄猫和 A-6 入侵者，向体积更小、作战半径更短、多用途的飞机转变，例如 F/A-18C "大黄蜂"和 F/A-18E/F "超级大黄蜂"。自 1983 年以来，F/A-18 被誉为"杀手锏"飞机，并且证明了其具备非常出色的投送能力和格斗能力。在"沙漠风暴"行动中，一部分 F/A-18 飞行员坚信在完成轰炸地面目标任务时，一架 F/A-18 能够比两架米格-21 更出色。自从其问世以来，F/A-18 相继在可用性、可靠性和可维护性上打破了已有记录（美国科学家联合会，2010 年）。F/A-18 几乎可以取代除 E-2C"鹰眼"空中预警机（Airborne Early Warning，AEW）和 MH-60 "海鹰"直升机之外的所有航母舰载机。

F-35C "闪电 II"联合打击战斗机（Joint Strike Fighter，JSF）目前正处于测试阶段且计划取代旧的 F/A-18C。F-35C 装备的传感器和航空电子设备汲取了多年来的科技进步成果，极大地提高了隐身能力且实现了维修性和可靠性的改进。

虽然在以上方面进步显著，但是 F/A-18 和 F-35C 在其作战半径和续航能力上都表现不佳。里根政府时期，典型的航母舰载机包括 F-14B、A-6 以及其他飞机的作战半径超过 800 海里。相比之下，目前的 F/A-18 飞机在采用典型的空中和地面攻击武器配置时，作战半径仅限于大约 400 海里。据预计，未来的 F-35C 只会将作战半径扩大大约 100 海里（简氏世界，2009 年）。

在"空战持久自由行动"中可以看出飞机作战半径的大小是如何影响海军支援能力的。美国 F/A-18 战机从驻扎在北阿拉伯海的航母上起飞，往北飞，沿着近 400km 巴基斯坦的空域走廊，才能到达位于阿富汗南部的第一个补给站。补给后，它们可以支援地面部队大约 2h 然后进行第二次补给。F/A-18 的全体机组人员将在机场花大约 2h，然后再进行第三次补给并向南转移，并最终在航母上进行降落维护。补给需要花费时间，并要求飞机离开其责任区域进入到补给区域。这大大降低了其作战持久性，即飞机在关注领域上空的留空能力。

2. 背景和动机

美国海军一直致力于研制和开发海军无人作战系统（Navy Unmanned Combat Air System，NUCAS）。NUCAS 是战斗机大小的飞机，能够执行多种任务，包括纵深打击，情报、监视和侦察（ISR），打击时敏目标（Time Sensitive Targeting，TST），空中加油（Aerial Refueling，AF）等。NUCAS 项目将大大推进航母舰载机编队有人和无人飞机的协同作战能力。美国海军预计 NUCAS 将大大提高航母舰载机编队的可操作性、战斗力和机组人员的生存能力。

NUCAS 有可能恢复美国海军的纵深打击能力，延长有效作战行动所需的作战半径。预计在 1500～2100 海里范围内，NUCAS 应该能够深入敌方领土内打击目标。NUCAS 也正在发展接收空中加油的能力，从而可以几乎无限延长 NUCAS 的作战半径。如果 NUCAS 可以实现空中加油，NUCAS 将可以在空中停留数百小时，这样不用担心有人飞机所面临的生理局限，如飞行员疲劳或相关的性能限制等。这不仅有利于提高海军的纵深打击能力，也能增加 NUCAS 的潜在巡逻时间，可以由 NUCAS 实现时间不限的 ISR 作战任务支持。

在已经比较拥挤的 4.5 英亩的现代海军航母内，NUCAS 必须与其他 70 多架喷气式飞机和旋转翼飞机进行有效、安全的整合。当前，由诺斯罗普·格鲁门公司负责研制的 X-47B 是典型的 NUCAS，目前仍处于开发阶段。其当前目标是：证明在航母上降落的技术可行性，继续完善相关的着舰和集成技术，开展 NUCAS 在真实航母上的降落试验测试。美海军一旦论证了 NUCAS 在航母上降落的可行性，将进一步推进 NUCAS 在航母舰载机编队中的服役进程。

3．NUCAS 使命

由于 NUCAS 是为了满足扩大作战半径和巡逻时间的需求而应运而生的，因此最显而易见的两个任务是情报、监视和侦察（ISR），打击时敏目标（TST）。NUCAS 的空对地使命可能包括近距离空中支援（Close Air Support，CAS）、远程火力打击和协同打击。NUCAS 的下一步使命还可能扩展到空对空作战能力、进攻性制空作战（Offensive Counter Air，OCA）和防御性制空作战（Defensive Counter Air，DCA）能力。本章参考的 NPS 论文关注的是 NUCAS 协同打击任务。

4．论证问题

该论文的研究目标是如何通过使用仿真、实验设计和数据分析对 NUCAS 进行评估。在具体评估协同打击想定下，利用 NUCAS 进行空对地攻击，F/A-18 和 F-35C 进行进攻性制空作战（OCA）。其研究的具体问题包括：

● 如何组合有人和无人飞机会使得任务的成功率最大？
● 在 NUCAS 完成使命时，哪些因素会降低有人和无人飞机的损失率？

5．研究成果

美国海军航空系统司令部（NAVAIR）负责规划未来的飞机和飞机相关的武器系统能力。在有效整合 NUCAS 过程中，将确定未来航母舰载机编队中需要配备多少无人作战飞机；这些无人机需要提供哪些功能；这些无人机会对现有的空中作战带来哪些影响。通过该项研究结果可以对相关问题提供初步的见解和认识，帮助海军决策者解决这些问题。这里可以将其作为面向航母舰载机编队作战分析的体系计算实验示例，类似方法还可以用来评估各种涉及 NUCAS 的航母舰载机编队的各项任务。对于已经通过论证阶段 NUCAS 研究，将需要设计开发面向 NUCAS 作战能力以及如何配合舰载机编队进行作战的更详细的仿真模型。

6．计算实验方法

美国海军研究生院利用计算实验分析技术开发和执行仿真模型，为 NUCAS 完成多种使命任务能力提供了一些预先研究基础。他们采用基于 Agent 的仿真系统 MANA 建立仿真想定，通过实验设计技术和程序设计来实现 NUCAS 在不同参数和环境下如何进行作战实验。通过使用 MANA，可以比较快速地建立基本的作战想定，然后利用数据耕耘技术进行后续研究。在数据耕耘过程中，可以根据实验设计选择不同的仿真参数建立一系列精心挑选的参数组合。每一种参数组合都经过多次仿真，并且通过仿真数据分析确定哪些因素对任务成功具有较大的影响。这将有助于未来的开发人员专注于那些对任务成功影响较大的因素，从而更好地发挥 NUCAS 的作用并提高其作战效能。

7.2　想定、模型和数据

7.2.1　使命想定

航母战斗群（Carrier Strike Group，CSG）行驶到对方的海岸附近。情报显示对方将在海岸线附近重建一个陆基反舰导弹系统。

1. 对方兵力

对方的防御包括××飞机的两个中队。所有敌机从已知的、位于海岸附近的机场起飞。情报显示，对方的飞机定期沿着海岸线附近执行战斗空中巡逻（Combat Air Patrol，CAP）任务。相关情报还表明，对方有警戒飞机可以在短时间内从机场起飞。对方有一个非常强大的预警探测系统，具有对目标进行分类以及针对目标进行空中通信和地面控制拦截（Ground Controlled Interception，GCI）的能力。

2. 美方兵力

航母舰载机编队（Carrier Air Wing，CAW）由三个中队的战术飞机组成：F/A-18F"超级大黄蜂"、F-35C 闪电 II，以及 NUCAS 攻击飞机。F/A-18F 和 F-35C 配置空对空武器系统，主要负责保护攻击飞机。NUCAS 攻击飞机配备空对地武器系统。NUCAS 攻击飞机是无人驾驶飞机，有利于回避对方目标区域的重大威胁。

3. 地形和范围

作战区域（Area of Operations，AOO）是一个边长为 500 海里的正方形区域，对方位于该区域的北边，航母战斗群（CSG）位于南边。对方××飞机在机场待命，可以对任何接近其海岸的威胁进行快速响应。对方飞机场位于东北海岸，将派遣飞机拦截入境的空中威胁。

4. 使命

航母空中打击编队（Carrier Air Group，CAG）被命令实施协同空袭威胁目标的行动。主要目标是在海岸附近的反舰导弹系统。F/A-18F 和 F-35C 飞机将针对其遇到的任何敌方飞机展开进攻性空中防御。NUCAS 将使用 GPS 制导炸弹攻击目标。假设 EA、C3 和信号情报能力将由其他飞机提供，但不需要在仿真模型中明确地表示。图 7.1 显示了协同打击想定情景下的 MANA 表现场景。

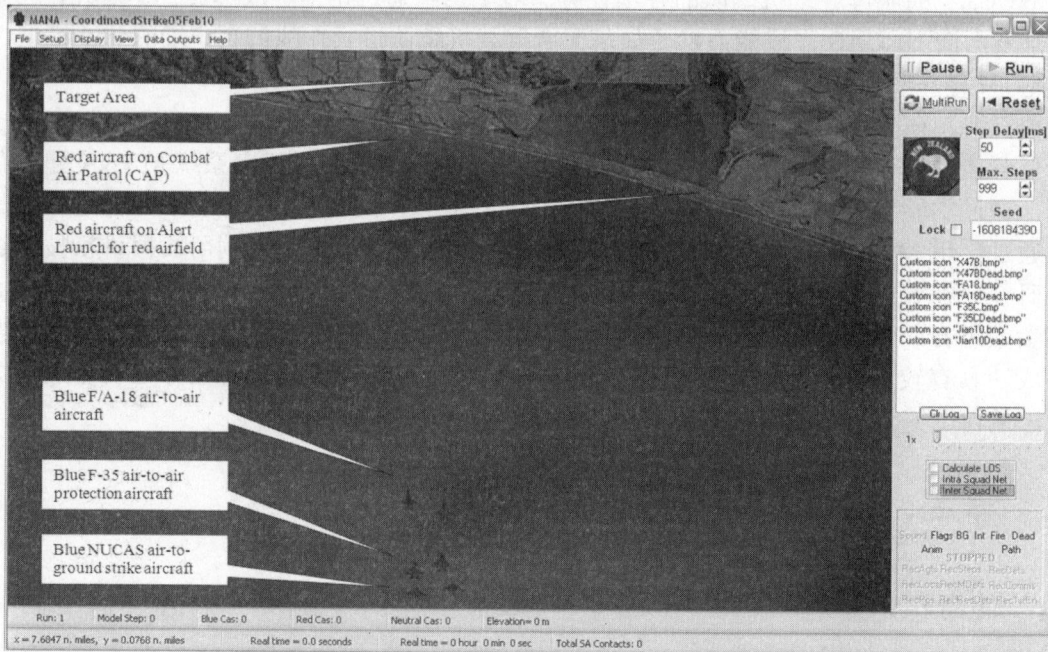

图 7.1　协同打击想定情景下的 MANA 表现场景

7.2.2　建模仿真需求

1．仿真目的

NUCAS 仍然处于开发过程中，从 2010 年年初开始进行了一些有限的飞行测试。直到 2010 年年底，真正的 NUCAS 着舰试验还没有进行。预计到 2015 年，还不能建成一个中队的 NUCAS。使用一个实际的飞机与敌方威胁进行实战是不现实的，因此只能采取仿真方法。

这里的仿真想定用于研究哪些因素会对单个飞机的能力存在影响从而影响到任务的成功与否。对于该想定，任务成功的衡量标准是友方的 Agent 成功毁伤目标区；同时还要考虑到友方的损失，如果为毁伤一个目标而损失 95%的友方兵力则不被视为任务成功。

为了判定任务是否成功，仿真中要考虑影响作战单元的各种因素，包括位置、数量、是否隐身、各种传感器和武器的特点。通过实验设计技术，该研究为每个友方和敌方 Agent 的上述因素安排不同的取值，创造了数量丰富的组合用来进行评估和分析。

2．时间、范围和地图

MANA 和 SEAS 的仿真机制均采用时间步长的推进方式。仿真开始时需要将仿真时钟配置为现实世界事件发生的时间。本项研究以 60s 作为时间步长。仿真时间通常不超过 300 步，对应现实世界不到 5h 的时间。战场区域是 500 海里×500 海里的地理区域。

3．红方兵力

该想定红方兵力拥有 3 类实体，如表 7.1 所示。

表 7.1　仿真中的红方兵力

Agent	描述
CAP ××飞机	仿真开始时处于巡逻飞行的飞机
Alert ××飞机	机场待战飞机，可以根据命令引导随机起飞
Target Area	地基反舰导弹阵地

MANA 中使用术语"小队"来描述多个 Agent 的集合。该想定开始仿真时，所有 Agent 都部署在其初始位置上，其初始位置由静止位置和以静止位置为中心的矩形范围所决定。负责巡逻的××飞机都位于机场，负责警戒的××飞机停留在其相应的机场。仿真开始后，一个 3600s（1h）的倒数计时器被激活。倒计时结束后，负责警戒的××飞机以随机的时间间隔起飞。

MANA 中"编队特性"决定小队在遇到红方威胁时如何进行反应。各种级别的编队特性可以从-100 到+100 进行调整，从而使得可以存在各种各样的编队特性和行为。例如，一个编队分配的值为-100，该编队在遇到"红方威胁"时将只是远离这种威胁。相反，编队分配的值为+100 时，遇到"红方威胁"将接近它并与之交战。当设置值为+100 时，负责巡逻的××飞机和负责警戒的××飞机在遇到"红方威胁"时都会对威胁进行追击。

影响飞机编队的另一个因素是 MANA 内置的"隐身能力"。隐身能力会影响飞机编队在一个时间步长内被发现的概率。例如，一个编队的隐蔽性为 1.00 是指完全不可见。相反，一个编队的隐蔽性为 0.0 是指完全可见的。例如，××飞机的隐蔽性值与飞机本身的隐身性能有关。所有的××飞机编队都给出了一个调整后的隐蔽级别，是基本隐蔽性的 25%～90%。

这相当于真实世界的雷达反射截面积（RCS）为 0.75～0.1m^2。

传感器的探测范围也是可以变化的。××飞机的传感器探测范围最大极限为 100 000m（621.4 英里）。最大探测距离用来模拟红方对空中目标进行威胁分类时的探测距离优势。假设红方已经建立了禁飞区，任何飞机接近海岸线附近的禁飞区将被认为是怀有敌意的并会对其进行攻击。

MANA 也支持为每个飞机编队配置各种各样的武器。××飞机主要配备两种空空导弹，即 MAA 中程雷达制导导弹和 SAA 短程红外制导导弹。MAA 和 SAA 数量，攻击距离和毁伤概率（P_k）可以在 MANA 中进行调整。通过实验设计，可以在仿真过程中调整每一个因素。表 7.2 描述了这些因素以及它们的取值范围。

"目标区域"同样被表示为一个编队。然而，目标区域与其他编队非常不同，因为它不具有运动属性、攻击等级、武器和传感器。目标区域只有两个参数：第一个是对 NUCAS 的威胁级别；第二个参数是需要 NUCAS 两次命中才能毁伤目标区域。

表 7.2　红方影响因素及取值范围

Agent	影响因素	最小值	最大值	说明（单位）	注释
××飞机 CAP	Agent 数量	1	20	飞机数量	
	移动速度	25	80	速度（10 节）	
	隐身能力	25	90	探测概率（%）	0.75～0.1m^2 RCS
	MAA 武器数量	1	6	机载武器数量	
	MAA 武器距离	5632	8046	武器攻击距离（10m）	35～50 英里
	MAA 武器命中概率	0	1	目标命中概率（%）	
	SAA 武器数量	2	4	机载武器数量	
	SAA 武器距离	322	1609	武器攻击距离（10m）	2-10 英里
	SAA 武器命中概率	0	1	目标命中概率（%）	
××飞机 Alert	Agent 数量	1	20	飞机数量	
	移动速度	25	80	速度（10 节）	
	隐身能力	25	90	探测概率（%）	0.75～0.1m^2 RCS

4. 蓝方美军兵力

该想定中，蓝方美军兵力主要拥有 3 类实体（如表 7.3 所示）。

表 7.3　蓝方兵力

Agent	描述
NUCAS	配备空对地炸弹的无人作战飞机
F/A-18F	配备空对空导弹的 OCA 飞机
F-35C	配备空对空导弹的 OCA 飞机

仿真开始时，美军编队位于作战区域的南部。NUCAS 位于最南部的起始位置。由于 NUCAS 是唯一配备空对地武器的飞机，其他飞机需要保护 NUCAS 免受空对空的威胁。这些保护 NUCAS 的飞机被称为进攻性防空（OCA），它们有责任清除领空的敌机。F-35C 和

F/A-18F 是进攻性防空部队。

NUCAS 和其他的蓝方飞机编队的攻击特性有很大的不同。NUCAS 有两个威胁等级，用来区分××飞机的威胁和目标区域的威胁。当分配的权重为+100 时，NUCAS 将继续接近目标区域，当分配的权重为−30 时，NUCAS 将远离××飞机的威胁。F/A-18 和 F-35C 只有一个针对××飞机的威胁等级，当分配的权重为+100 时将接近威胁飞机并与之交战。此外，为了保持所有蓝方飞机编队沿着飞行路径飞行，当分配的权重为+30 时，飞机沿着指定的航线点飞行。

MANA 中蓝方编队隐蔽性描述与××飞机相同，只是 F-35C 和 NUCAS 的数值较大，这样表示它们的雷达反射截面积相对要小一些。表7.4 给出了仿真模型中每一类美方飞机的隐蔽性能。

传感器可以提供不同的探测性能。美方飞机编队的传感器系统的数据是保密的，但从非机密的信息源（例如《简氏飞机》）可以获得合理的数据。NUCAS 传感器系统尚未开发，因此对其必须进行假设。由于 NUCAS 的体积要小于 F/A-18，我们假定它的传感器系统也应该相应较小，因此假设其传感器系统与 F/A-18C/DF 飞机相似。F-35 的雷达 AN/APG-81 相对于目前的 F/A-18 的 AN/APG-74 拥有更大的探测范围和探测能力。表7.4 给出了美方飞机编队根据 RCS 对传感器的分类。

表 7.4 美方影响因素及取值范围

Agent	影响因素	最小值	最大值	说明（单位）	注释
NUCAS	Agent 数量	1	12	飞机数量	
	移动速度	25	65	速度（10 节）	
	隐身能力	98	100	探测概率（%）	0.0015～0.0001m² RCS
	传感器探测距离	9656	16093	探测距离（10m）	60～100 英里
	传感器探测视场宽度	40	120	视场宽度角（°）	
	GBU-31 武器数量	1	2	机载武器数量	
	GBU-31 武器距离	805	2736	武器攻击距离（10m）	5～17 英里
	GBU-31 武器命中概率	0	1	目标命中概率（%）	
F/A-18F	Agent 数量	1	12	飞机数量	
	前出距离	47.5	27.5	在 NUCAS 前面的距离	0～200 海里
	隐身能力	25	90	探测概率（%）	0.75～0.1m² RCS
	传感器探测距离	9656	16093	探测距离（10m）	60～100 英里
	传感器探测视场宽度	40	120	视场宽度角（°）	
	AIM-120 武器数量	1	6	机载武器数量	
	AIM-120 武器距离	4989	15289	武器攻击距离（10m）	31～95 英里
	AIM-120 武器命中概率	0	1	目标命中概率（%）	
	AIM-9 武器数量	2	4	机载武器数量	
	AIM-9 武器距离	966	1770	武器攻击距离（10m）	6～11 英里
	AIM-9 武器命中概率	0	1	目标命中概率（%）	

Agent	影响因素	最小值	最大值	说明（单位）	注释
F-35C	Agent 数量	1	12	飞机数量	
	前出距离	47.5	27.5	在 NUCAS 前面的距离	0~200 海里
	隐身能力	98	100	探测概率（%）	0.005~0.0015m² RCS
	传感器探测距离	9656	19312	探测距离（10m）	60~120 英里
	传感器探测视场宽度	40	180	视场宽度角（°）	

美方飞机编队配备的武器系统与红方非常相似。F/A-18F 和 F-35C 配备空对空武器系统，将携带 AIM-120 先进中程空对空导弹和 AIM-9 "响尾蛇" 导弹。AIM-120 是一种中程主动雷达制导导弹，AIM-9 是一种短距红外制导导弹。AIM-120 和 AIM-9 包括三个属性：数量、范围和命中概率。

NUCAS 携带两枚 JDAM。JDAM 是用于攻击地面目标的 2000 磅重的 GPS 制导炸弹。F/A-18F，F-35C 和 NUCAS 的武器系统属性也列于表 7.4 中。

7.2.3 数据来源、模型抽象和假设

输入数据的来源、模型的抽象和假设都非常重要。本项实验中的性能参数是通过多种非保密途径获得的，包括简氏飞机、美国科学家联合会、全球安全非营利性组织以及各种关于飞机和武器系统的公司网站。

空战与物理环境具有非常紧密的联系，重量、推力、阻力和升力是其中最普遍的参数。空战发生在一个三维空间，高度优势会驱动作战策略的发展。现代武器（包括导弹和自导炸弹）也更适合在物理环境和三维空间中进行研究。MANA 在高度上的表示能力非常有限，因此，本章参考的 NPS 论文中所有飞机编队和武器都放置在相同的作战高度进行仿真。总之，仿真模型将三维空战抽象为二维。

NPS 论文研究中，传感器和武器的范围也非常简单。在仿真中，每一个飞机编队使用一个单一范围。这不同于现实世界的探测概率随着距离的增大而降低的规律。武器杀伤范围和命中概率也采用同样的处理办法，每一种武器只有一个单一的数值而不考虑其变化。MANA 能够为不同的距离分配不同的命中概率，但是在 NPS 论文中由于没有考虑到海拔高度而未实现这一功能。

燃油消耗在 MANA 中被抽象为有限的燃油供应。相应的 Agent 可以赋予每个时间步长的燃料消耗量。然而，作战飞机消耗燃料的速率不是恒定不变的，燃油的消耗量与飞机速度、高度和配置等众多因素有关。由于协同打击想定不考虑被仿真飞机的作战半径，因此在仿真中未考虑燃油对其作战过程的影响。

该想定假设所有的通信都是无损的且没有通信距离的限制。

设备故障和操作失误是困扰当今飞机构造系统的重要因素。在仿真中假定不存在设备故障，武器系统命中概率的取值范围是 0.0~1.00。

"从本质上讲，所有的模型都是错误的，但有些是有用的"，这是经常被引用的统计学家 George E. P. Box 的一句名言。本章参考的 NPS 论文的研究目的是评估使 NUCAS 成为舰载飞行编队中力量倍增器的有效性，仿真模型是一个有用的、可以减少实际空对空作战人员和设备风险的有效方法。

7.3　实验设计

7.3.1　可控因子

可控因子如表 7.5 所示。

表 7.5　可控因子

因子名称	说明
BlueSpd	蓝方速度（BlueSpd）以节为单位，取值范围 250～650 节。想定中的攻击编队飞机需要保持队形，所以在仿真运行中所有的蓝方飞机设置为同样的速度。这个技术称为"lock-stepping"，用于减少实验设计中的因子数量
UCASQnty	UCAS 数量，取值范围为 1～12。上限设置为 12 是由于当前舰载机编队的最大规模一般为 10～12 架
UCASStlth	UCAS 隐身能力，即在探测中的隐藏数值，取值范围为 98～100，对应的 RCS 值为 0.0015～0.0001m^2（Grining，2000）。采用转换公式 100-（RCS×1000）计算
UCASSnsrRnge	UCAS 传感器探测距离，取值范围为 60～100 海里，取值参考 F/A-18 的 AN/APG-73 雷达的探测距离（Jane's Avionics，2010）
UCASSnsrApture	UCAS 传感器的视场宽度，取值范围为 40～120°（Jane's Avionics，2010）。目标在探测距离和视场内将被传感器发现
UCASWpnQnty	UCAS 武器数量，即携带 GBU-31 JDAM 炸弹的数量，取值范围为 1 或 2。GBU-31 采用 GPS 制导，质量为 2000 磅的 Mk84 炸弹（Wikipedia，2010）。UCAS 最大载弹量为 4500 磅（Northrop Grumman，2010），所以最多挂载 2 颗炸弹
UCASWpnRange	GBU31 武器射程，取值范围为 5～17 英里（Wikipedia，2010）
GBU31WpnPhit	GBU31 命中概率，取值范围为 0.0～1.0
F18Qnty	F/A-18 数量，即 F/A-18E/F "超级大黄蜂"战斗机的数量，取值范围为 1～12 架，上限设置为 12 是由于当前舰载机编队的最大规模一般为 10～12 架
F18Lead	F/A-18 前出距离（海里），即编队队形中 F/A-18E/F 位于攻击机前方的距离，取值范围为 0～200 海里。在前出距离内，F/A-18 要在攻击机遭到威胁之前发现并击毁敌机
F18Stlth	F/A-18 隐身能力，即在探测中的隐藏数值，取值范围为 25～90，对应的 RCS 值为 0.075～0.01m^2（Grining，2000），转换公式为 100-（RCS×1000）
F18SnsrRnge	F/A-18 传感器探测距离，取值范围为 60～100 海里，取值参考 AN/APG-73 雷达（Jane's Avionics，2010）
F18SnsrApture	F/A-18 传感器的视场宽度，取值范围为 40～120°（Jane's Avionics，2010）。目标在探测距离和视场内将被传感器发现
AIM120WpnQnty	AIM-120 数量，即 F/A-18 或 F-35C 携带 AIM-120 数量，取值范围为 1～6。这个因子锁定，即所有的 F/A-18 或 F-35C 挂载相同数量的 AIM-120
AIM120WpnRange	AIM120 导弹武器射程，取值范围为 31～95 海里（Jane's Air-Launched Weapons，2010），同样这个因子在 F/A-18 和 F-35C 锁定
AIM120WpnPhit	AIM120 命中概率，取值范围为 0.0～1.0
AIM9WpnQnty	AIM-9 数量，即 F/A-18 或 F-35C 携带 AIM-9 响尾蛇导弹的数量，取值范围为 2～6。这个因子锁定，即所有的 F/A-18 或 F-35C 挂载相同数量的 AIM-9

因子名称	说明
AIM9WpnRange	AIM9 导弹武器射程，取值范围为 6～11 海里（Jane's Air-Launched Weapons, 2009），同样这个因子在 F/A-18 和 F-35C 锁定
AIM9WpnPhit	AIM120 命中概率，取值范围为 0.0～1.0
F35Qnty	F-35 数量，即 F-35C 联合攻击机的数量，取值范围为 1～12 架，上限设置为 12 是由于当前舰载机编队的最大规模一般为 10～12 架
F35Lead	F-35 前出距离（海里），即编队队形中 F-35 位于攻击机前方的距离，取值范围为 0～200 海里。在前出距离内，F-35 要在攻击机遭到威胁之前发现并击毁敌机
F35Stlth	F-35 隐身能力，即在探测中的隐藏数值，取值范围为 98～100，对应的 RCS 值为 0.005～0.0015m^2（Grining, 2000），转换公式为 100－（RCS×1000）
F35SnsrRng	F-35 传感器探测距离，取值范围为 60～100 海里，取值参考 AN/APG-81 雷达（Jane's Avionics, 2010）
F35SnsrApture	F-35 传感器的视场宽度，取值范围为 40～180°（Northrop Grumman, 2010）。目标在探测距离和视场内将被传感器发现

7.3.2 不可控因子

不可控因子如表 7.6 所示。

表 7.6 不可控因子

因子名称	说明
××飞机 CapQty	××飞机巡逻战斗机数量，取值范围为 1～20。上限设置为 20 是由于现代空战巡逻编队战斗机数量一般不超过 12～15 架
××飞机 CapSpd	××飞机巡逻战斗机速度，取值范围为 250～800 节（Jane's All the World's Aircraft, 2010）
××飞机 CapStlth	××飞机巡逻飞机隐身能力，即在探测中的隐藏数值，取值范围为 25～90，与 F/A-18 差不多，对应的 RCS 值为 0.075～0.01m^2（Grining, 2000），转换公式为 100－（RCS×1000）
MAA Ammo	MAA 导弹数量，即××飞机携带 MAA 主动雷达制导导弹数量，取值范围为 1～6。该因子锁定，即所有××飞机挂载相同数量的 MAA
MAA WpnRng	MAA 导弹射程，取值范围为 35～50 海里（Jane's Air-Launched Weapons, 2009），同样该因子在××飞机锁定
MAA WpnPhit	MAA 命中概率，取值范围为 0.0～1.0
SAA Ammo	SAA 导弹数量，即××飞机携带 SAA 红外制导导弹数量，取值范围为 2～4。该因子锁定，即所有××飞机挂载相同数量的 MAA
SAA WpnRng	SAA 导弹射程，取值范围为 2～8 海里（Jane's Air-Launched Weapons, 2009），同样该因子在××飞机锁定
SAA WpnPhit	SAA 命中概率，取值范围为 0.0～1.0
××飞机 AlertQty	处于警戒状态的××飞机数量最大值，处于警戒状态下的××飞机可以随机起飞执行任务，取值范围为 1～20。上限设置为 20 是由于现代空战警戒战斗机编队一般不超过 12～15 架战斗机
××飞机 AlertSpd	××飞机警戒飞机速度，取值范围为 250～800 节（Jane's All the World's Aircraft, 2010）
××飞机 AlertStlth	××飞机隐身能力，即在探测中的隐藏数值，取值范围为 25～90，与 F/A-18 差不多，对应的 RCS 值为 0.075～0.01m^2（Grining, 2000），转换公式为 100－（RCS×1000）

7.3.3 实验设计方案

该实验需要研究 36 个具有不同取值范围的因素对仿真结果的影响。即使只对 NUCAS 的 8 个因素及其相关实验水平进行研究，不同的组合数量会达到 1.145 万亿！使用近似正交拉丁超立方的优势是，不用对因素的所有组合进行仿真就可以很好地覆盖实验的输入空间。NPS 论文采用近似正交拉丁超立方进行实验设计，将实验方案缩减到 240 种方案进行仿真实验。本章也采用了 NOLHs 实验设计方法，针对可控因素将实验方案缩减到 512 种组合。图 7.2 为利用 NOLH 对 24 个可控因素进行设计的正交性和空间填充性的矩阵散点图。虽然有些因素只能取几个离散的值进行实验，降低了其正交性，但是列与列之间最大的相关性也小于 0.1。

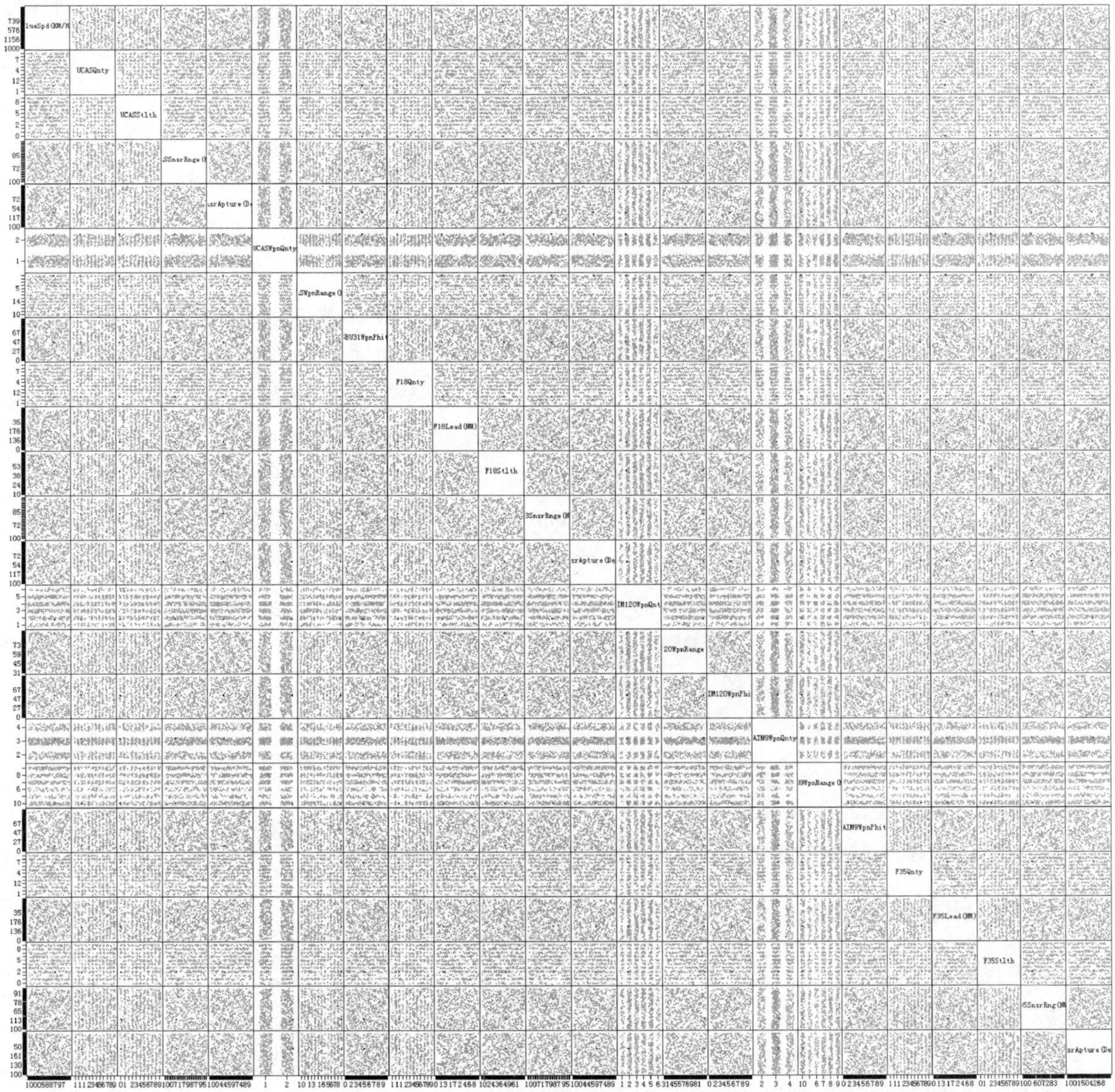

图 7.2　利用 NOLH 对 24 个可控因素进行设计的正交性和空间填充性的矩阵散点图

512 个方案被写入 Excel 文件中，体系效能分析仿真引擎和模型脚本读取这些方案信息，根据运行次数自动设置仿真模型参数，从而产生不同实验设计方案的仿真结果。图 7.3 给出了实验设计方案的 Excel 文件截图。

	A	B	C	D	E	F	G	H	I	J	K	L	M	N	O	P	Q	R
1	463	1	0	60	40	1	5	0	1	0	10	60	40	1	31	0	2	6
2	1204	12	10	100	120	2	17	100	12	200	75	100	120	6	95	100	4	11
3	0	0	0	0	0	0	0	0	0	0	0	0	0	0	0	0	0	0
5	BlueSpd(R	UCASQnty	UCASStlt	UCASSnsr	UCASSnsr	UCASWpn	UCASWpnR	GBU31Wpn	F18Qnty	F18Lead	KF18Stlth	F18SnsrR	F18SnsrA	AIM120Wpr	AIM120Wpr	AIM120Wpr	AIM9WpnQr	AIM9WpnR・AI
6	517	11	2	98	104	1	16	21	7	132	58	60	84	4	88	33	3	6
7	828	5	8	67	69	1	11	16	9	65	37	91	58	2	88	88	3	10
8	730	11	0	70	46	2	9	47	11	132	47	83	62	2	93	57	3	10
9	795	1	0	92	95	1	9	37	6	47	62	94	64	5	67	15	2	6
10	1052	12	2	65	63	1	13	95	6	14	24	88	62	1	65	95	3	7
11	1204	4	9	99	82	1	10	45	3	45	15	86	107	3	34	4	3	7
12	1120	6	1	62	92	2	13	33	1	64	70	75	117	1	77	40	3	7
13	812	12	3	68	65	1	14	97	5	78	14	70	85	3	43	71	3	9
14	560	3	9	94	117	2	13	4	4	29	74	79	103	2	62	62	3	7
15	783	3	10	96	74	2	6	68	2	90	67	64	46	4	44	52	3	6
16	512	1	0	68	100	2	8	56	11	163	73	89	53	6	78	55	2	9
17	865	10	2	98	100	1	9	50	9	123	60	85	52	2	58	30	3	10
18	770	7	0	92	108	1	12	47	9	194	47	73	59	3	41	62	2	10
19	1136	5	5	94	51	2	10	47	6	121	63	85	117	5	52	10	3	9
20	1062	9	7	72	75	1	13	74	3	59	64	99	113	1	39	66	2	7
21	1037	12	5	67	60	2	14	0	6	67	12	63	80	2	68	35	3	7
22	1129	6	1	61	91	1	10	42	6	47	45	79	115	3	45	13	2	7
23	691	9	9	86	88	2	13	21	12	169	38	70	73	5	66	19	4	8
24	605	10	7	80	41	2	5	7	12	27	19	92	72	4	74	9	3	6
25	463	3	3	63	58	2	13	94	8	53	60	63	49	3	31	20	3	9
26	931	12	3	98	50	1	10	45	11	103	70	78	44	3	33	84	3	8
27	536	3	2	90	94	1	6	99	12	150	55	73	41	2	57	77	3	6

图 7.3　实验设计方案的 Excel 文件截图

7.4　Agent 仿真模型开发

7.2 节给出了想定背景、相关作战实体与武器装备的性能、效能参数。由于我们无法获得 MANA 仿真环境，这里将上述想定和对象转换为第 3 章的体系仿真模型框架中的作战组织、设备对象、环境对象和 Agent 对象，并设计开发了 Agent 的行为表示，最后在体系效能分析仿真平台上进行了仿真实验。由于体系仿真模型框架在空间表示上分辨率高于 MANA，可以支持三维物理空间中的移动、探测、通信和交战，所以可以不受 7.2.3 节中 MANA 对仿真模型的限制，采用三维物理空间表示作战过程以及武器的杀伤范围和命中概率。

另外，由于该研究报告缺乏很多战场环境和作战行为的细节信息，这里在符合前面研究问题的前提下对相关内容进行了补充和假设。

- 确定红方机场的部署位置、机场待战飞机的起飞间隔时间。
- 确定红方保护目标的部署位置。
- 确定飞机的巡逻空域 TAO。
- 确定 CAG 的部署位置。
- 将 MANA 中的隐身特性转换为传感器对目标的探测概率。

7.4.1　仿真时间

根据作战使命的执行时间要求，对仿真时间可以进行如下设置。

1. 仿真运行时间

根据前述想定，蓝方飞机进攻和返回时间一般持续 2h 左右，考虑完整的作战过程加上作战实体的部署时间，这里将仿真运行时间设置为 200min，确保 Agent 实体行为能满足仿真想定和实验需求。

2．时间分辨率

在该模型中，将各类空空导弹和空地导弹建模为武器系统组件，仿真模型分辨率符合体系仿真模型框架的基本时间分辨率要求，所以这里选择 1min 的默认步长。

7.4.2　作战组织

本项目模型包含的作战方定义如表 7.7 所示。

表 7.7　作战方定义

标识	显示名称
Red	红方
Blue	蓝方

本项目模型包含的作战兵力如表 7.8 所示。

表 7.8　作战兵力

标识	显示名称	所属作战方标识	敌方兵力标识	作战单元标识
BlueAirforce	蓝方兵力	Blue	RedAirforce	CAG:1
RedAirforce	红方兵力	Red	BlueAirforce	AirBase:1 CSG:1

作战方标识参见表 7.7，作战单元标识参见表 7.15。

7.4.3　设备对象

1．通信设备

通信设备定义了在不同信道上进行通信的设备。本实验定义了红方飞机之间的通信信道，其定义标识为 RedLink。

通信设备定义如表 7.9 所示。

表 7.9　通信设备定义

标识	RedAirComm
显示名称	红方通信设备
通信信道标识	RedLink
通信模式	发送和接收
消息类型	目标信息、命令信息和广播变量
最大距离（km）	500.0
静态延迟（min）	1.0
动态延迟（min）	0.0
可靠性（0~1）	1.0
通信带宽（bit/s）	10240

在进行仿真实验时可以根据需要对通信设备的相关参数进行一定的调整。

2. 传感器定义

传感器参数很多，这里按照 7.2 节的想定中涉及的传感器给出了红、蓝双方的传感器定义。传感器相关参数定义如表 7.10 所示。

表 7.10　传感器相关参数定义

标识	NUCASSensor	ANAPG-74	××飞机 Sensor	ANAPG-81
显示名称	NUCASSensor	ANAPG-74	××飞机 Sensor	ANAPG-81
最小探测距离（km）	0.0	0.0	0.0	0.0
最大探测距离（km）	161.0	161.0	100.0	193.0
宽度角（°）	120	120	60	180
俯角（°）	−30.0	−10.0	−30.0	−17.5
仰角（°）	30.0	30.0	30.0	17.5
位置误差（m）	20.0	20.0	20.0	20.0
速度误差（m/min）	0.0	0.0	0.0	0.0
目标信息传播次数	0	0	1	1
最大目标跟踪数量	5	5	5	80
探测视场类型	平视	平视	平视	平视

在进行仿真实验时可以根据需要对传感器的相关参数进行一定的调整。

3. 武器系统定义

武器系统参数很多，这里按照 7.2 节的想定中涉及的武器系统给出了红、蓝双方的武器系统主要参数定义。武器系统相关参数定义如表 7.11 所示。

表 7.11　武器系统相关参数定义

标识	AIM120	AIM9	GBU31	SAA	MAA
显示名称	AIM120	AIM9	GBU31	SAA	MAA
最小攻击距离（km）	1	0.3	0	0.5	1.0
最大攻击距离（km）	153	18	27	16	80
杀伤半径（m）	20.0	20.0	20.0	20	20
可靠性（0～1）	1.0	1.0	1.0	1.0	1.0
弹药携带量（发）	6	4	2	2	2
攻击速率（发/分钟）	1	1	1	1	1
移动开火	是	是	是	是	是
火力协调数量	0	0	0	0	0
攻击飞机限制	空中目标	空中目标	地面目标	空中目标	空中目标
攻击本地探测目标	是	是	是	是	是
毁伤量	5	5	5	5	5
最大杀伤量	1	1	1	1	1

在进行仿真实验时可以根据需要对武器系统的相关参数进行一定的调整。

7.4.4 环境对象

本实验涉及的环境对象主要包括战场位置对象、战术活动区域对象。

1. 战场位置对象

战场位置对象支持 Agent 的部署和想定中的作战行为表示,这些战场位置对象定义如表 7.12 所示。

表 7.12 战场位置对象定义

标识	显示名称	经度	纬度	海拔高度
AirBase	待战机场	120.0	29.0	0.0
CAG	Carrier Air Group	123.5	22.5	0.0
CSG	Carrier Strike Group	122.5	29.0	0.0
OCA	护航结束点	122.5	27.0	0.0

2. 战术活动区域对象

战术活动区域对象定义如表 7.13 所示。

表 7.13 战术活动区域对象定义

标识	显示名称	封闭	位置点(经度、纬度)
CAP	巡逻区域	true	122.67910865487463:27.796360568101505
			123.39044614297883:27.156504453483546
			122.3233844988655:26.20329623503575
			121.61204631680036:26.83790855686872

7.4.5 Agent 对象

1. 空中实体 Agent

空中实体 Agent 对象包括 F-18F、F-35C、××飞机和 NUCAS。空中实体 Agent 对象组成如表 7.14 所示。

表 7.14 空中实体 Agent 对象组成

标识	F-18F	F-35C	××飞机	NUCAS
显示名称	F-18F	F-35C	××飞机	NUCAS
速度(km/h)	900.0	900.0	1482.0	950
飞行高度(km)	1.0	1.0	1	1
通信设备			RedAirComm:1	
传感器	ANAPG-74:1	ANAPG-81:1	××飞机 Sensor:1	NUCASSensor:1
武器系统	AIM9:1 AIM120:1	AIM9:1 AIM120:1	MAA:1 SAA:1	GBU31:1

2. 作战单元 Agent

作战单元 Agent 包括机场、CAG 和 CSG 等。作战单元 Agent 对象类型如表 7.15 所示。

表 7.15　作战单元 Agent 对象类型

标识	CAG	CSG	AirBase
显示名称	Carrier Air Group	Carrier Strike Group	待战机场
通信设备			
传感器			
武器系统			
地面实体			
飞机	F-18F:12 F-35C:12 NUCAS:12		××飞机:40
作战单元			

3. Agent 行为表示

根据上述不同类型 Agent 在想定中执行的任务和作战行为，这里将上述 Agent 区分为不同行为类型的 Agent，为每类 Agent 开发了相应的 TPL 行为脚本。不同类型 Agent 的行为表示分类如表 7.16 所示。

表 7.16　不同类型 Agent 的行为表示分类

Agent 类型	行为说明	行为脚本函数
CAG	在指定的地理位置部署，根据实验参数设定的飞机数量出动 F-18F、F-35C 和 NUCAS 飞机	CAG_actions ()
CSG	在指定地理位置部署 CSG	CSG_actions ()
AirBase	在指定的地理位置部署机场，根据实验参数设定的飞机数量和出动间隔出动××飞机	AirBase_actions()
F-18F	飞行到指定前出位置，待所有飞机就位后向目标区域移动并担负 OCA 护航任务	OCA_actions()
F-35C	同 F-18F	OCA_actions()
NUCAS	飞行到目标打击区域，打击目标后返航	NUCAS_actions()
××飞机	沿巡逻航线移动，发现敌方目标后向对方目标移动，打击对方目标	××_actions()

7.4.6　交互数据

体系仿真模型中包含的交互数据主要有探测交互数据和毁伤交互数据。这些数据定义了传感器、武器系统与相关 Agent 类型之间的探测和毁伤关系。这里仅给出示意性数据，表示相关传感器、武器和 Agent 之间具有探测和毁伤关系，在仿真实验时可以根据实验方案调整相关的交互数据进行仿真实验。

探测交互数据如表 7.17 所示。

表 7.17 探测交互数据

传感器标识	传感器名称	目标标识	探测概率（0～10）
NUCASSensor	NUCASSensor		
		××飞机	1.0
		CSG	
ANAPG-74	AN/APG-74		
		××飞机	1.0
××飞机 Sensor	××飞机 Sensor		
		NUCAS	1.0
		F-18F	1.0
		F-35C	1.0
ANAPG-81	AN/APG-81		
		××飞机	1.0

毁伤交互数据如表 7.18 所示。

表 7.18 毁伤交互数据

武器标识	武器名称	目标标识	毁伤概率
AIM120	AIM120		
		××飞机	1.0
AIM9	AIM9		
		××飞机	1.0
GBU31	GBU31		
		CSG	1.0
SAA	SAA		
		F-18F	1.0
		F-35C	1.0
		NUCAS	1.0
MAA	MAA		
		F-18F	1.0
		F-35C	1.0
		NUCAS	1.0

7.4.7 仿真运行初始化与结束处理

1. 仿真运行初始化

初始化脚本根据实验方案参数设置初始化模型参数，同时为不同 Agent 对象的 TPL 脚本提供公共函数。由于实验设计中的参数很多采用海里等特定单位，还需要进行相应的单位转换。仿真运行初始化脚本如下所示。

```
var waitPlaneNum = 0;
var startOCA = false;
var csg = null;
function AddWaitPlane(){
    waitPlaneNum ++;
}
function getWaitPlaneNum(){
    return waitPlaneNum;
}
function StartOCA(){
    startOCA = true;
}
function IsOCA(){
    return startOCA;
}
function SetCSG(csgAgent){
    csg = csgAgent;
}
function GetCSG(){
    return csg;
}
//海里与公里换算
var NM = 1.852;
//1～20 架
var ××CAP = 12;
//25～80KNOT × 10
var ××CAPSpd = 600 × NM;
//被探测概率 0.75～0.1m2 RCS，隐藏概率 25～90
var ××Stlth = 60.0 / 100;
//单架飞机携带 PL12 数量 1～6
var MAAWpnQnty = 3;
//MAA 攻击距离(NM)35～50 miles，5632～8046 米*10
var MAAWpnRange = 75;
//MAA 命中概率 0～1
var MAAWpnPhit = 50 / 100;
//单架飞机携带 SAA 导弹数量 2～4
var SAAWpnQnty = 3;
//SAA 攻击距离(NM)2～10 miles，322～1609 米×10
var SAAWpnRange = 75;
//SAA 命中概率 0～1
var SAAWpnPhit = 50 / 100;
//1～20 架
var ××Alert = 12;
//25～80KNOT × 10
var ××AlertSpd = 600 × NM;
var ××SnsrRange = 100;
```

```
var ××SnsrApture = 90;
//蓝方飞行速度（km/h）
var BlueSpd = parseFloat(Configuration.getParameter("BlueSpd"));
//UCAS 数量
var UCASQnty = parseInt(Configuration.getParameter("UCASQnty"));
//对 UCAS 探测概率
var UCASStlth = parseFloat(Configuration.getParameter("UCASStlth"));
//UCAS 雷达探测范围(NM)
var UCASSnsrRnge = parseFloat(Configuration.getParameter("UCASSnsrRnge"));
//UCAS 雷达宽度角(Degree)
var UCASSnsrApture = parseFloat(Configuration.getParameter("UCASSnsrApture"));
//UCAS 武器数量
var UCASWpnQnty = parseInt(Configuration.getParameter("UCASWpnQnty"));
//UCAS 武器攻击距离(NM)
var UCASWpnRange = parseFloat(Configuration.getParameter("UCASWpnRange"));
//GBU31 命中概率
var GBU31WpnPhit = parseFloat(Configuration.getParameter("GBU31WpnPhit"));
//F18 数量
var F18Qnty = parseInt(Configuration.getParameter("F18Qnty"));
//F18 前出距离(NM)
var F18Lead = parseFloat(Configuration.getParameter("F18Lead"));
//对 F18 探测概率
var F18Stlth = parseFloat(Configuration.getParameter("F18Stlth"));
//F18 雷达探测范围(NM)
var F18SnsrRnge = parseFloat(Configuration.getParameter("F18SnsrRnge"));
//F18 雷达宽度角(Degree)
var F18SnsrApture = parseFloat(Configuration.getParameter("F18SnsrApture"));
//单架飞机携带 AIM120 数量
var AIM120WpnQnty = parseInt(Configuration.getParameter("AIM120WpnQnty"));
//AIM120 攻击距离(NM)
var AIM120WpnRange = parseFloat(Configuration.getParameter("AIM120WpnRange"));
//AIM120 命中概率
var AIM120WpnPhit = parseFloat(Configuration.getParameter("AIM120WpnPhit"));
//单架飞机携带 AIM9 数量
var AIM9WpnQnty = parseInt(Configuration.getParameter("AIM9WpnQnty"));
//AIM9 攻击距离(NM)
var AIM9WpnRange = parseFloat(Configuration.getParameter("AIM9WpnRange"));
//AIM9 命中概率
var AIM9WpnPhit = parseFloat(Configuration.getParameter("AIM9WpnPhit"));
//F35 数量
var F35Qnty = parseInt(Configuration.getParameter("F35Qnty"));
//F35 前出距离(NM)
var F35Lead = parseFloat(Configuration.getParameter("F35Lead"));
//对 F35 探测概率
var F35Stlth = parseFloat(Configuration.getParameter("F35Stlth"));
//F35 雷达探测范围(NM)
var F35SnsrRnge = parseFloat(Configuration.getParameter("F35SnsrRnge"));
//F35 雷达宽度角(Degree)
```

```
var F35SnsrApture = parseFloat(Configuration.getParameter("F35SnsrApture"));

function GetBlueSpd(){
    return BlueSpd;
}
function GetUCASQnty(){
    return UCASQnty;
}
function GetF18Qnty(){
    return F18Qnty;
}
function GetF35Qnty(){
    return F35Qnty;
}
function GetF18Lead(){
    return F18Lead;
}
function GetF35Lead(){
    return F35Lead;
}
for(var i = 0;i < War.sides.length;i ++){
    var side = War.sides[i];
    if(side.name == "USA"){
        SetSideExperiment(side);
    }
}
War.pdTable.getEntry("××Sensor","NUCAS").pd = UCASStlth;
War.pdTable.getEntry("××Sensor ","F18F").pd = F18Stlth;
War.pdTable.getEntry("××Sensor ","F35C").pd = F35Stlth;
War.pdTable.getEntry("NUCASSensor","××").pd = ××Stlth;
War.pdTable.getEntry("ANAPG-74","××").pd = ××Stlth;
War.pdTable.getEntry("ANAPG-81","××").pd = ××Stlth;

War.pkTable.getEntry("GBU31","CSG").pk = GBU31WpnPhit;
War.pkTable.getEntry("AIM120","××").pk = AIM120WpnPhit;
War.pkTable.getEntry("AIM9","××").pk = AIM9WpnPhit;
War.pkTable.getEntry("MAA","NUCAS").pk = MAAWpnPhit;
War.pkTable.getEntry("MAA","F18F").pk = MAAWpnPhit;
War.pkTable.getEntry("MAA","F35C").pk = MAAWpnPhit;
War.pkTable.getEntry("SAA","NUCAS").pk = SAAWpnPhit;
War.pkTable.getEntry("SAA","F18F").pk = SAAWpnPhit;
War.pkTable.getEntry("SAA","F35C").pk = SAAWpnPhit;

function SetSideExperiment(side){
    for(var i = 0;i < side.forces.length;i ++){
        var force = side.forces[i];
        SetForceExperiment(force);
    }
```

```
}
function SetForceExperiment(force){
    for(var i = 0;i < force.units.length;i ++){
        var unit = force.units[i];
        SetUnitExperiment(unit);
    }
}
function SetUnitExperiment(unit){
    var i = 0;
    for(i = 0;i < unit.planes.length;i ++){
        var plane = unit.planes[i];
        SetPlaneExperiment(plane);
    }
    for(i = 0;i < unit.units.length;i ++){
        var subUnit = unit.units[i];
        SetUnitExperiment(subUnit);
    }
}
function SetPlaneExperiment(plane){
    var i = 0;
    for(i = 0;i < plane.sensors.length;i ++){
        var sensor = plane.sensors[i];
        if(sensor.name == "NUCASSensor"){
            sensor.maxRange = UCASSnsrRnge;
            sensor.azWidth = UCASSnsrApture;
        }
        if(sensor.name == "ANAPG-74"){
            sensor.maxRange = F18SnsrRnge;
            sensor.azWidth = F18SnsrApture;
        }
        if(sensor.name == "ANAPG-81"){
            sensor.maxRange = F35SnsrRnge;
            sensor.azWidth = F35SnsrApture;
        }
        if(sensor.name == "××Sensor"){
            sensor.maxRange = ××SnsrRange;
            sensor.azWidth = ××SnsrApture;
        }
    }
    for(i = 0;i < plane.weapons.length;i ++){
        var weapon = plane.weapons[i];
        if(weapon.name == "GBU31"){
            weapon.maxRange = UCASWpnRange;
            weapon.useLimit = UCASWpnQnty;
        }
        if(weapon.name == "AIM120"){
            weapon.maxRange = AIM120WpnRange;
            weapon.useLimit = AIM120WpnQnty;
```

```
        }
        if(weapon.name == "AIM9"){
            weapon.maxRange = AIM9WpnRange;
            weapon.useLimit = AIM9WpnQnty;
        }
        if(weapon.name == "MAA"){
            weapon.maxRange = MAAWpnRange;
            weapon.useLimit = MAAWpnQnty;
        }
        if(weapon.name == "SAA"){
            weapon.maxRange = SAAWpnRange;
            weapon.useLimit = SAAWpnQnty;
        }
    }
}
//判断是否存在武器
function HasWeapon(agent){
    //武器系统可射击的数量
    var limits = 0;
    for(var i = 0;i < agent.weapons.length;i ++){
        var weapon = agent.weapons[i];
        limits = limits + weapon.useLimit;
    }
    //Print(me.Fullname + "开火次数：" + me.Firing + "挂弹量：" + limits);
    if(agent.firing >= limits){
        return false;
    }
    return true;
}
//未起飞时，飞机所属通信设备、武器系统和传感器处于不可用状态
function InitPlane(plane){
    plane.enableComms(false);
    plane.enableSensors(false);
    plane.enableWeapons(false);
    plane.visible = false;
}
//起飞时，飞机所属通信设备、武器系统和传感器处于激活状态
function ActivatePlane(plane){
    plane.enableComms(true);
    plane.enableSensors(true);
    plane.enableWeapons(true);
    plane.visible = true;
}
```

初始化脚本通过 War.pdTable.getEntry 和 War.pkTable.getEntry 设置指定传感器对目标的探测概率以及武器系统对目标的毁伤概率。初始化脚本还根据实验设计参数通过 SetXXExperiment 函数遍历所有传感器和武器系统并设置相应的属性值。HasWeapon、

InitPlane 和 ActivatePlane 为全局函数，飞机行为可以在 TPL 进程函数中调用这些函数查询当前飞机是否还有机载武器、激活或关闭机载设备。

2. 仿真数据采集

仿真数据采集脚本在仿真结束时被调用。它主要是根据当前实验方案统计仿真运行结束时的 Agent 状态，将统计结果保存到 Excel 文件中。仿真数据采集脚本如下所示。

```
//打开 Excel 文件
var workbook = new Workbook(Configuration.outputPath + "result.xls");
var titles = [
    "运行次数","随机数种子值","F18F 损失数量","F35C 损失数量","NUCAS 损失数量","蓝方生存率",
    "××损失数量","CSG 损失","蓝方飞行速度",
    "UCAS 数量","对 UCAS 探测概率","UCAS 雷达探测范围","UCAS 雷达宽度角",
    "UCAS 武器数量","UCAS 武器攻击距离","GBU31 命中概率",
    "F18 数量","F18 前出距离","对 F18 探测概率","F18 雷达探测范围","F18 雷达宽度角",
    "单架飞机携带 AIM120 数量","AIM120 攻击距离","AIM120 命中概率",
    "单架飞机携带 AIM9 数量","AIM9 攻击距离","AIM9 命中概率",
    "F35 数量","F35 前出距离","对 F35 探测概率","F35 雷达探测范围","F35 雷达宽度角",
    "××巡逻飞机数量","××巡逻飞机速度","××警戒飞机数量","××警戒飞机速度","对××探测概率",
    "单架飞机携带 MAA 数量","MAA 攻击距离","MAA 命中概率",
    "单架飞机携带 SAA 数量","SAA 攻击距离","SAA 命中概率",
    ];
//设置 Excel 文件表说明
if(Configuration.iteration == 0){
    workbook.createSheet("实验结果");
    workbook.createCells("实验结果",0,titles);
}

var f18Lost = 12 - War.count("F18F",Agent.ALIVE);
var f35Lost = 12 - War.count("F35C",Agent.ALIVE);
var nucasLost = 12 - War.count("NUCAS",Agent.ALIVE);

//保存当前运行次数的统计结果
var cells = new Array(titles.length);
cells[0] = Configuration.iteration;
cells[1] = Configuration.seed;
cells[2] = f18Lost;
cells[3] = f35Lost;
cells[4] = nucasLost;
cells[5] = 1 - (f18Lost + f35Lost + nucasLost) / (GetUCASQnty() + GetF18Qnty() + GetF35Qnty());
cells[6] = 40 - War.count("××",Agent.ALIVE);
if(GetCSG().status != Agent.ALIVE){
    cells[7] = 1;
}else{
    cells[7] = 0;
}
```

```
cells[8] = BlueSpd;
cells[9] = UCASQnty;
cells[10] = UCASStlth;
cells[11] = UCASSnsrRnge;
cells[12] = UCASSnsrApture;
cells[13] = UCASWpnQnty;

cells[14] = UCASWpnRange;
cells[15] = GBU31WpnPhit;
cells[16] = F18Qnty;
cells[17] = F18Lead;
cells[18] = F18Stlth;

cells[19] = F18SnsrRnge;
cells[20] = F18SnsrApture;
cells[21] = AIM120WpnQnty;
cells[22] = AIM120WpnRange;
cells[23] = AIM120WpnPhit;

cells[24] = AIM9WpnQnty;
cells[25] = AIM9WpnRange;
cells[26] = AIM9WpnPhit;
cells[27] = F35Qnty;
cells[28] = F35Lead;

cells[29] = F35Stlth;
cells[30] = F35SnsrRnge;
cells[31] = F35SnsrApture;
cells[32] = ××CAP;
cells[33] = ××CAPSpd;

cells[34] = ××Alert;
cells[35] = ××AlertSpd;
cells[36] = ××Stlth;
cells[37] = MAAWpnQnty;
cells[38] = MAAWpnRange;

cells[39] = MAAWpnPhit;
cells[40] = SAAWpnQnty;
cells[41] = SAAWpnRange;
cells[42] = SAAWpnPhit;

workbook.createCells("实验结果",Configuration.iteration + 1,cells);
workbook.close();
```

　　这里通过 Excel 保存仿真结果，cells 数组保存了当前仿真运行次数的统计结果。如果是第一次仿真运行，将首先在 Excel 的"实验结果"表的第一行中保存每列的说明信息。

然后,保存当前实验的实验参数和仿真结果信息。其中,飞机损失统计采用 War 对象的 count 方法统计处于特定状态的、指定类型的 Agent 数量。

7.4.8 实体行为模型

1. 吸引排斥算法

本章参考的 NPS 论文中采用 MANA 建立 Agent 模型。MANA 中采用"编队特性"决定小队在遇到敌方威胁时如何反应。各种级别的特性可以从-100 到+100 进行调整,从而可以支持各种各样的编队特性和行为。例如,一个编队分配的值为-100 时,该编队在遇到"敌方威胁"时将远离这种威胁。相反,编队分配的值为+100 时,遇到"敌方威胁"将接近它并与之交战。这种算法属于美国海军陆战队 Project Albert 项目中实体移动算法的改进。该算法主要支持元胞自动机的 Agent 移动。由于 SEAS 体系模型框架采用更高分辨率的地理空间移动方法,未实现该移动算法。为此,这里参照相关原理在体系效能仿真平台中实现了该算法,由 Agent 模型采用 Maneuver 命令决定是否使用该移动算法。

MANA 中的 Agent 移动算法本质上属于"吸引排斥"算法。每个 Agent 需要根据当前感知的其他 Agent 编队特性值(-100~100)计算下一步长不同移动方向位置的惩罚函数,选择惩罚函数最小的移动方向作为下一步长的移动方向。每个方向点的惩罚函数无量纲,用于比较不同方向移动 1 个步长位置的好坏程度,值越小,表示该移动点更好。

惩罚函数可以表示为下述公式:

$$Z_{\text{new}} = W_E \sum_{i=1}^{E} \frac{D_{i,\text{new}} + (R - D_{i,\text{old}})}{R} + W_F \left(\frac{D_{F,\text{new}} + (R - D_{F,\text{old}})}{R} \right) \tag{7.1}$$

公式(7.1)中的变量定义如表 7.19 所示。

表 7.19 公式(7.1)中的变量定义

变量	定义
E	感知的敌方实体数量
W_E	朝向敌方实体移动的权重(0~1)
$D_{i,\text{new}}$	移动的新位置到第 i 个敌方实体的距离
$D_{i,\text{old}}$	当前位置到第 i 个敌方实体的距离
W_F	移动目标位置的权重
$D_{F,\text{new}}$	移动的新位置到移动目标位置的距离
$D_{F,\text{old}}$	当前位置到移动目标位置的距离
R	当前战场范围最大距离(严格意义上不一定是最大距离,防止计算结果过大)

2. ××飞机

××飞机行为主要包括巡逻和机场起飞拦截,其行为脚本如下所示。

```
function ××_actions(){
    InitPlane(me);
    me.speed = ××CAPSpd;
    var parameters = [
        {Param: "Type", Value:"Vector"},
```

```
                {Param: "WeightF", Value: 10},
        ];
        var agentWeights = [
                {Agent: "F18F", Weight:50},
                {Agent: "F35C", Weight:50},
                {Agent: "NUCAS", Weight:50},
        ];
        Maneuver(parameters,agentWeights,null,null);
        while(me.status != Agent.ALIVE){
                Delay(1);
        }

        while(me.status == Agent.ALIVE){
                while(true){
                        if(me.phase == Agent.PLANE_FLYING){
                                ActivatePlane(me);
                                break;
                        }
                        Delay(1);
                }
                while(true){
                        if(me.phase != Agent.PLANE_FLYING){
                                InitPlane(me);
                                break;
                        }
                        Delay(1);
                }
        }
}
```

　　××飞机首先调用 InitPlane 初始化飞机状态，在机场待战时关闭雷达、通信设备和武器系统，按照实验设计参数指定的飞机速度设置飞机飞行速度。然后，调用 Maneuver 命令设置飞机的移动机动行为。这里指定采用 MANA 最新的"Vector"移动算法，并设置对 F-18F、F-35C 和 NUCAS 的权重。飞机部署完毕后，将根据当前飞机的状态确定是否激活和关闭机载设备。这里需要注意，如果将飞行目标权重设置过低，可能会出现飞机持续跟踪打击对方飞机的情况，甚至跟踪到对方机场打击地面飞机，这也是信息交互和认知行为所导致的一种突现性行为。

　　3. 机场

　　机场单元首先根据部署位置进行部署，起飞巡逻飞机并按照一定间隔时间发布警戒飞机起飞命令，其行为脚本如下所示。

```
function AirBase_actions(){
        var durationTime = 60;
        Deploy(Locations.AirBase);
        //等待部署
        while(me.status != Agent.ALIVE){
```

```
        Delay(1);
    }
    Fly(TAOs.CAP.midPoint(),"××",J10CAP,TAOs.CAP.getPoints(),false);
    while(me.status == Agent.ALIVE){
        var nextTime = Random.nextExponential() * durationTime / ××Alert;
        Delay(nextTime);
        Fly(TAOs.CAP.midPoint(),"××",1,TAOs.CAP.getPoints(),false);
    }
}
```

这里机场部署完成后，根据实验设计指定的巡逻飞机起飞数量向指定空域下达起飞命令，最后按照一定的间隔时间起飞待战飞机。

4. F-18 和 F-35

F-18 和 F-35 行为类似，其行为主要包括起飞、交战和返航，其行为脚本如下所示。

```
function OCA_actions(){
    InitPlane(me);
    me.speed = GetBlueSpd();
    //等待部署
    while(me.status != Agent.ALIVE){
        Delay(1);
    }
    while(me.status == Agent.ALIVE){
        if(me.phase == Agent.PLANE_FLYING){
            ActivatePlane(me);
            break;
        }
        Delay(1);
    }
    while(!me.goal.equalsTo(me.location)){
        //如果飞机被击毁，则结束
        if(me.status != Agent.ALIVE){
            return;
        }
        Delay(1);
    }
    AddWaitPlane();
    while(me.status == Agent.ALIVE){
        if(IsOCA()){
            break;
        }
        Delay(1);
    }
    if(me.status != Agent.ALIVE){
        return;
    }
    var parameters = [
        {Param: "Type", Value:"Vector"},
```

```
            {Param: "WeightF", Value: 80},
        ];
    var agentWeights = [
            {Agent: "××", Weight:100},
        ];
    Maneuver(parameters,agentWeights,null,null);

    SubMove(Locations.OCA,20);
    while(me.status == Agent.ALIVE){
        if(!HasWeapon(me)){
            AbortMission();
            return;
        }
        Delay(1);
    }
}
```

F-18 和 F-35 飞机首先调用 InitPlane 初始化飞机状态，在机场待战时关闭雷达、通信设备和武器系统，按照实验设计指定的飞机速度设置飞机飞行速度。飞机部署完毕后将根据当前飞机状态确定是否激活和关闭机载设备。当飞机进入待战空域后将通过 AddWaitPlane 增加等待飞机数量，然后等待直到 IsOCA() 为真。全局变量 waitPlaneNum 确定当前处于待战状态的飞机数量，当 waitPlaneNum 达到实验设计指定的 F-18 和 F-35 飞机数量时，将下达 NUCAS 飞机起飞命令，并设置 startOCA 为真。这样可以确保 F-18 和 F-35 飞机的前出距离满足实验设计要求。

在 IsOCA() 为真后，F-18 和 F-35 飞机将向目标空域机动，调用 Maneuver 命令设置飞机的移动机动行为，这里指定"Vector"移动算法，并设置了对××飞机的权重。这里为防止机动算法导致的移动偏差使得 Agent 不能移动到指定目标地理位置，需要确定飞机在空域的停留时间，如果超过停留时间或机载武器耗尽，则返航。

5. NUCAS

NUCAS 行为主要包括起飞、飞往 CSG 目标点、打击目标和返航，其行为脚本如下所示。

```
function NUCAS_actions(){
    InitPlane(me);
    me.speed = GetBlueSpd();
    var parameters = [
        {Param: "Type", Value:"Vector"},
        {Param: "WeightF", Value: 100},
    ];
    var agentWeights = [
        {Agent: "J10", Weight:-30},
    ];
    Maneuver(parameters,agentWeights,null,null);
    while(me.status != Agent.ALIVE){
        Delay(1);
    }
```

```
    while(me.status == Agent.ALIVE){
        if(me.phase == Agent.PLANE_FLYING){
            ActivatePlane(me);
            break;
        }
        Delay(1);
    }
    while(me.status == Agent.ALIVE){
        var distance = GCDistance(me.location,Locations.CSG);
        if(distance < 30){
            Delay(10);
            AbortMission();
            return;
        }
        if(!HasWeapon(me)){
            AbortMission();
            return;
        }
        Delay(1);
    }
}
```

NUCAS 飞机首先调用 InitPlane 初始化飞机状态，在机场待战时关闭雷达、通信设备和武器系统，按照实验设计指定的飞机速度设置飞机飞行速度。飞机部署完毕后将根据当前飞机的状态确定是否激活和关闭机载设备。NUCAS 飞机飞行过程中需要向目标空域机动，调用 Maneuver 命令设置飞机的移动机动行为，这里指定采用"Vector"移动算法，并设置了对××飞机的权重。这里为防止机动算法导致的移动偏差使得 Agent 不能移动到指定地理位置，必须确定飞机在空域的停留时间，如果超过进攻停留时间或机载武器耗尽，则返航。

6. CAG

CAG 是管理不同编队的航母指挥单元，其行为类似于机场，主要按照起飞顺序起飞 F-35、F-18 和 NUCAS 编队，其行为脚本如下所示。

```
function CAG_actions(){
    Deploy(Locations.CAG);
    //等待部署
    while(me.status != Agent.ALIVE){
        Delay(1);
    }

    //护航点位置方向
    var direction = GCDirection(Locations.CAG,Locations.OCA);
    //F18 前出位置
    var F18LeadLoc = GCLocation(Locations.CAG,GetF18Lead(),direction);
    F18LeadLoc.altitude = 3;
    Fly(F18LeadLoc,"F18F",GetF18Qnty());
```

```
direction = GCDirection(Locations.CAG,Locations.OCA);
//F18 前出位置
var F35LeadLoc = GCLocation(Locations.CAG,GetF35Lead(),direction);
F35LeadLoc.altitude = 3;
Fly(F35LeadLoc,"F35C",GetF35Qnty());

while(me.status == Agent.ALIVE){
    if(getWaitPlaneNum() == GetF18Qnty() + GetF35Qnty()){
        break;
    }
    Delay(1);
}
Fly(Locations.CSG,"NUCAS",GetUCASQnty());
StartOCA();
}
```

这里 CAG 部署完成后，根据实验设计指定的 F-18、F-35 和 NUCAS 飞机数量向指定空域下达起飞命令。由于需要指定不同类型编队的前出距离，所以可以在 F-18、F-35 飞机进入待战空域后通过 AddWaitPlane 增加等待飞机数量，然后直到等待飞机数量达到实验设计指定的 F-18、F-35 飞机起飞数量，最后下达 NUCAS 飞机起飞命令，并设置 startOCA 为真。

7. CSG

CSG 主要为红方被攻击目标，其行为主要为目标部署，其行为脚本如下所示。

```
SetCSG(me);
Deploy(CSG);
```

7.4.9 仿真模型测试

这里采用渐进式开发测试方法建立体系计算实验模型。分析人员需要查找并手动将 Agent、行为、变量输入到体系效能仿真分析平台中。虽然详细的文档和用户手册使工作相对简单，但是仍然需要耗费大量时间。

所有变量输入到体系效能仿真分析平台后，开始模型测试工作。通过逐渐增加 Agent 和变量进行模型测试。首先，建立友机和战斗巡逻××飞机之间的交互模型并测试；然后，建立 NUCAS 攻击机和目标区域之间的交互模型并测试；接着，增加警戒××飞机并设置其从初始位置进行随机起飞；最后，测试并调试 Agent 之间的交互关系，保证所有 Agent 之间交互的合理性，确保完整地表现整个作战过程。

这里利用体系效能分析仿真平台的作战过程显示和变量输出打印来完成测试与调试工作。图 7.4 给出了该想定计算实验的二维作战过程显示屏幕截图。

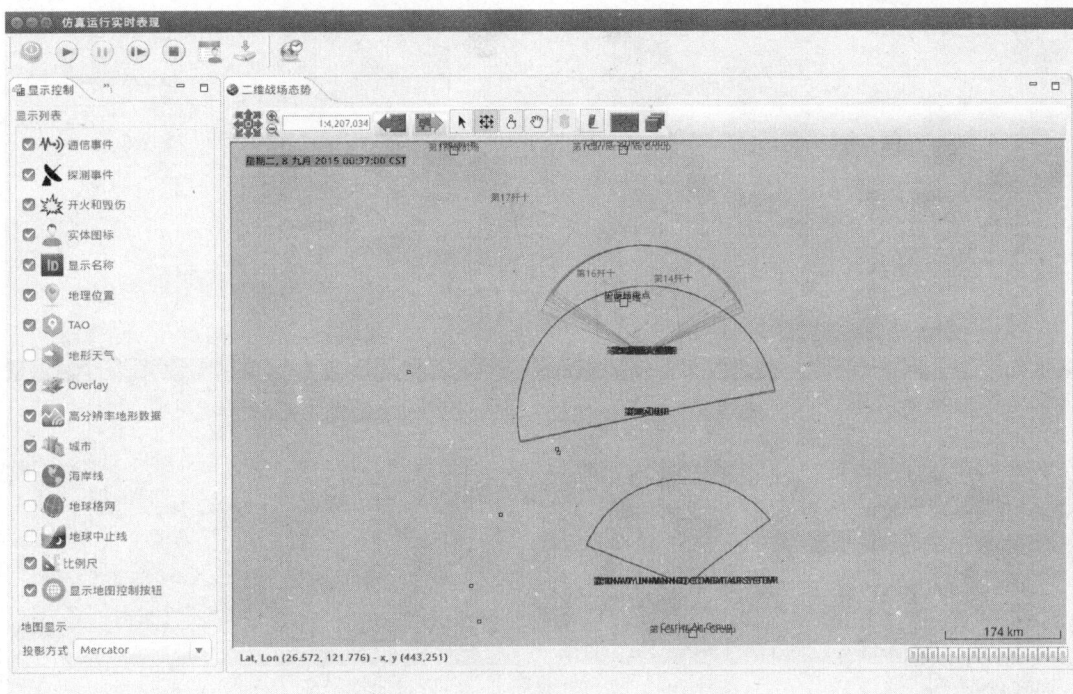

图 7.4　二维作战过程显示屏幕截图

7.5　问题分析

7.5.1　数据整合

在体系效能分析仿真平台上可以按照每个方案的批量仿真次数确定全部运行次数，其运行结果保存在一个 Excel 文件中。由于本实验最终通过 NOLHs 建立的实验方案为 512 个方案，假设每批运行次数为 100 次，共需要进行 51 200 次仿真，如果每次运行时间为 3s，在一台计算机上实验也需要花费 40 多个小时。

Excel 输出文件包含以下信息：

- 所有可控和不可控因素以及对应的取值。
- 运行次数。
- 当前运行的随机数种子值。
- 每个编队的损失率。
- 每个作战方的生存率。

图 7.5 为仿真结果的 Execl 文件内容截图。

为统计仿真结果，我们在体系效能分析仿真平台上编写了一个 JavaScript 统计脚本，可以自动读取结果文件进行统计，产生每个实验方案的统计数据，并保存到 Excel 文件中。其脚本如下所示。

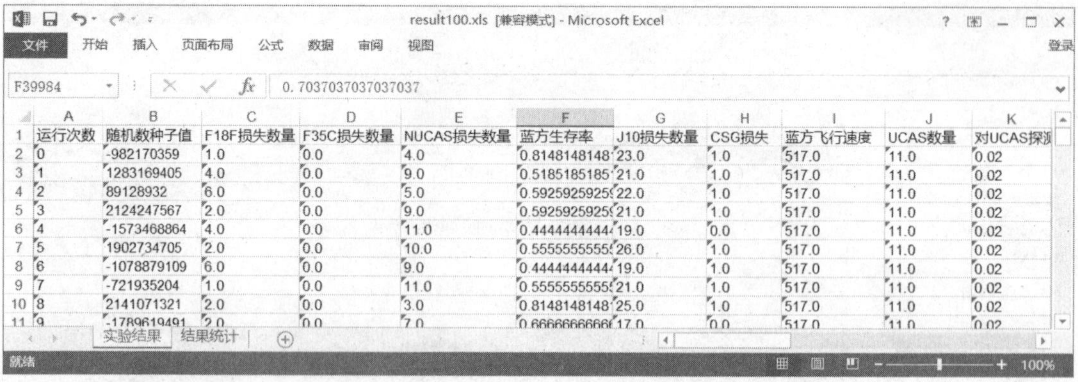

	运行次数	随机数种子值	F18F损失数量	F35C损失数量	NUCAS损失数量	蓝方生存率	J10损失数量	CSG损失	蓝方飞行速度	UCAS数量	对UCAS探测
2	0	-982170359	1.0	0.0	4.0	0.8148148148	23.0	1.0	517.0	11.0	0.02
3	1	1283169405	4.0	0.0	9.0	0.5185185185	21.0	1.0	517.0	11.0	0.02
4	2	89128932	6.0	0.0	5.0	0.5925925925	22.0	1.0	517.0	11.0	0.02
5	3	2124247567	2.0	0.0	9.0	0.5925925925	21.0	1.0	517.0	11.0	0.02
6	4	-1573468864	4.0	0.0	11.0	0.4444444444	19.0	0.0	517.0	11.0	0.02
7	5	1902734705	2.0	0.0	10.0	0.5555555555	26.0	1.0	517.0	11.0	0.02
8	6	-1078879109	6.0	0.0	9.0	0.4444444444	19.0	1.0	517.0	11.0	0.02
9	7	-721935204	1.0	0.0	11.0	0.5555555555	21.0	1.0	517.0	11.0	0.02
10	8	2141071321	2.0	0.0	3.0	0.8148148148	25.0	1.0	517.0	11.0	0.02
11	9	-1789619491	2.0	0.0	7.0	0.6666666666	17.0	0.0	517.0	11.0	0.02

图 7.5　仿真结果的 Execl 文件内容截图

```
//数据处理脚本文件，注意不能使用 TPL 命令
Print("执行 CAW 仿真数据处理脚本");
Print("参数 1：仿真结果的 Excel 文件名称");
Print("参数 2：每个实验设计点的仿真运行次数");
for(var i = 0;i < Args.length;i ++){
    Print("读取参数" + i + " = " + Args[i]);
}
if(Args.length != 2){
    throw new Error("参数数量应为 2 个参数！ ");
}
Print("数据统计开始...");
//建立读取仿真结果的 Excel 文件对象
var workbook = new Workbook(Args[0]);
//获得相应表单名称的表格数据
var table = workbook.getCells("实验结果");
var runs = Number(Args[1]);
//生成每个设计点的统计数据
var datas = new Array(table[0].length - 2);
for(var i = 2;i < table[0].length;i ++){
    datas[i - 2] = table[0][i];
}
workbook.createSheet("结果统计");
workbook.createCells("结果统计",0,datas);
for(var batch = 0;batch < (table.length - 1) / runs;batch ++){
    for(var col = 2;col < table[0].length;col ++){
        var summary = new Summary();
        for(var experiment = 0;experiment < runs;experiment ++){
            var row = batch * runs + experiment + 1;
            //获得数据对象，格式为{数量,损失数量}
            var data = table[row][col];
            //获得损失数量数据
            var number = Number(data);
            //更新统计对象
            summary.update(number);
        }
```

```
        datas[col - 2] = summary.getMean();
    }
    workbook.createCells("结果统计",batch + 1,datas);
}
//保存 Excel 文件
workbook.close();
Print("数据统计完毕！");
```

统计结果的 Excel 文件如图 7.6 所示。

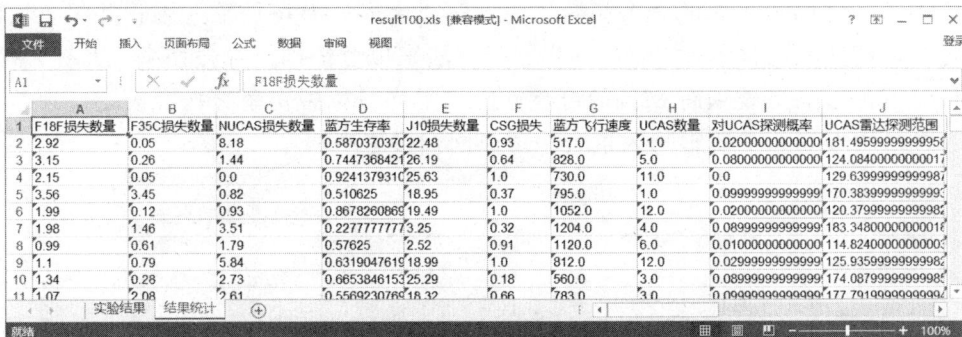

图 7.6　统计结果的 Execl 文件

7.5.2　数据分析

与参考论文一样，我们在 JMP 10.0 版本的支持下完成了上述仿真统计结果的实验分析。这里关注两个效能指标（MOEs）：目标毁伤率和蓝方生存率。蓝方生存率是仿真结束时由蓝方飞机的剩余数量除以仿真开始时蓝方可用的飞机总数得出的。

7.1 节列出了两个需要研究的问题：

● 有人飞机和无人飞机的何种组合能达到最高任务成功率？

● 何种配置参数可以使 NUCAS 在限定的损失率下完成任务？

由于仿真模型和参数的差异性，这里的仿真结果与引用论文中有差异（从 NPS 论文中蓝方生存率柱状图可以看出很大比例蓝方会出现零生存）。带有分位数和动差的蓝方生存率柱状图如图 7.7 所示。

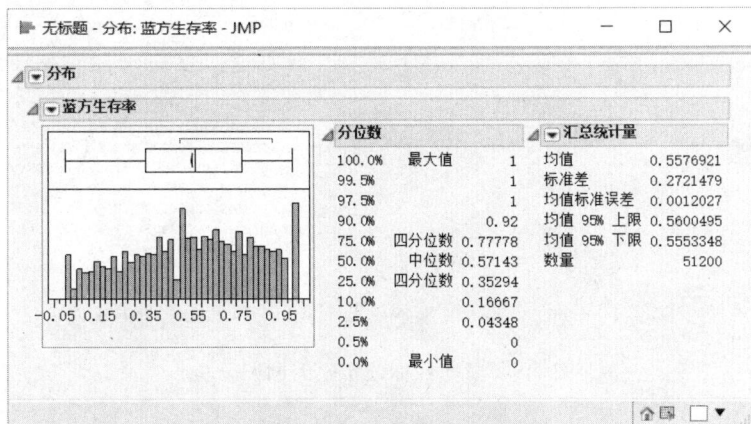

图 7.7　蓝方生存率柱状图

目标毁伤的柱状图显示了目标毁伤率的二项分布特性：被毁伤（1）或者没被毁伤（0）。0.746 的均值说明目标被毁伤的情况（38 195 次）比没有被毁伤的情况（13 005 次）要多。

最终得到的数据文件是对每个方案进行 100 次仿真运行所生成的。这个数据文件只包含 512 行数据：每行数据包含一个实验设计点的输入因素设置，还包括该实验设计点的伤亡统计和 MOEs 的平均值。这有利于图形化的展现和比较，而且不影响利用任何回归模型和回归树对因素的重要性进行评估。

1. 有人飞机和无人飞机的何种组合能达到最高任务成功率

任务成功是目标毁伤率的一个函数。为此可以考虑所有可控输入因素并将二次影响和双向影响作为模型的隐含条件，应用逐步回归方法来拟合平均目标毁伤率。从图 7.8 可以看出，回归模型的影响显著项有 82% 的可能性影响平均目标毁伤率。按照规定，那些存在极大关联或者二次影响的主要影响因素会保留在回归模型中。

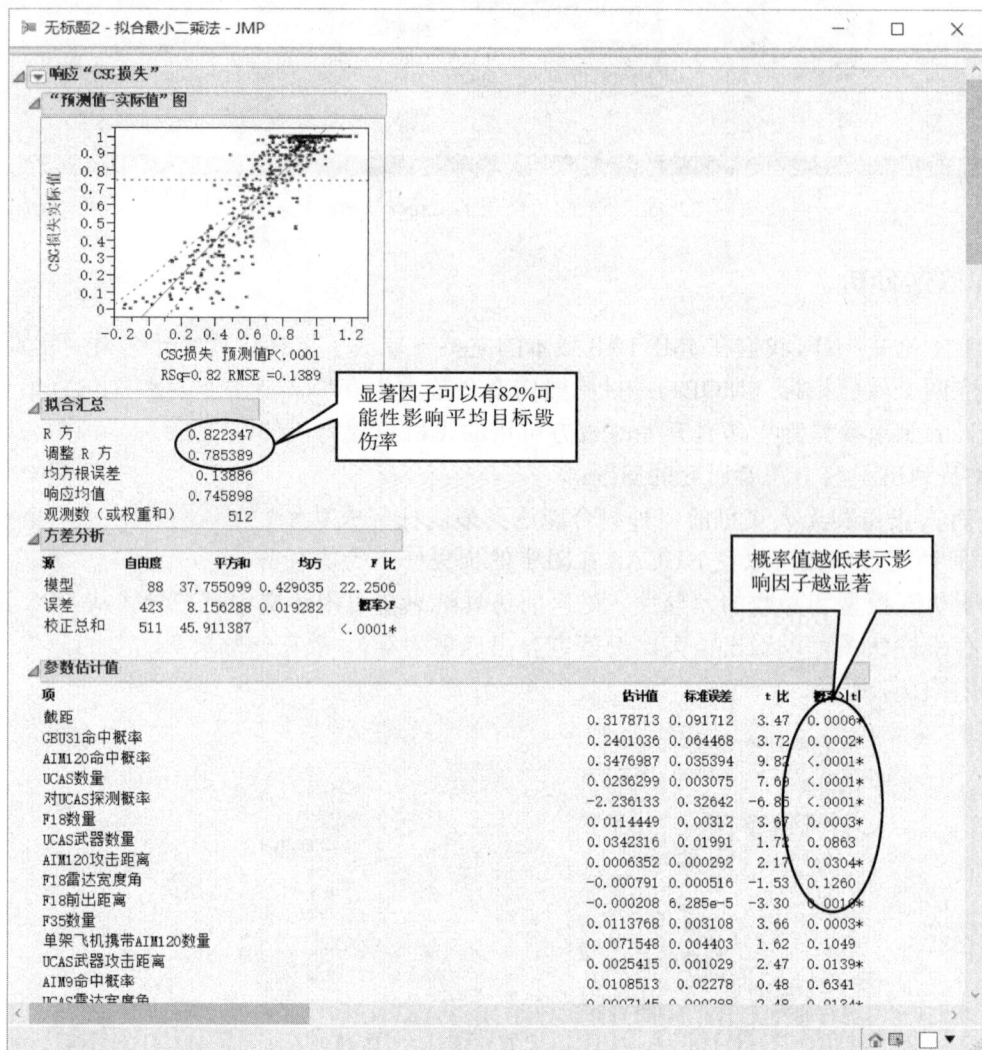

图 7.8　平均目标毁伤率的回归分析

有极大影响的重要因素包括 GBU-31 武器系统的 P_{hit}，AIM120 命中概率、NUCAS 数量，NUCAS 隐身能力和 F-18 数量。在回归中不考虑不可控因素可以获得的 82%的 R^2 值。这意味着不可控因素（如敌机数量、武器射程和隐身性），并不像可控因素那样对平均目标毁伤率的影响那么大。

回归树分析是确定影响因素的一个有用工具，它避免目标毁伤率的预测值超过[0，1]的范围。图 7.9 显示了使用平均目标毁伤作为响应变量的回归树和所有的可控输入因素。该回归树有 5 个分支，R^2 值为 0.499。对回归树从上到下进行分析，顶部元素对相应变量具有更大的影响。右边的分支更好，因为分析目的是得到一个更高的目标毁伤率。在图 7.9 中，左侧黑色方框表示最差的因素组合，右侧黑色方框表示最好的因素组合。

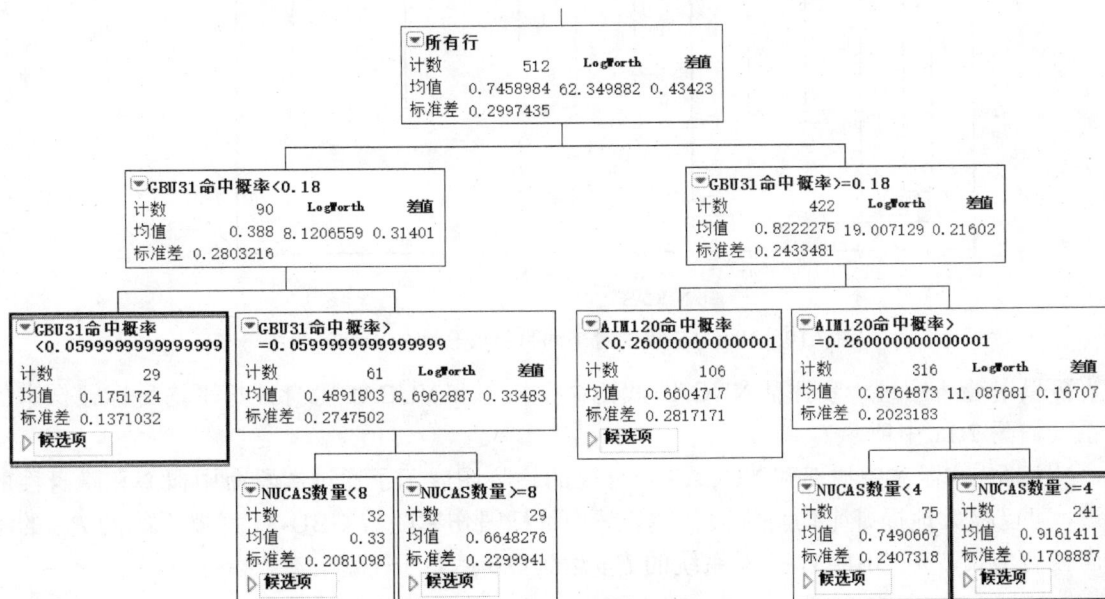

图 7.9 平均目标毁伤率的回归树

很多在逐步回归中证明很重要的因素，在回归树中同样也被证明很重要：GBU-31 武器系统的 P_{hit}、NUCAS 数量和 AIM120 命中概率等。回归树也包括了 NUCAS 数量相关的定量信息：当 GBU-31 有一个高的 P_{hit} 时，4 架以下的 NUCAS 飞机平均目标毁伤率只有 0.75，当有 4 架或 4 架以上的 NUCAS 飞机时，平均目标毁伤率为 0.91。这表示 4 架或者更多的 NUCAS 数量将大大提高作战效能，因为可以大幅提高目标毁伤率。

NUCAS 数量对平均目标毁伤率的影响箱线图（如图 7.10 所示）展示了 0～4 架 NUCAS 飞机区间中的斜率较大，4 架以上飞机的目标毁伤率也随之增大，表示 NUCAS 的数量越多，其优势越大，但边际效益不如 4 架飞机以内的大。

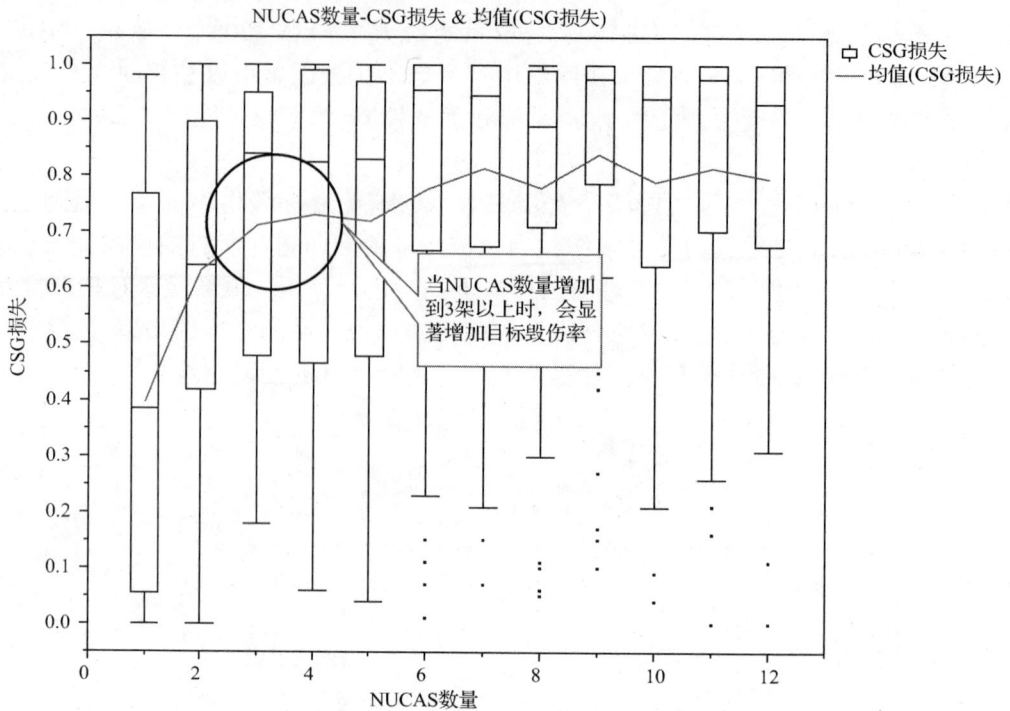

图 7.10　NUCAS 数量对平均目标毁伤率的影响箱线图

可以用趋势图进一步评估 NUCAS 武器命中概率和 NUCAS 隐身性与平均目标毁伤率的关系（如图 7.11 中所示）。

NUCAS 武器命中概率和 NUCAS 隐身性的趋势图展示了通过武器命中概率和隐身性的改进，可以极大地提升平均目标毁伤率。平均目标毁伤率随着 GBU-31 武器系统的 P_{hit} 的增加而显著增长，但 GBU-31 武器系统的 P_{hit} 达到 0.6 后趋于平稳。

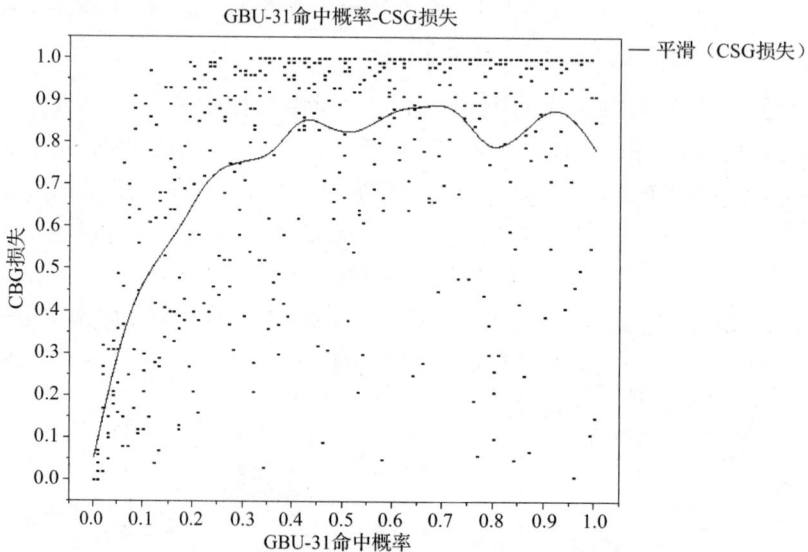

图 7.11　NUCAS 武器命中概率和 NUCAS 隐身性与平均目标毁伤率的关系

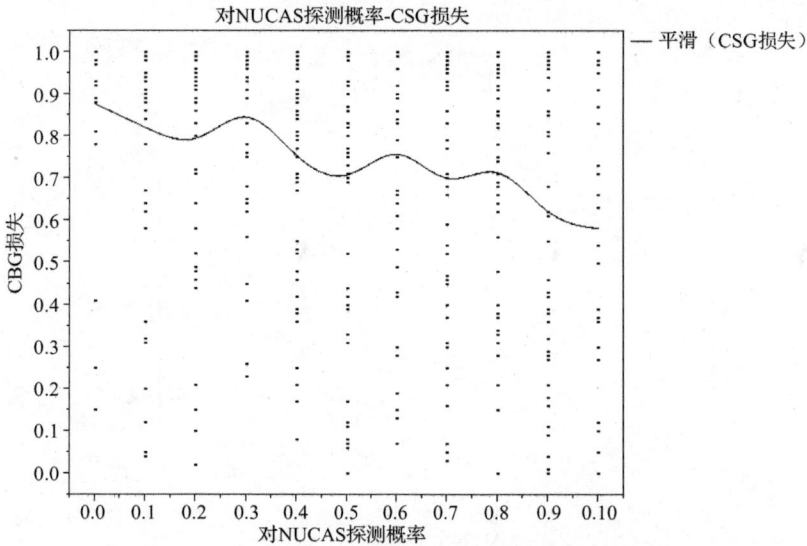

图 7.11　NUCAS 武器命中概率和 NUCAS 隐身性与平均目标毁伤率的关系（续）

AIM120 命中概率和 NUCAS 武器数量是回归分析确定的主要因素，值得进一步探索。使用 JMP 展示了各个元素对预期平均目标毁伤率的曲线。图 7.12 展示了 NUCAS 武器数量和 AIM120 命中概率曲线图。平均目标毁伤率随着 NUCAS 武器数量增加而增长。同样，平均目标毁伤率随着 AIM120 命中概率的增大也明显增长，但当命中概率到达 0.6 时趋于平稳，然后呈现下降趋势。

总的来说，是否成功毁伤目标是 NUCAS 因素影响的直接结果。这个结论在仿真中得到了认证：NUCAS 是唯一能够毁伤地面目标的飞机。有些人可能认为有人驾驶的 F-35C 和 F/A-18 的数量也是重要的元素，因为 NUCAS 的生存率和它们的保护直接相关。但是，基于回归分析，F-35C 和 F/A-18 的数量并不是目标毁伤率的主要决定因素。这也许说明 NUCAS 飞机如果自动运行，没有 F-35C 和 F/A-18 的 OCA 支持，也可能会得到相对成功的结果。

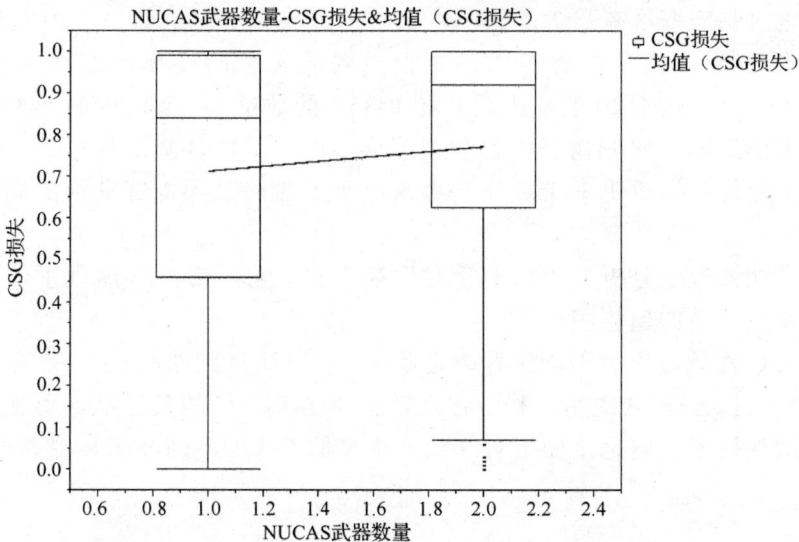

图 7.12　NUCAS 武器数量和 AIM120 命中概率曲线

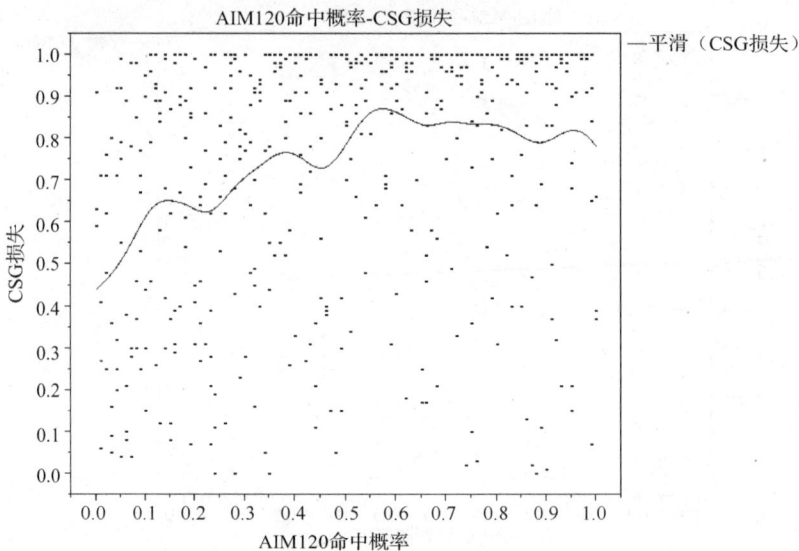

图 7.12　NUCAS 武器数量和 AIM120 命中概率曲线（续）

2. 什么因素可以使蓝方伤亡率最小

任务是否成功取决于能否有效毁伤目标。但是，如果作战过程中失去大量的飞机将会直接影响 CAW 的进一步打击能力。因此，研究在确保毁伤目标的情况下使蓝方伤亡率达到最小的战术策略对于未来空军战术行动是至关重要的。这里有一个蓝方平均生存率的逐步回归模型，包含了所有可控输入因素、二次影响和双向交互关系。图 7.13 展示了重要的影响因素，给出了 67% 的显著影响因素（采用 JMP 的筛选分析将会使模型更准确）。

有重大影响的因素是 NUCAS 的数量，F-18 的数量、F-35C 的数量，AIM120 武器的攻击距离、命中概率，以及 NUCAS 和 F-35C 的隐身性等。

图 7.14 展示了蓝方平均生存率的回归树，包含所有的可控输入因素作为可能的解释因素。这个回归树有 5 个分叉，R^2 值为 0.489。和前面的分析一样，这个树也是从上到下进行分析，顶层元素对响应变量有最大的影响。右边的分支有更高的蓝方平均生存率。

回归树分析表明，很多在逐步回归中很重要的元素同样在回归树中也很重要，如 AIM120 的命中概率、AIM120 的攻击距离和 F-35C 的数量。5 架以内的 F-35C 飞机对蓝方的生存率有最大的影响。回归树分析也强调了这一点，虽然分割次数较少，但蓝方的平均生存率仍有较大变化。这说明 F-35C 飞机数量高于 5 架时就不能够获得更高蓝方平均生存率的收益。

我们可以更加细致地分析 F-35C 数量对生存率的影响。图 7.15 展现了一个 F-35C 数量与蓝方平均生存率关系的趋势图。

将每个 F-35C 数量对应的平均生存率连起来，可以注意到曲线在 3～5 之间显著陡于其他值（8～10 之间也是）。这说明，基于仿真数据，当 F-35C 的数量从 5 增加到 8 时，平均生存率并没有增加很多。但是，如果有 9 架或更多的 F-35C，则会明显提高蓝方的生存率。

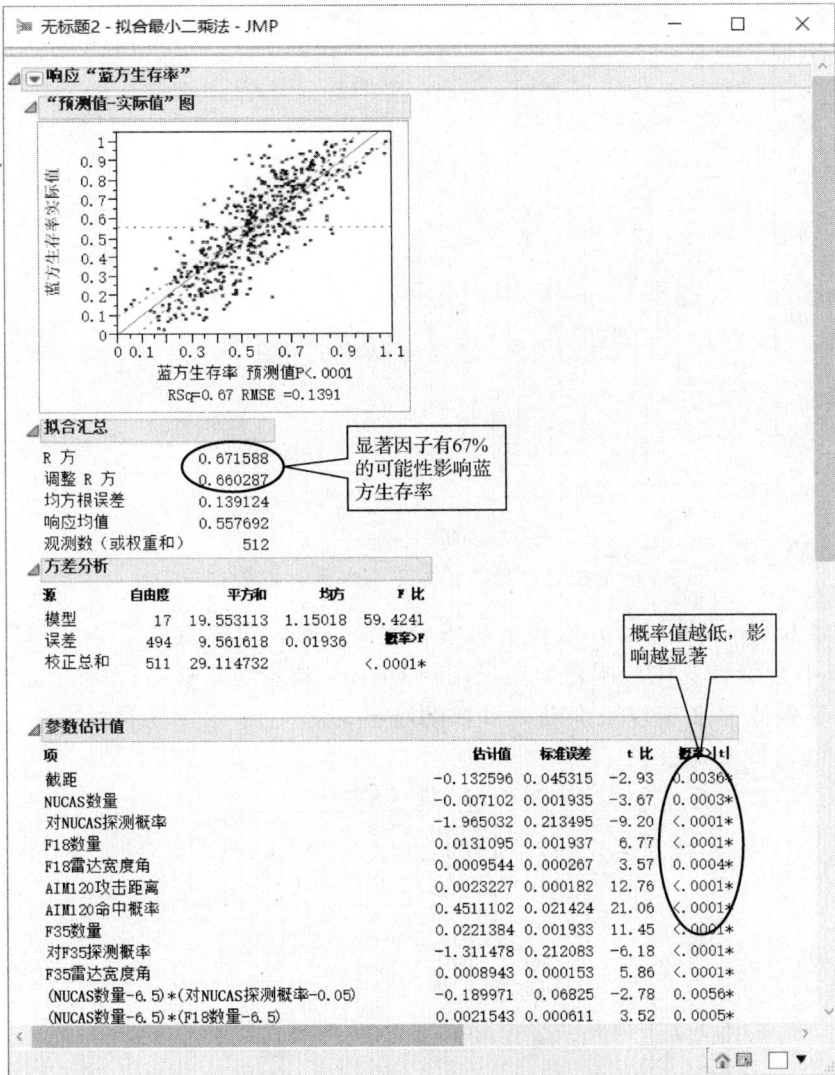

图 7.13 蓝方平均生存率回归分析

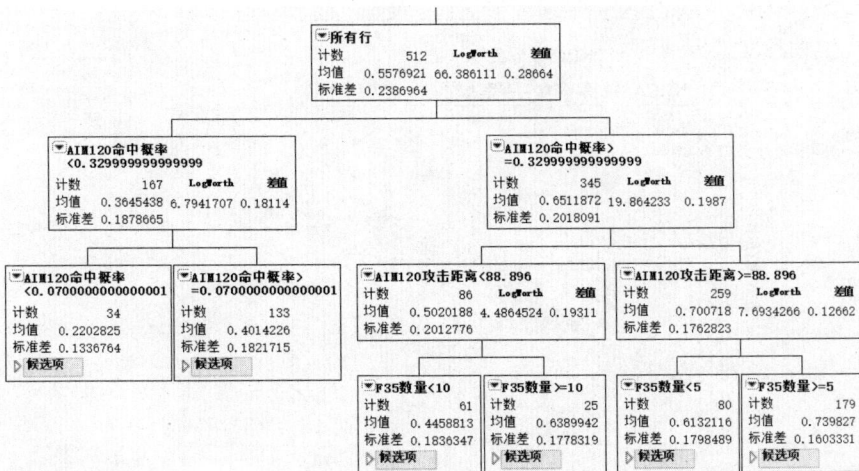

图 7.14 蓝方平均生存率的回归树

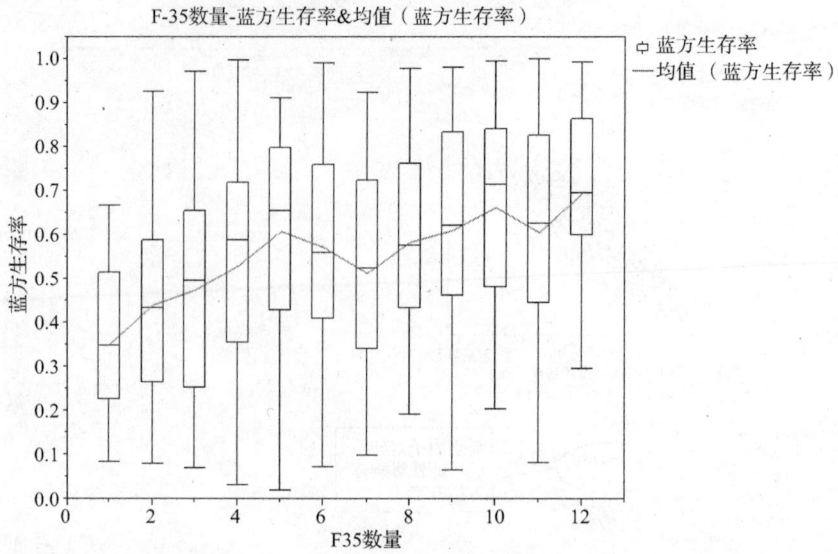

图 7.15　F-35C 数量与蓝方平均生存率关系的趋势图

当采用 NUCAS 数量与蓝方生存率曲线进行评估时，可以发现当 NUCAS 数量大于 3 架时，生存率不会明显变化；同样，在采用 NUCAS 数量与目标毁伤率曲线进行分析时，NUCAS 的数量保持在 3 架以上会获得满意的结果。图 7.16 给出了目标毁伤率和蓝方生存率与 NUCAS 数量的关系。

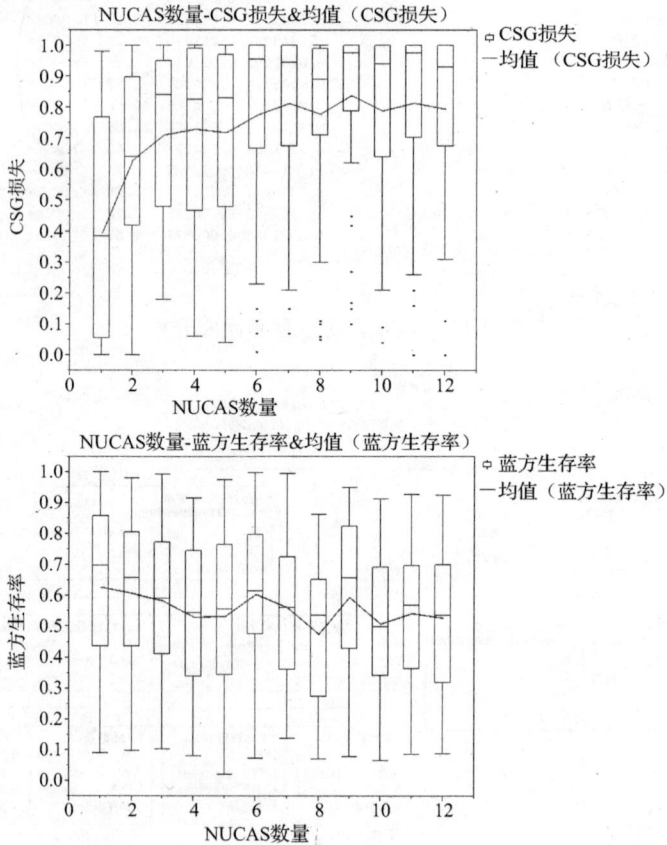

图 7.16　目标毁伤率和蓝方生存率与 NUCAS 数量的关系

　　NUCAS 和 F-35C 的隐身性也是经过逐步回归分析得出的关键影响因素,值得进一步探索。应用 JMP 的预测配置功能,可以得到蓝方平均生存率和这两个因素的关系曲线。图 7.17 展现了 NUCAS 隐身性和 F-35C 隐身性与蓝方平均生存率的预测曲线。这两条曲线都清晰地说明了蓝方生存率随着隐身性的提高而增长(这里的曲线是探测概率,与隐身性相反),说明了隐身性对蓝方生存能力的重大意义。0.02 的隐身性增加就可以换来至少 15% 的蓝方平均生存率的增长。

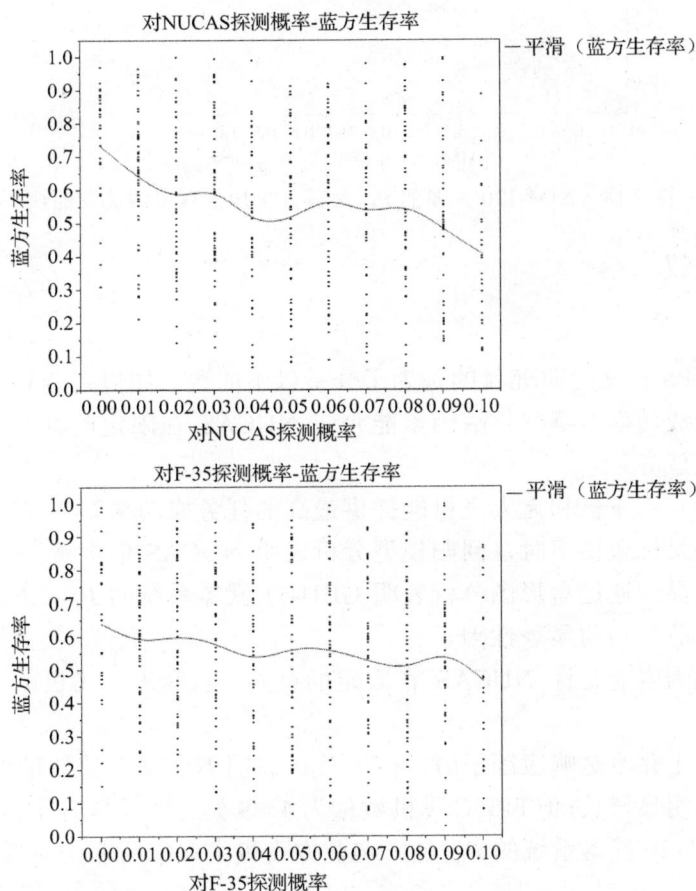

图 7.17　NUCAS 隐身性和 F-35C 隐身性与蓝方平均生存率的预测曲线

　　AIM120 武器的 P_{hit} 是另一个通过回归分析发现的关键因素,也值得进一步讨论。图 7.18 展示了 AIM120 武器的 P_{hit} 与蓝方生存率的关系曲线。该关系表示 AIM120 P_{hit} 的增长可以导致蓝方生存率的极大增加。这表明武器设计时提高 P_{hit} 性能的重要性。

　　总的来说,引起蓝方生存率下降的主要因素有 F-35C 的数量、NUCAS 的数量、AIM120 武器的命中概率 P_{hit}、NUCAS 的隐身性和 F-35C 的隐身性。F-35C 数量是第一重要的因素,但是当其数量在 4～8 之间变化时,对生存率没有显著影响。NUCAS 数量是第二重要的因素,可以在编队中选择 3 架以上的 NUCAS 飞机。

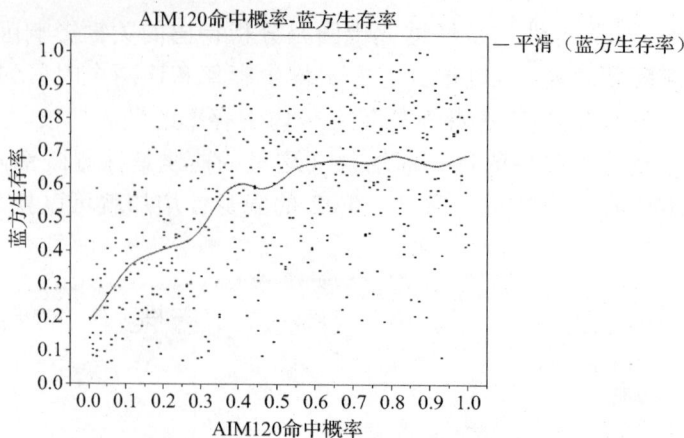

图 7.18　AIM-120 武器的 P_{hit} 与蓝方平均生存率的关系曲线

7.5.3　结论和建议

1. 研究问题

本章参考的 NPS 论文的研究目的是为了分析以下问题：如何组合有人飞机和无人飞机能提供最高的任务成功率？哪些作战因素能允许 NUCAS 在限定的有人飞机和无人飞机的损失率条件下完成任务？

（1）如何组合有人飞机和无人飞机能提供最高的任务成功率？

当响应因子为目标毁伤率时，回归模型分析表明 NUCAS 的数量为 3 架或者更多时，任务成功率递增明显。通过盒形图分析表明 GBU-31 武器系统的 P_{hit}、NUCAS 武器数量和隐身性能是影响任务成功的显著性因子。

（2）哪些作战因素能允许 NUCAS 在限定的有人飞机和无人飞机的损失率条件下完成任务？

当蓝方飞机的生存率是响应因子时，回归分析表明 NUCAS 的数量为 3 架或者更多时不会使蓝方生存率明显增长，但 F-35C 飞机数量为 4～9 架时明显提升了蓝方飞机的生存率。预测曲线表明 AIM120 武器系统的 P_{hit} 是影响蓝方飞机生存率的非常重要的因子。

2. 建议

根据作战想定和仿真数据提出以下建议：

- NUCAS 飞机应该至少是以 3～4 架为一个小组执行任务，而长期以来都是以 2 架或者 4 架分开的飞机为一个小组。基于装备失效性的事实，可以建议 NUCAS 选择以 4 架飞机为一个编队执行任务，从而最大化目标毁伤率和蓝方生存率。

- 当 F-35C 飞机被用于 OCA 抵御大量对方飞机时，F-35C 应该至少以 4 架为一个编队执行任务。在 4 架飞机的基础上，通过增加 F-35C 的数量只能很微弱地提高蓝方生存率。

- 隐身性是影响目标毁伤率和蓝方生存率的一个重要因素。当传感器和武器参数一致的时候，F-35C 已被证明比 F/A-18 更好。

- 武器系统的命中概率 P_{hit} 是影响目标毁伤率和蓝方生存率的一个主要因素。武器系统研制技术的进步必须瞄准提高 P_{hit}。

7.6 研究展望

7.6.1 研究结果对比

由于缺乏所参考论文实验的很多模型细节，而且 SEAS 模型框架的分辨率要高于 MANA 仿真系统，我们必须在很多模型细节上进行假设，所以上述实验结果不可能与论文研究结果相同。其中的实验结果差异主要体现在以下方面。

1. 本实验设定的红方拦截能力偏低

NPS 参考论文的实验结果中会出现大量蓝方生存率为 0 的情况，本实验结果相对均匀，但生存率为 0 的情况很少。显然，在前一种情况下，蓝方任务成功率和生存率对 F-35 和 AIM120 的依赖性要更强一些，而在后一种情况下，F-35 的影响则与 F-18 类似。这里通过两者的实验对比可以验证。

2. 本实验未表示 NUCAS 空对地打击的目标搜索跟踪过程

因为 NUCAS 传感器探测范围影响了 NUCAS 空对地打击的目标搜索跟踪能力，所以本实验结果无法反映 NUCAS 雷达探测范围对蓝方任务成功率的影响，而 NPS 论文的实验结果中体现了蓝方任务成功率对 NUCAS 雷达探测范围的明显依赖性。

除了上述实验结果差异外，本项实验在在实验过程上与参考论文完全一致，实验结果的分析上与原文类似，在实验因子影响的趋势上也具有较高的相似性。

7.6.2 其他 NUCAS 想定

本章所参考的 NPS 论文的研究项目评估的想定有三个。除了协同攻击外，还开发了防御性防空作战（DCA）和 NUCAS 远程火力打击想定。所有想定都在 MANA 仿真模型上进行了大量实验。这些想定没有包含在论文中，我们也就无法复现这些实验。

1. 防御性防空作战想定

防御性防空作战（DCA）模型模拟了在执行空中战斗巡逻（CAP）任务的 F/A-18 和 F-35C 有人飞机；这些飞机拦截并毁伤随机接近的飞机；NUCAS 配备了空中飞行加油平台。研究的问题包括：

- 需要多少 NUCAS 和 DCA 飞机才能有效提供相应的防御性防空作战能力？
- 哪些因素在影响 DCA 效能上是最显著的？

2. 自主远程火力打击

自主远程火力打击想定是为了单独研究 NUCAS 的远程打击能力。该想定的任务是远程火力打击任务：NUCAS 飞机被指定深入对方领土去打击地面目标，包括远程战略战术导弹和中程防空导弹。NUCAS 预定路线是飞入对方领土击中目标，然后撤离，同时避免战术防空导弹的威胁。假设该战术 SAM 导弹的威胁是随机分布在整个对方领土上的。如果 NUCAS 成功发现战术 SAM 导弹的威胁，NUCAS 将试图规避。该想定研究的问题包括：

- 需要多少 NUCAS 飞机来成功毁伤目标？
- 使命成功的关键因素是什么？
- NUCAS 生存能力的关键因素是什么？

附录 A 缩略语汇总

ABMS	Agent Based Modeling and Simulation	基于 Agent 的建模与仿真
AFSAT	Air Force Standard Analysis Toolkit	空军标准分析工具集
AEW	Airborne Early Warning	空中预警机
AF	Aerial Refueling	空中加油
AOO	Area of Operations	作战区域
BI	Broadcast Interval	广播间隔
BDA	Battle Damage Assessment	战场毁伤评估
C^4ISR	Command, Control, Computers, Communications, and Information and Intelligence, Surveillance, and Reconnaissance	指挥、控制、计算机、通信和信息以及情报、监视和侦察
CGF	Computer Generated Force	计算机生成兵力
CONOPS	Concept of Operations	作战概念
CAS	Complex Adaptive System	复杂适应系统
CEL	Current Event List	当前事件表
CLS	Concept Learning System	概念学习系统
CART	Classification And Regression Tree	分类回归树
CAS	Close Air Support	近距离空中支援
CSG	Carrier Strike Group	航母战斗群
CAP	Combat Air Patrol	战斗空中巡逻
CAW	Carrier Air Wing	航母舰载机编队
CAG	Carrier Air Group	航母空中打击编队
DMSO	Defense Modeling and Simulation Office	美国防部建模仿真办公室
DoD	Department of Defense	美国国防部
DoDAF	The Department of Defense Architecture Framework	国防部体系架构框架
DSO	Dynamic Shared Object	动态共享对象
DCA	Defensive Counter Air	防御性制空作战
FEL	Future Event List	未来事件表
GCI	Ground Controlled Interception	地面控制拦截
ISR	Intelligence, Surveillance and Reconnaissance	情报、监视、侦察

JICM	Joint Integrated Contingency Model	联合一体化应急模型
JMASS	Joint Modeling and Simulation System	联合建模与仿真系统
JTLS	Joint Theatre Level Simulation	联合战区层仿真系统
JWARS	Joint Warfare Simulation	联合作战仿真系统
LTL	The Local Target List	本地目标列表
LOL	The Local Orders List	本地命令列表
LHC	Latin Hypercube	拉丁超立方
M&S	Model and Simulation	建模与仿真
MANA	Map Aware Non-uniform Automata	地图感知的非均匀自动机
ModSAF	Modular Semi-Automated Force	模块化半自动化兵力系统
MOE	Measures of Effectiveness	效能指标
MOO	Measures of Outcome	战果指标
NCO	Network Centric Operation，	网络中心作战行动
NCW	Network Centric War，	网络中心战
NOLHs	Nearly Orthogonal Latin Hypercubes	近似正交拉丁超立方
NPS	Naval Postgraduate School	海军研究生院
NUCAS	Navy Unmanned Combat Air System	海军无人空战系统
OMG	Object Management Group	对象管理组织
OneSAF	One Semi-Automated Force	一体化的半自动生成兵力
OO	Object Oriented	面向对象
OODA	Observe，Orient，Decide，Act	观察、感知、决策、行动
OCA	Offensive Counter Air	进攻性制空作战
PICS	Physical、Information、Cognitive and Social Domain	物理域、信息域、认知域和社会域
SEAS	System Effectiveness Analysis Simulation	系统效能分析仿真
SoS	System of Systems	体系
SAF	Semi-Automated Forces	半自动化兵力
SEED	Simulation Experiments and Efficient Designs	仿真实验与有效设计中心
SMART	Structured and Modular Agent and Relationship Types	结构化模块化的 Agent 与关系类型
TIR	Target Interaction Range	目标交互范围
TPL	Tactical Programming Language，	战术编程语言

TAO	Tactical Area of Operations	战术活动区域
TST	Time Sensitive Targeting	时敏目标
TLE	Target Location Error	目标位置误差
TVE	Target Velocity Error	目标速度误差
UML	Unified Modeling Language	统一建模语言
UAV	Unmanned Ariel Vehicle	无人机
UD	Uniform Design	均匀设计
XML	eXtensible Markup Language	可扩展标记语言

参 考 文 献

[1] Director. Systems and Software Engineering Deputy Under Secretary of Defense. Systems Engineering Guide for Systems of Systems Version 1.0. August 2008.

[2] Jamshidi M. Introduction to system of systems engineering. System of Systems Engineering—Innovations for the 21st Century [A]. JohnWiley & Sons, New York. 2008.

[3] Jamshidi M. SYSTEMS OF SYSTEMS ENGINEERING: Principles and Applications [A], CRC Press, New York, 2009.

[4] Horrigan T J. The Configuration Problem and Challenges for Aggregation. Conference on Variable-Resolution Combat Modeling. Washington, D.C, 5-6 May 1992.

[5] Zeigler B P, Kim T G, Praehofer H. Academic Press,Theory of Modeling and Simulation: Integrating Discrete Event and Continuous Complex Dynamic Systems. second Edition. San Diego, 2000.

[6] Davis P K, Hillestad R. Exploratory Analysis for Strategy Problems with Massive Uncertainty[R]. Rand Corporation, Santa Monica, CA, 2001.

[7] Andrew Ilachinski. Artificial War: Multiagent-Based Simulation of Combat. World Scientific Publishing Co, 2007.

[8] Maxwell D T. An Overview of The Joint Warfare System (JWARS) [R]. Phalanx, July 2000.

[9] U.S. Joint Forces Command. Joint Warfighting Center. JTLS Executive Overview, 2005.

[10] US Marine Corps, Project Albert Website [Z]. http://www.projectalbert.org.

[11] Honabarger J B. Modeling Network Centric Warfare (NCW) with the SEAS [D]. MS Thesis. Air Force Institute of Technology, USA, 2006.

[12] Gill T J. CARRIER AIR WING TACTICS INCORPORATING THE NAVY UNMANNED COMBAT AIR SYSTEM (NUCAS) [D]. NPS, USA, 2010.

[13] Michael North. Managing Business Complexity Discovering Strategic Solutions with Agent Based Modeling and Simulation [M]. Oxford Press, 2007.

[14] Michael North. AGENT-BASED Modeling and Simulation for EXASCALE Computing [EB/OL]. SCIDAC REVIEW SUMMER 2008. http://www.scidac.review.org.

[15] Cioppa T M, Lucas T W. MILITARY APPLICATIONS OF AGENT-BASED SIMULATIONS[C]. Proceedings of the 2004 Winter Simulation Conference.

[16] Williams J R. MATHEMATICAL ANALYSIS OF ALGORITHMS WITHIN MANA [D]. NPS, USA, 2014.

[17] Kaya, Serif. Evaluating effectiveness of a frigate in an anti-air warfare (AAW) environment [D]. NPS, USA, 2016.

[18] DoD Architecture Framework Working Group. DoD Architecture Framework Version 1.5 Volume I: Definitions and Guidelines [R]. the United States: Department of Defense, 2007.

[19] DoD Architecture Framework Working Group. DoD Architecture Framework Version

1.5 Volume II: Product Description [R]. the United States: Department of Defense, 2007.

[20] DoD Architecture Framework Working Group. DoD Architecture Framework Version 1.5 Volume III: Desk book [R]. The United States: Department of Defense, 2007.

[21] Flanagan D. JavaScript: The Definitive Guide[M]. 4th Edition. O'Reilly, 2001.

[22] Russell E C. Building Simulation Models with SIMSCRIPT II.5 [M]. CACI Products Co, 1999.

[23] Cioppa T M. Efficient nearly orthogonal and space-filling experimental designs for high-dimensional complex models [J]. Dissertation Operations Research Department Naval Postgraduate School, 2001.

[24] 李群，雷永林，侯洪涛，等. 仿真模型设计与执行[M]. 北京：电子工业出版社，2010.

[25] 李群，雷永林，侯洪涛，等. 仿真模型可移植性规范及其应用[M]. 北京：电子工业出版社，2010.

[26] 王维平，李群，等. 离散事件建模与仿真[M]. 北京：科学出版社，2007.

[27] 黄建新. 基于 ABMS 的体系效能仿真评估方法研究[D]. 长沙：国防科学技术大学，2011.

[28] 赵彦博. 基于 ABMS 的 CEC 体系效能评估方法研究[D]. 长沙：国防科学技术大学，2011.

[29] 黄其望. 基于改进概率图的多无人机协同搜索策略研究[D]. 长沙：国防科学技术大学，2012.

[30] 周威. 面向大规模 Agent 的近正交拉丁超立方实验设计方法研究[D]. 长沙：国防科学技术大学，2015.

[31] 范蕾. 基于决策树的体系效能仿真分析方法研究[D]. 长沙：国防科学技术大学，2016.

反侵权盗版声明

　　电子工业出版社依法对本作品享有专有出版权。任何未经权利人书面许可，复制、销售或通过信息网络传播本作品的行为，歪曲、篡改、剽窃本作品的行为，均违反《中华人民共和国著作权法》，其行为人应承担相应的民事责任和行政责任，构成犯罪的，将被依法追究刑事责任。

　　为了维护市场秩序，保护权利人的合法权益，我社将依法查处和打击侵权盗版的单位和个人。欢迎社会各界人士积极举报侵权盗版行为，本社将奖励举报有功人员，并保证举报人的信息不被泄露。

举报电话：（010）88254396；（010）88258888

传　　真：（010）88254397

E-mail：　dbqq@phei.com.cn

通信地址：北京市海淀区万寿路 173 信箱

　　　　　电子工业出版社总编办公室

邮　　编：100036